工程圖學

與電腦製圖之關聯

王輔春、楊永然、朱鳳傳、康鳳梅、詹世良　著

全華圖書股份有限公司

工程圖學

與電腦繪圖之關聯

著 明世曹・梅廬袁・骨鳳朱・然志郭・香瑞王

全華圖書股份有限公司

序　言

　　工程圖學是科技教育的基礎學科，教授工程圖之基本理論，繪製與閱讀方法。在今天科技突飛猛進的時代，繪製工程圖的工具已由傳統的手工具演變為電腦。運用電腦繪製工程圖，需依靠繪圖軟體，繪圖軟體是由電腦工程師依據工程圖學原理原則設計完成，供製圖者使用，其基本原理、繪製概念與手工繪製是相輔相成，所以本書除廣為收集工程圖學方面有關新知外，並詳細研究其與電腦製圖之關聯問題，本著工程圖學之原理原則，以簡明易讀之文句加以介紹，除附以標準的工程圖外，更附以彩色實體圖，以增教學興趣與實用之效果。

　　本書根據經濟部標準檢驗局最新修訂之「工程製圖」標準，教育部國立編譯館主編之「工程圖學名詞」與「工程圖學辭典」，公制 SI 單位等編寫，以資廣為推行與應用我國國家標準及統一名詞。

　　由於近年來對工業產品檢測之儀器大為進步，國際間對表面符號(表面織構符號)之標準隨之更新，所以在圖面上標註公差及表面符號等宜注意與之配合。我國國家標準對工程圖上銲接符號之表示法，最近曾作大幅修訂，本書特將其最新資料納入供參考。

　　全書共二十章，計六百餘頁，採彩色印刷，對工程圖學之原理原則及應用，作有系統之敘述，每章末均附有習題供學習者練習，為大專院校及產業界工作人員教學與參考應用之最佳書本。

　　本書雖經詳細校對，用心排版，疏漏之處仍有，尚望各界不吝指正，耑此致謝。

編者序

✐ 編輯部序 ✐

「系統編輯」是我們的編輯方針，我們所提供給您的，絕不只是一本書，而是關於這門學問的所有知識，它們由淺入深，循序漸進。

本書對「工程圖學」之原理原則及應用，作有系統之敘述，涵蓋了工程圖學的基本概念、製圖方法、正投影、尺寸標註、公差與配合、表面粗糙度、銲接符號、工作圖等。

每章末均有基礎與進階的習題，另外部分章節的圖說前有「◉動畫◉」標示，表示針對此圖有特別作成動畫，可供讀者學習參考，增進學習效益。

同時，為了使您能有系統且循序漸進研習相關方面的叢書，我們以流程圖方式，列出各有關圖書的閱讀順序，以減少您研習此門學問的摸索時間，並能對這門學問有完整的知識。若您在這方面有任何問題，歡迎來函聯繫，我們將竭誠為您服務。

相關叢書介紹

書號：06495
書名：SOLIDWORKS 2022
　　　基礎範例應用
編著：許中原

書號：06479
書名：高手系列－學 SOLIDWORKS
　　　2020 翻轉 3D 列印
編著：詹世良、張桂瑛

書號：06447
書名：Autodesk Inventor 2020
　　　特訓教材基礎篇
　　　(附範例及動態影音教學光碟)
編著：黃穎豐、陳明鈺

書號：06207
書名：Creo Parametric 2.0
　　　入門與實務－基礎篇
　　　(附範例光碟)
編著：王照明

書號：038577
書名：機械設計製造手冊(精裝本)
編著：朱鳳傳、康鳳梅、黃泰翔
　　　施議訓、劉紀嘉、許榮添
　　　簡慶郎、詹世良

◎上列書價若有變動，請以
　最新定價為準。

流程圖

書號：03407
書名：圖學(附範例光碟)
編著：王照明

書號：04H24
書名：電腦輔助繪圖實習
　　　AutoCAD 2022
編著：許中原

書號：03799
書名：投影幾何學
編著：王照明

書號：0590307
書名：工程圖學－與電腦製圖之
　　　關聯(第八版)
編著：王輔春、楊永然、朱鳳傳
　　　康鳳梅、詹世良

書號：06477
書名：循序學習 AutoCAD 2020
編著：康鳳梅、許榮添、詹世良

書號：06430
書名：電腦輔助繪圖 AutoCAD 2020
　　　(附範例光碟)
編著：王雪娥、陳進煌

⚁ 目　錄 ⚁

第 3 章　線條與字法

第 4 章　應用幾何

第 5 章　點線面的正投影

第 6 章　物體的正投影

第 7 章　物體的輔助視圖

第 8 章　剖視圖

第 9 章　尺度標註

第 10 章　立體圖

第 11 章　公差與配合

第 12 章　表面符號

第 13 章　螺紋及結件

第 14 章　齒輪、彈簧、凸輪、軸承

第 15 章　工作圖

第 16 章　徒手畫與實物測繪

Chapter

1

概　論

1-1　學習工程圖學之目的

　　工程係一種應用科學，為一切工業建設所需知識與實際經驗之融合。其作業過程乃藉圖以表達，此圖謂之工程圖。工程圖為工程師、設計者以及各級工程人員所用之圖解文字，亦即為共同之圖畫語言，以線條與符號等來表達及記錄物品之設計與製造、建築之結構與建造等所必需具有之觀念與資料。所以工程圖是傳達思想之工具、設計之結晶、計畫生產之依據，執行製造之藍本及審核檢驗之規範，為一切工業建設之基礎。在設計階段之工程圖，常被稱為構想圖、草圖或設計圖，多為徒手畫者。用以作為施工依據之工程圖，則歸納為工作圖，多為用器畫者。

　　工程圖學即在研討工程圖之基本理論、一般繪製方法與應用，使學習者能將各種意念繪製成圖，正確明白表達於使用者；更能迅速識讀他人所繪之圖，解釋其意義，獲得構想之交流，所以工程圖學是為學習者準備就業於現今工程領域之基本課程。

1-2　傳統手工製圖與電腦製圖

　　傳統手工製圖是繪圖者運用尺、筆、圓規等繪圖工具在圖紙上繪製工程圖；電腦製圖則是運用電腦軟體在電腦上繪製工程圖，二者繪圖的方式在使用的工具上有所差別，但在繪圖時所依據的原理原則是完全相同的，因為用以繪製工程圖的軟體，都是由專人依據工程圖的原理原則，以程式編寫而成，所以在運用電腦繪製工程圖之前，先要具備工程圖的基本空間投影觀念和手工製圖的方法，然後熟悉操作電腦的技巧，方能得心應手。

　　自從 1966 年以來盛行的 CAD，是指用電腦從事製圖(Computer Aided Drafting)或是指用電腦從事設計(Computer Aided Design)。適合製圖與設計的個人電腦，硬體設備進步神速，與之配合之各種製圖或設計軟體相繼問世。

1-3 國家標準與國際標準

工業產品在大量生產之後,為求提高品質、增加生產效率,使之具有互換性,相同的產品在許多條件上有求一致的必要,於是訂定各種與設計、製造、檢驗等有關的規範,希望全國遵守,這就是國家標準的由來。我國的國家標準,稱為中華民國國家標準(Chinese National Standard),以其英文縮寫CNS 表示(圖 1-1)。其他國家標準,常見的有 JIS (日本標準)、DIN(德國標準)、ANSI(美國標準)等,近年來更因國際貿易之蓬勃發展,國際間亦希望有共同遵守之規範,於是有國際標準組織(Internataional Organization for Standardization)之設立,由會員國協商,訂定國際標準,以 ISO 表示。

圖 1-1 中華民國國家標準 CNS 符號

CNS 中的工程製圖標準,於民國七十年經大幅修訂後公布施行,近年來時有更新其內容,力求與 ISO 具有相容性。工程圖的繪製者,宜遵守 CNS 的規定,以方便使用者的識讀與流通。

1-4 工業單位

我國所用的工業單位,均以公制為主。長度、質量、容積、面積、力等的換算如表 1-1。

表 1-1 長度、質量、容積、面積、力等單位的換算

	公微 μ	公厘 mm	公分 cm	公尺 m	公里 km		公撮 ml(=cc)	公升 l	公斗 dal	公石 hl	公秉 kl(=m³)
長度	1					容積	1	0.001			
	1000	1	0.1	0.001			1000	1	0.1	0.01	0.001
	10000	10	1	0.01				10	1	0.1	0.01
		1000	100	1	0.001			100	10	1	0.1
				1000	1			1000	100	10	1

表 1-1　長度、質量、容積、面積、力等單位的換算(續)

	公克 g	公斤 kg	公噸 t	英噸	美噸		平方公尺 m²	公畝 a	公頃 ha	坪	甲
質量	1	0.001				面積	1	0.01	0.0001	0.3025	0.00010
	1000	1	0.001				100	1	0.01	30.25	0.01031
		1000	1	0.9842	1.1023		10000	100	1	3025	1.03102
力	牛頓 N	公斤力 kgf					3.0579	0.03306	0.00033	1	0.00034
	1	0.102					9.69917	96.9917	0.96992	2934	1
	9.807	1									

本章習題

一、基礎題型

請將適當答案填入空格中。

1.　傳統手工製圖是繪圖者運用_____、_____、_____等繪圖工具在圖紙上繪製工程圖；電腦製圖則是運用_____在電腦上繪製工程圖。

2.　我國的國家標準(Chinese National Standard)，其英文縮寫_____。常見的其他國家標準有日本標準簡寫_____、德國標準簡寫_____、美國標準簡寫_____等，近年來更因國際貿易之蓬勃發展，國際間亦希望有共同遵守之規範，於是有國際標準組織(Internataional Organization for Standardization)之設立，訂定國際標準，以_____表示。

二、進階題型

請回答下列問題。

1.　何謂「工程圖」？包含哪些內容？

Chapter

2

製圖用具之選擇及其使用法

俗云：「工欲善其事，必先利其器」，因此我們要學習工程圖的繪製，必須先能選擇良好及合適之製圖用具。有了良好的製圖用具，還須有正確的使用法，才能達到製圖上所要求的正確、迅速、清晰、美觀之四原則。

電腦製圖之基本原理、觀念以及繪製概念與手繪是相輔相成的，因此使用電腦製圖前有必要先學習手繪工程圖，除能達到學習製圖上所要求的正確外，甚至能培養出空間能力，以及省思和慎行之做事態度。

2-1 製圖板與製圖桌椅

製圖桌是將製圖板安裝在製圖架上，製圖架之型式目前市面上的種類很多，除了桌面能高低調整外，還可作 0°～75°的傾斜調整，調整的方式有用螺桿者(圖 2-1)調整高度傾斜度相當不方便；有用油壓或氣壓者(圖 2-2)，調整時非常方便，但價格較為昂貴。

圖 2-1　用螺桿調整之製圖架

圖 2-2　用氣壓調整之製圖架

製圖板是用以安置圖紙之平板，它是選用木紋細密無節、硬度適中、不易伸縮之木材製成。有些廠商為求板面的光滑及美觀，用素色塑膠板製作，這是絕對的錯誤，因為圓規等之針尖在繪製時難予刺入板面，影響繪製。製圖板的兩邊鑲有直的硬木條或金屬條，用以防止圖板彎曲，並兼作導邊之用(圖 2-3)。

　　製圖板的大小是以比製圖紙稍大為原則，目前市面上的規格大約有 600 mm × 900 mm、750 mm × 1050 mm、900 mm × 1200 mm 及 900 mm × 1800 mm 等大小，板的厚度約為 15 mm ～30 mm。

　　製圖墊片是在製圖板面上加貼一層彈性塑膠墊片(圖 2-4)，用以改變板面之硬度及彈性。墊片有不附磁性及附有磁性者二種。不附磁性者需用製圖膠帶來固定圖紙；附有磁性者則可配合薄的不銹鋼片壓條(圖 2-5)來固定圖紙，並能避免圖紙受損。

圖 2-3　製圖板　　　　圖 2-4　製圖墊片　　　　圖 2-5　磁性墊片與壓條

　　製圖凳(圖 2-6)的型式有用螺桿來調整凳面高度，亦有用氣壓者。若製圖凳加有靠背，則稱製圖椅(圖 2-7)。

圖 2-6　製圖凳　　　　　　圖 2-7　製圖椅

2-2 電腦設備

目前使用電腦製圖已是主流，使用之電腦螢幕相當於製圖板，電腦桌椅即為製圖桌、椅。筆記型電腦更是方便攜帶，如圖 2-8 所示。

(a)電腦螢幕及桌椅　　　　　　　　　　　　　　　　　(b)筆記型電腦

圖 2-8　電腦設備

2-3 丁字尺與平行尺

丁字尺(圖 2-9)是用上等木材製成，專為畫水平線或配合三角板使用。它可分成頭部及尺葉兩部分，頭部的內邊及尺葉之上邊必須非常平直，此二者為丁字尺之工作邊，必須成直角。

丁字尺之長短以尺葉之長短為標準，依所需繪圖之大小不同而有各種尺度。目前市面上有 45 公分、60 公分、75 公分、90 公分、105 公分及 120 公分等多種。普通以 75 公分者最為常用。

圖 2-9　丁字尺　　　　　　　　　　　圖 2-10　平行尺

　　平行尺(圖 2-10)與丁字尺之功用相同，平行尺沒有丁字尺之頭部部分，使用時是以尼龍線或細鋼線固定於圖板上，利用平行機構原理，使尺可以上下平行滑動。其長度是依製圖板的大小決定之。

2-4　三角板

　　三角板主要是用來配合丁字尺畫直立線和一定角度之傾斜線。一副三角板有兩塊，其外形都是直角三角形，其中一塊兩個銳角都是 45°；另一塊兩個銳角分別為 30° 及 60°。三角板的大小，是以 45°三角板的斜邊或 30°-60°三角板之長股的長短來決定(圖 2-11)。

圖 2-11　三角板　　　　　　　　　　圖 2-12　三角板之檢驗

　　目前市面上三角板的大小約有 15 公分、20 公分、25 公分、30 公分及 36 公分等多種。在購買三角板時，必先檢查其直角邊是否為直角，其檢查方法為：

1. 配合丁字尺或另一三角板，畫一直立線，在此直立線上取一點 A(圖 2-12)。

2. 翻轉此三角板，丁字尺或另一三角板不能移動，通過 A 點再畫一直立線，如兩直線重疊為一，則此三角板之直角為 90°無誤。

2-5 萬能繪圖儀

　　萬能繪圖儀是集**丁字尺或平行尺**、**三角板**、**量角器**、**直尺**、**比例尺**等功能之最簡便之製圖機械。目前市面上有軌式(圖 2-13)及臂式(圖 2-14)兩種。軌式繪圖儀是順著軌道運動，繪圖之精度較高，而且只需加長軌道即可增大使用範圍，故有軌道長達數公尺而裝設於黑板上使用之繪圖儀。臂式萬能繪圖儀則較輕巧，但其使用受臂長的限制，而且平衡系統需經常調整與維修，已有漸被淘汰之趨勢。

圖 2-13　軌式萬能繪圖儀　　　　　圖 2-14　臂式萬能繪圖儀

2-6 製圖用紙

　　一般常用之製圖用紙是厚質的**白色道林紙**或**模造紙**，以及呈半透明的**描圖紙**。紙張的厚薄是以重量計算，愈重就愈厚，公制是以一平方公尺面積一張的克數即 g/m^2 為單位，適合於製圖用的道林紙或模造紙在 125 g/m^2 至 200 g/m^2 之間，描圖紙則在 50 g/m^2 至 95 g/m^2 之間。

「ISO 216」是**國際標準化組織**(ISO)所定義的**紙張尺度國際標準**，爲今日世界上大多數國家(除北美和拉丁美洲部分地區外)所使用該標準定義了「A」、「B」和「C」系列的紙張尺度。

根據我國國家標準的規定，**工程圖採用「ISO 216」A 組大小**。A 組紙張大小規格則如表 2-1 所示。令 **A0 的面積爲 1 m²，長邊爲短邊的 $\sqrt{2}$ 倍**，而得 A0 的長邊 X=1189 mm、短邊 Y=841 mm。A1 的面積爲 A0 的一半，A2 的面積爲 A1 的一半，餘類推。目前業界爲配合電腦列表機之輸出，常用 A3 規格，也有爲傳眞或電子郵件而採用 A4 規格。

表 2-1　我國國家標準紙張之規格及長寬關係

單位：mm

格　式	A0	A1	A2	A3	A4
尺　度	1189 × 841	841 × 594	594 × 420	420 × 297	297 × 210

「ISO 216」B 系列的制定基礎首先是求取寬邊的長度爲 1 m 且面積爲 $\sqrt{2}$ m² 的紙張。因此這張紙的寬長分別爲 1000 mm 和 1414 mm(寬高比爲 $\sqrt{2}$：1)，並將其編號爲 B0。若將 B0 紙張的長邊對切爲二，則得到兩張 B1 的紙張，其寬長分別爲 707 mm 和 1000 mm。

市面上因影印機所用之紙張除 A 組外，常用 B 組還有 JIS 規格，其大小規格則如表 2-2 所示，令 B0 = 1.5 m²，得長邊爲 1456 mm、短邊爲 1030 mm，B1 的面積爲 B0 的一半，B2 的面積爲 B1 的一半，餘類推。

表 2-2　JIS 規格 B 組紙張之規格及長寬關係

單位：mm

格　式	B0	B1	B2	B3	B4	B5
尺　度	1030 × 1456	728 × 1030	515 × 728	364 × 515	257 × 364	182 × 257

「ISO 216」C 系列的制定基礎是將 A 系列和 B 系列的尺度作幾何平均而求得的。例如 C4 的紙張尺度是 A4 和 B4 尺度的幾何平均，且紙張長寬比仍為 $\sqrt{2}$：1。這樣一來，C4 的尺度係介於 A4 和 B4 之間，A4 的紙張可以裝入 C4 大小的信封袋中，而 C4 的紙張可以裝入 B4 大小的信封袋中。

表 2-3　ISO-216 紙張尺度

規格	A 系列		B 系列		C 系列	
尺度	mm x mm	in x in	mm x mm	in x in	mm x mm	in x in
0	841 × 1189	33.11 × 46.81	1000 × 1414	39.37 × 55.67	917 × 1297	36.10 × 51.06
1	594 × 841	23.39 × 33.11	707 × 1000	27.83 × 39.37	648 × 917	25.51 × 36.10
2	420 × 594	16.54 × 23.39	500 × 707	19.69 × 27.83	458 × 648	18.03 × 25.51
3	297 × 420	11.69 × 16.54	353 × 500	13.90 × 19.69	324 × 458	12.76 × 18.03
4	210 × 297	8.27 × 11.69	250 × 353	9.84 × 13.90	229 × 324	9.02 × 12.76
5	148 × 210	5.83 × 8.27	176 × 250	6.93 × 9.84	162 × 229	6.38 × 9.02
6	105 × 148	4.13 × 5.83	125 × 176	4.92 × 6.93	114 × 162	4.49 × 6.38
7	74 × 105	2.91 × 4.13	88 × 125	3.46 × 4.92	81 × 114	3.19 × 4.49
8	52 × 74	2.05 × 2.91	62 × 88	2.44 × 3.46	57 × 81	2.24 × 3.19
9	37 × 52	1.46 × 2.05	44 × 62	1.73 × 2.44	40 × 57	1.57 × 2.24
10	26 × 37	1.02 × 1.46	31 × 44	1.22 × 1.73	28 × 40	1.10 × 1.57

道林紙或模造紙供鉛筆繪製草圖、設計圖等用，描圖紙雖名為描圖，但其不僅用於描圖，而且供鉛筆或墨水筆(針筆)直接在上面繪製工作圖等用，以利晒圖而為藍圖。

在正式的圖面上，圖紙的邊緣要畫上圖框，作為圖在複製時之定位依據，圖框距紙邊的大小如表 2-4 所示，分成不裝訂者與需裝訂成冊者二種。為方便置於文書夾中，較 A4 大的圖紙，通常都將之摺成 A4 大小。摺疊時，圖的標題欄必須摺在上面，以便查閱。而 A4 大小的圖紙，以呈直式使用為原則。

表 2-4　圖框距紙邊的大小與圖紙的摺疊

不裝訂者　　　　　　　　　需裝訂成冊者　　　　　　　摺成 A4 大小

單位：mm

圖紙大小	A0	A1	A2	A3	A4
a	15	15	15	10	10
b	25	25	25	25	25

2-7　製圖膠帶及固定圖紙的方法

　　繪圖時，除徒手繪製外，都必須將圖紙固定在製圖板上。過去都用圖釘固定，現在都改用製圖膠帶。製圖膠帶是一種紙質膠帶，用以固定圖紙既不易損傷圖紙，又易於取除，使用非常方便。

固定圖紙的方法：

1. 將圖紙放在製圖板上的左下方，離圖板左邊及下邊均各為 10 公分左右。使用萬能繪圖儀者，則將圖紙放在製圖板的中央偏下方。

2. 將丁字尺的頭部緊靠製圖板的左側邊，使圖紙的上緣與丁字尺之工作邊對齊。使用萬能繪圖儀時，其水平尺視同丁字尺之尺葉。

3. 將丁字尺滑下少許，用製圖膠帶將圖紙之上緣兩角固定。

4. 將丁字尺壓住圖紙往下移近圖紙下緣，固定下緣兩角即可(圖 2-15)。使用壓條者，則將壓條壓在圖紙之上緣及下緣後，再壓左緣與右緣。

圖 2-15　固定圖紙的方法

2-8　鉛筆及其削法

　　鉛筆的種類很多，依鉛筆心的硬度可分為**硬性類**、**中性類**、**軟性類**三大類。一般來說，由 4H 到 9H 的為硬性類，由 3H 到 H、F、HB、B 為中性類，由 2B 到 6B 為軟性類。由於要求線條粗細的不同，以及所用圖紙種類的差別，選用鉛筆的軟硬度不盡相同，再加上各廠商製造出來的鉛筆，其筆心的軟硬度亦不一致，因此鉛筆的選用很難作一明確的規定，一般都用 3H 到 6H 的硬性鉛筆畫底線，用 H、F 或 HB 的寫字或畫完成線。至於軟性鉛筆，則不適用於繪製工程圖。

　　鉛筆筆尖的削法，依使用的不同，其形狀可分為錐形及楔形，其筆心露出木桿之外約 10 mm 長(圖 2-16)。

　錐形鉛筆尖　　　楔形鉛筆尖

圖 2-16　鉛筆筆尖的形狀　　　　圖 2-17　旋轉鉛筆以保持尖銳

1.　錐形鉛筆尖：即一般鉛筆的削法，在徒手作圖與寫字時只能用此種筆尖之鉛筆。使用時，最好一面畫，一面徐徐旋轉筆桿，以保持其尖銳度(圖 2-17)。

2.　楔形鉛筆尖：專用來畫直線，比削成錐形鉛筆尖耐用。

在製圖上常有爲省去削鉛筆的麻煩而使用塡心鉛筆，市面上的塡心鉛筆大致可分爲兩大類(圖 2-18)。一大類爲專塡**直徑 2 mm** 之筆心，使用時則須將筆心伸出約 10 mm 長，然後用刀片削尖或用研心器(圖 2-19)研磨之。另一大類之塡心鉛筆則依筆心之粗細而有 0.3 mm、0.5 mm、0.7 mm、0.9 mm 等之分別，使用此類鉛筆不需研心，但其繪成線條之粗細則受筆心粗細限制，如 0.5 mm 只能用來畫 0.5 mm 粗之線條，因此讀者可依自己的需要選用。

圖 2-18　塡心鉛筆

平磨研心器　　　　　　　　旋磨研心器

圖 2-19　研心器

2-9　畫水平線與直立線

　　丁字尺是專用來畫水平線的，畫時先用左手將丁字尺頭部緊靠製圖板的工作邊，然後左手順勢壓住丁字尺葉，右手握鉛筆，使筆尖緊靠丁字尺工作邊，筆尖向右傾斜 60°，自左至右畫即可(圖 2-20)。

　　畫直立線時，丁字尺須同時配合三角板，畫時由下往上畫(圖 2-21)。如採用萬能繪圖儀時，須注意如圖 2-22 所示之畫法才是正確的。

圖 2-20　畫水平線　　　　　　圖 2-21　畫直立線

圖 2-22　利用萬能繪圖儀畫直立線

2-10 量角器

量角器是有呈圓形亦有呈半圓形的，大都用透明塑膠片製成，上面刻有刻度，**每一小格為一度**。其使用法如圖 2-23，是以 O 點對準所需量角度之頂點，以 O 至 0° 之邊對齊所量角度的一邊，則角度另一邊所指之度數即為所量角度之度數。

圖 2-23　量角器

2-11 畫傾斜線

畫傾斜線所需工具依傾斜角度的不同而有所不同，通常都配合丁字尺、三角板或量角器來畫。如果傾斜線的角度是三角板上的角度(30°、45°、60°)或者兩個三角板角度的和(30°+45°=75°、60°+45°=105°)或差(45°−30°=15°)，就可配合丁字尺和三角板來畫(圖 2-24)。如為任意角度則需使用量角器。

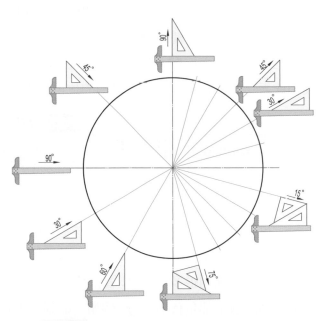

圖 2-24　配合丁字尺和三角板等分圓周

2-12 直尺與比例尺

在製圖中的度量工具不外乎直尺與比例尺，以下將分述其正確使用法：

一、直 尺

在製圖工作中，最簡單的度量工具就是**直尺**。使用直尺時，必須要知道它上面刻度的讀法。公制直尺的刻度一般以公釐為最小單位，**每一小格為一公釐(mm)，每十小格為一公分(cm)，公分是直尺上長度標記的單位**，而公釐卻是圖上最常用的單位。如果所畫的物體尺度很大，用公釐為單位不太方便時，則可改用公分或公尺為單位，但一定要在圖上特別註明。未註明時，都認定以公釐為單位。

二、比例尺

製圖時，物體最好能夠依照它原來的大小畫下來，但有時因物體太大，圖紙不能容納，必須按照某種比例縮小畫；有時物體很小，如果依照它原來大小畫，則線條都擠在一起看不清楚，就得按照某種比例放大畫。而這些按比例縮小畫或放大畫時就需使用比例尺，且在圖上應註明所用比例。公制的圖，規定用比式註明比例，比式的前項代表圖中的線長，後項代表物體上的實際大小。常用的比例如表 2-5 所示。

表 2-5　常用比例

實大比例	1：1					
縮小比例	1：2	1：4	1：10	1：50	1：200	1：1000
	1：2.5	1：5	1：20	1：100	1：500	
放大比例	2：1	5：1	10：1	20：1	50：1	100：1

比例尺的種類很多，其中以斷面呈**三角形**者最普遍。公制的比例尺以公分為單位，即尺上所刻的數字都是代表公分。例如一端刻有 1/100 m 的這條比例尺，每一大格為 1 公分，等於實際長度，也常被用來代替直尺。若一端刻有 1/200 m 的這條比例尺，是把每一大格 1/2 公分當作 1 公分長，也就是圖上的 1/2 公分長相當於實物的 1 公分，其比例標註為 1：2 (圖 2-25)。放大時若用同一條的比例尺，即將這條比例尺上的每一大格 1/2 公分當作 1 公釐長，也就是圖上的 1/2 公分(5 公釐)長相當於實物的 1 公釐，其比例標註為 5：1(圖 2-26)。

圖 2-25 利用比例尺縮小

圖 2-26 利用比例尺放大

使用直尺或比例尺在圖上度量線長時，都應該將尺沿著要度量的直線放置，並使尺上的刻度對準直線左方的起點處，眼睛位於刻度的正上方，用鉛筆尖在所需長度處做一垂直於尺邊的豎線記號(圖 2-27)。

圖 2-27 用尺度量

2-13 針 筆

針筆是手繪工程圖所用之上墨工具，其構造大致可分為筆帽、筆尖、套頭、墨水管及筆桿等部分(圖 2-28)。

圖 2-28 針筆的構造

　　針筆是以筆尖的粗細分類，目前有**兩個系統**，一系統是 ISO 規格採等比級數分級：有 0.13、0.18、0.25、0.35、0.5、0.7、1.0、1.4 及 2.0 等，而另一系統是以 0.1 或 0.2 的間隔分類：有 0.1、0.2、0.3、0.4、0.5、0.6、0.8、1.0 及 1.2 等。而這些號碼所表示的，亦即為所畫出線條的粗細，例如 0.13 的針筆表示該筆畫出來的線條粗細為 0.13 mm。

　　針筆除可畫線外，也可用來寫字，更可配合字規或模板使用(圖 2-29)。使用針筆時，握筆的方式須注意使針筆的筆尖垂直於紙面，以免造成線條粗細之不勻，或使筆尖磨損。

| 圖 2-29 | 針筆配合字規使用 | 圖 2-30 | 圓規上裝針筆的方法 |

2-14　上墨線

　　直線或曲線要上墨時，可用丁字尺、三角板、直尺或曲線板等工具作為引導。而圓要上墨時，則須將圓規的鉛筆尖換上針筆尖，換針筆尖時，一般圓規上須用圓規連結器，再將針筆尖裝於連結器上(圖 2-30)。

　　針筆上墨，須注意以下各點：

1. 全圖中如有粗、中、細三種線條時，先上粗線，再上中線，最後上細線。
2. 全圖中有圓與直線相切或相接時，若用圓規畫圓者，應先上圓或圓弧部分再上直線部分；若用模板畫圓，則先上直線部分再上圓或圓弧部分。

3. 墨線都應使鉛筆底線位於墨線的中央，尤其切線時更應特別注意(圖 2-31)。

圖 2-31　鉛筆底線位於墨線的中央

2-15　圓規的種類

　　圓規是用來畫圓或圓弧的工具，其種類大約可分為點圓規、彈簧圓規、普通圓規、速調圓規及梁規等(圖 2-32)。點圓規是用來畫半徑 3 mm 以下的小圓或小圓弧；小型彈簧圓規是用來畫半徑 3 mm 以上 24 mm 以下的圓或圓弧；普通圓規是用來畫半徑 24 mm 以上120 mm 以下的圓或圓弧，若在普通圓規上加裝接長桿，則可畫半徑達 200 mm 之圓或圓弧；梁規則是一種專門畫大圓或大圓弧的工具，在板金的工作圖中常被採用；而速調圓規是綜合點圓規、彈簧圓規及普通圓規功能於一體之圓規。

點圓規　　　　彈簧圓規　　　　普通圓規　　　　速調圓規

梁規

圖 2-32　圓規的種類

2-16 圓規的使用法

圓規之本體裝上鉛筆尖可用以畫鉛筆線之圓(圖 2-33)。裝在圓規上之鉛筆心，一般都採用比畫直線者稍軟之筆心。而圓規上鉛筆心之削法大都採用楔形，其長度約為 6 mm (圖 2-34)。裝上圓規後，使鉛筆尖端約短於針尖端 0.5 mm，亦即將圓規針尖刺入圖紙後，鉛筆尖端正好觸及紙面(圖 2-35)。上墨換成針筆尖時，筆尖端也應略短於針尖端。

圖 2-33　畫鉛筆線及墨線之圓規

圖 2-34　圓規鉛筆心之削法

圖 2-35　圓規針尖端與筆尖端的長短

圖 2-36　直接在中心線上定出半徑

　　無論用何種圓規畫圓時，都應先定出圓心之所在。量度時，先畫出中心線，然後在中心線上直接定出其半徑(圖 2-36)，千萬不要用圓規在直尺或比例尺上度量，除量度不易外，並防止尺上刻度受損。

一、點圓規之使用

1. 以右手之拇指與中指執點圓規之本體上部，食指按在針腳之頂端，以左手之中指輔助針尖定於圓心上。
2. 以左手調整半徑之大小。
3. 放開左手，右手食指按住針腳之頂端，然後利用右手之拇指與中指將圓規本體順時針旋轉即可畫得點圓(圖 2-37)。

圖 2-37　點圓規之使用

圖 2-38　彈簧圓規之使用

二、彈簧圓規之使用

1. 以右手執彈簧圓規柄，左手之中指輔助針尖定於圓心上。
2. 以左手當輔助，右手之拇指和食指旋轉螺釘，調整半徑之大小(圖 2-38)。
3. 以拇指與食指順時針方向轉動圓規柄端，且使圓規向畫線方向傾斜畫圓即得。

三、普通圓規之使用

1. 以右手之拇指與食指執圓規柄，左手之中指或小指輔助針尖定於圓心上(圖 2-39)。
2. 用左手調整圓之半徑大小，然後以拇指與食指依順時針方向轉動圓規柄，且使圓規向畫線方向傾斜畫之即得。
3. 若所畫之圓半徑較大時，則必須將圓規兩腳之關節處彎曲，使兩腳與紙面成垂直後再畫圓(圖 2-40)。

圖 2-39　普通圓規之使用

圖 2-40　圓規兩腳均垂直於紙面

4. 若圓規須加上接長桿畫圓時，仍須使圓規兩腳與紙面垂直，用兩手畫圓(圖 2-41)。

圖 2-41　裝上接長桿畫大圓

5. 若須將圓上墨時，將鉛筆尖取下，換上針筆尖。畫時須特別注意針筆尖之垂直於紙面(圖 2-42)，否則所畫之墨線會粗細不一。為求增加繪圖速度，廠商也開發一種製圖專用圓規，此種圓規無論兩腳張開多大，其針尖與筆尖均可調與紙面垂直(圖 2-43)。

圖 2-42　用普通圓規將圓上墨

圖 2-43　製圖專用圓規

6. 如欲畫許多同心圓時，則應先畫小圓而後畫大圓，以免因圓心之擴大而影響圓之
位置。若有圓心片時，可使用圓心片，以防止圓心之擴大(圖 2-44)。

圖 2-44 　使用圓心片畫圓 　　　　 圖 2-45 　用梁規畫大圓

四、梁規之使用

1. 將梁規之針尖及筆尖之固定螺釘放鬆，將其移動至大約所須半徑後，將針尖的螺
釘旋緊固定。

2. 用左手旋緊筆尖之固定螺釘。

3. 用右手將針尖定於圓心上，左手調整筆尖旁之微調螺釘至所須半徑。

4. 用兩手畫圓即可(圖 2-45)。

2-17 模 板

　　由於工業的發達，時間是愈來愈被重視，因此繪圖的專業人員為了求圖能迅速完成，
常須靠模板來增快其繪製速度。各種模板都為節省繪圖時間而設計製造，因此使用起來非
常方便，本節中僅介紹最常使用之圓模板及圓弧切線模板。

　　圓模板(圖 2-46)是用來畫圓的工具，模板上含有數個圓孔，其直徑由 1 mm 至 36 mm
等。使用時，須先畫妥中心線，然後將模板中所需直徑之圓孔的中心線與所畫之中心線對
準後，沿圓孔邊畫出所需之圓。但因對準中心線甚為費時費力，尤其繪製同心圓時，很難
繪成同心，故遇此情況，建議使用圓規繪製，能得較為理想之結果。

使用圓弧切線模板最方便的地方就是不用求出已知半徑的圓心，只要先畫出其切線，然後在模板中找出所需半徑之圓弧，對準兩邊切線，即可畫出所需之四分之一圓弧 (圖 2-47)。

圖 2-46　圓模板

圖 2-47　圓弧切線模板

2-18　分規與比例分規

分規是用以移取或量取等長度之用具。當要以分規取等長度時，其取法可如圖 2-48 所示，其調整與圓規相同。目前大都以圓規取代之。

設將一已知線段 AB 用分規等分為五時，則使分規兩腳張開至線段 AB 約五分之一的大小，自線段的 A 端量起，找出各分點，若第五點未達線段的 B 端，表示分規的張口稍小，則放大至餘下長度 5B 的五分之一，重行量之(圖 2-48 右)；若第五點超過線段的 B 端，表示分規的張口稍大，則縮小至超過長度的五分之一，重行量之。

圖 2-48　用分規取等長度

比例分規是兩支兩端都是針尖之桿，由滑動的樞鈕依所需比例調整到刻度上固定後而使用之工具(圖2-49)。

圖 2-49　比例分規

比例分規除可用來將線段按一定比例放大縮小外，亦可將圓周等分，更可將平面之面積和體之體積按一定之比例縮小或放大，茲分述如下：

一、線段的比例：設將一線段放大為三倍

1. 將兩桿靠合，放鬆樞鈕，在刻有 "Lines" 的刻度上，移動樞鈕至刻度 "3" 上，而後鎖緊之。

2. 此時分規之長岔尖所取的長度為短岔尖之三倍，如圖 2-50 中 AB = 3AC。

圖 2-50　線段的比例　　　　　　圖 2-51　圓周之等分

二、圓周之等分：設將圓周等分為七等分

1. 將兩桿靠合，放鬆樞鈕，在刻有 "Circles" 的刻度上，移動樞鈕至刻度 "7" 上，而後鎖緊之。

2. 使分規之長岔尖置於圓的半徑兩端點上，然後用短岔尖在圓周上順次度量即得(圖 2-51)。

三、平面面積的比例：設取一平面之面積為已知平面面積之半

1. 將兩桿靠合，放鬆樞鈕，在刻有 "Planes" 的刻度上，移動樞鈕至刻度 "2" 上，而後鎖緊之。

2. 將分規長岔尖度量已知平面之一邊長。

圖 2-52　平面面積的比例

圖 2-53　體積的比例

3. 用短岔尖定出欲繪平面之該一邊長。

4. 重複步驟 2 及 3，逐一定出各邊邊長即得(圖 2-52)。

四、體積的比例：設取一體之體積為己知體體積之半

1. 將兩桿靠合，放鬆樞鈕，在刻有 "Solids" 的刻度上，移動樞鈕至刻度 "2" 上，而後鎖緊之。

2. 將分規長岔尖度量已知體之一邊長。

3. 用短岔尖定出欲繪體之該一邊長。

4. 重複步驟 2 及 3，逐一定出各邊邊長即得(圖 2-53)。

2-19　曲線板與可撓曲線規

　　物體上常有很多不規則曲線，一般都用曲線板來繪製，繪製時應先定出不規則曲線上的各點，理論上定出的點愈多所得曲線愈準確，然後用鉛筆徒手連接各點輕描出此曲線，再在曲線板上找合適的曲線，勾出吻合部分的中段，其他依此類推，勾出整個曲線(圖 2-54)。

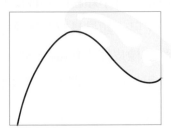

圖 2-54　曲線板之使用

　　畫不規則曲線除了用曲線板外，還可用可撓曲線規(圖 2-55)。可撓曲線規可自由彎曲成所需要的形狀，但較小的彎曲處，可撓曲線規不易彎成，因此適合用來畫大形的不規則曲線。

圖 2-55　可撓曲線規

2-20 橡皮及擦線板

製圖上用的橡皮有兩種：一種是用來**擦拭鉛筆線**的；另一種是用來**擦拭墨線**的。用來擦拭鉛筆線的橡皮，屬軟性者。選用時，除了考慮擦拭鉛筆線外，還需考慮於墨線圖中，擦拭鉛筆線時對墨線的影響較小者為佳。用來擦拭墨線的橡皮，目前市面上大致分為兩類：一類是含有小顆粒的硬橡皮，用來擦除畫在模造紙或描圖紙上的墨線，其缺點是較易損傷紙面；另一類是具有化學藥品的橡皮，利用化學作用來擦除描圖紙上的墨線。市面上更有電動之橡皮擦出售(圖 2-56)，擦時省時省力。電動橡皮擦上所填裝之橡皮為細條狀，有軟性的用以擦鉛筆線，亦有含小顆粒硬性的用以擦墨線。

圖 2-56　電動橡皮擦

圖 2-57　擦線板之使用

擦線板俗稱消字板，擦線板是在用橡皮擦拭時蓋住不欲擦除部分之一種用具，大都以金屬薄片製成，亦有用塑膠片製成者，其效果不及金屬製者，圖 2-57 是使用擦線板之示範。

2-21 電腦製圖用具

以電腦來繪製工程圖，需具備的用具在硬體部分，除一般的主機、螢幕、記憶體、光碟機外需加上繪圖卡，滑鼠則建議採三鍵式較為方便；軟體部分除作業系統 Windows、Linux 外，尚需要繪圖軟體，繪圖軟體有 2D 及 3D 之軟體。繪製軟體種類甚多，目前產業界使用最多的 2D 軟體為 AutoCAD，因此本書內敘述即採用 AutoCAD 作為製圖時說明之依據。所附電腦檔 3D 部分則以 SOLIDWORKS 繪製，2D 部分仍採用 AutoCAD。

本章習題

一、基礎題型

請將適當的答案填入空格中。

1. 一組三角板包含角度有 ＿＿＿ 、 ＿＿＿ 、 ＿＿＿ ，可以繪製 15°的倍數角度，可以將一圓劃分為 ＿＿＿ 等分。

2. A0 圖紙的面積為＿＿＿ m²，長邊是短邊的＿＿＿倍，所以 A0 圖紙的長邊是 ＿＿＿＿＿mm，短邊是＿＿＿＿mm。

二、進階題型

利用水平線及垂直線畫法，畫出下列立體字及書架的形狀，大小不拘，斜線與水平線成 45°或 30°。

1.

2.

3.

4.

Chapter

3

線條與字法

3-1 線條的分類

線是構成圖面之基本要素，工程圖中所用之線，因其用途之不同而有種類、粗細及畫法之規定(表 3-1 及圖 3-1)。

表 3-1　各種線條應有之粗細、畫法及用途

種類		式　　樣	粗細	畫　　法	用　　途
實線		A ———————	粗	連續線	可見輪廓線、圖框線
		B ———————		連續線	尺度線、尺度界線、指線、剖面線、因圓角消失之稜線、旋轉剖面輪廓線、作線、折線、投影線、水平面等
		C ∿∿∿	細	不規則連續線(徒手畫)	折斷線
		D —/\—/\—		兩相對銳角高約為字高(3mm)，間隔約為字高6 倍 (18mm)	長折斷線
虛線		E — — — — —	中	線段長約為字高 (3 mm)，間隔約為線段之 1/3 (1mm)	隱藏線
鏈線	一點鏈線	F —·—·—·—	細	空白之間隔約為1mm，兩間隔中之小線段長約為空白間隔之半（0.5mm）	中心線、節線、基準線等
		G ▬·▬·▬·	粗		表面處理範圍
		H	粗細	與式樣 F 相同，但兩端及轉角之線段為粗，其餘為細，兩端粗線最長為字高 2.5 倍 (7.5mm)，轉角粗線最長為字高 1.5 倍（ 4.5 mm ）	割面線
	兩點鏈線	J —··—··—	細	空白之間隔約為1mm，兩間隔中之小線段長約為空白間隔之半（0.5mm）	假想線

電腦製圖時，一般「圖框線」的粗細，可比「可見輪廓線」的粗細粗些，如可見輪廓線為「0.5」，圖框線則可為「0.7」。

圖 3-1　各種線條應用實例

　　線條的粗細常依圖面之大小或圖面之繁簡而有所不同，一般中線的粗細約為粗線的三分之二，而細線約為中線的一半，表 3-2 是一般常用粗細配合的建議，讀者可參考後，選一組使用。

表 3-2　線條粗細之配合　　　　單位：mm

粗	1	0.7	0.6	0.5
中	0.7	0.5	0.4	0.35
細	0.35	0.25	0.2	0.18

3-2 線型的設定

從表 3-1 可知線條式樣粗細代表著不同的用途。一般傳統製圖，在繪製時就依規定式樣粗細繪製即可，但利用電腦製圖時，則必須使用軟體內之線，AutoCAD 系統內所設的線型為 acad.lin，但因其所發展之線型，並不能符合 CNS 之規定，因此使用者需依 AutoCAD 軟體的規定，直接從記事本來設定線型建檔，設定線型依 CNS 規定畫法來設定，如虛線之畫法為「每段的長為 3 mm，間隔 1 mm」其設定方式如下：

表 3-3　設定線型方法之一

表中「*」為線型名稱之記號，「虛線」為設定線型名稱，名稱可依自己的想法設定，英文或數字都可以，如「HID」、「2HID」、或「2」。「-------」表示線型大概之型式，用鍵盤中的「几、鄉」鍵直接鍵入，長短可自己決定。「A」為線形格式之起頭，「3」正值表示線段長度，「-1」負值表示空白部分長度，設定時相同線段為一循環「-------」所以虛線「A,3,-1」之設定就完成。

又如表 3-4 中最末「*PHA10」之設定，「*PHA10」以它代表假想線線段的長線部分為 10，而「A, 10, -1, 0.5, -1, 0.5, 1」即表示線段長 10，空白之間隔為 1，兩間隔中之小線段長為 0.5，再空白之間隔為 1，再小線段長為 0.5，再空白之間隔為 1 之循環，如此「*PHA10」之設定即完成。

讀者可依自己常用線型自行設定建檔，建檔時必須將其儲存成線型檔，如表 3-4。

表 3-4 設定線型方法之二

有關線條粗細之設定，是以其顏色來設定粗細，我國國家標準為方便圖檔交換，其線型顏色建議如表 3-5。

表 3-5 CNS3 線條粗細與線型顏色

線條用途名稱	顏色	筆寬	線條用途名稱	顏色	筆寬
輪廓線、範圍線	□白	0.5	尺度線、尺度界線	■綠	0.18
虛線	■紫	0.35	中心線、假想線	□黃	0.18
中文字	■紫	0.35	剖面線、折斷線	■青	0.18
數值	■紅	0.25	圖框線	■藍	0.7

3-3 文　字

在工程圖上，除了線條外，常要用一些文字來做必要的指示或簡單的說明，對這些文字在使用上 CNS 均有其規定。文字除中文字外還有拉丁字母與阿拉伯數字，這些文字在工程圖上均力求端正，大小間隔適當外，均由左至右橫書。其餘分述於下：

一、中文工程字

工程圖上的中文字稱為中文工程字。等線體字(又名黑體字)，其筆劃粗細一致，符合工程圖中之要求，因此我國國家標準將其定為工程圖中中文字體採用之原則。中文工程字有長形、方形與寬形等三種(圖 3-3)。方形的字高等於字寬，長形的字寬等於字高的四分之三，寬形的字高等於字寬的四分之三。但一張圖上，只能選用一種，不宜混用。圖上字高建議「標題欄」、「圖號」除 A0、A1 為 7 mm 外，其餘 A2、A3、A4 均為 5 mm，至於「註解」，A0、A1 為 5 mm 其餘為 3.5 mm。而字的粗細是字高的十五分之一，如圖 3-2。

中文工程字 使用等線體	機械工業 零件詳圖	機械工業 零件詳圖	機械工業 零件詳圖
等線體	長　形	方　形	寬　形

圖 3-2　中文工程字

二、阿拉伯數字、拉丁字母

阿拉伯數字與拉丁字母在工程圖上都採用哥德體。有直式和斜式兩種，如圖 3-4。斜式的傾斜角度約在 70°~75°左右，工程圖上可隨意選用直式或斜式，但一張圖上只能選用一種，不得混用。一般工程圖上，拉丁字母都用大楷書寫，很少用小楷，因小楷字母沒有大楷字母易於識別，所以小楷字母只限用於一些特定的符號或縮寫上。有關圖上阿拉伯數字與拉丁字母字高之建議，「標題欄」、「圖號」、「件號」除 A0、A1 採 7 mm 外，其餘為5 mm；尺度與註解 A0、A1 為 3.5 mm，其餘為 2.5 mm。而字的粗細則為字高的十分之一。

0123456789&-=+x%∅

ABCDEFGHIJKLMNOPQRS

TUVWXYZabcdefghijkl

mnopqrstuvwxyz[(!?:,)]

0123456789&-=+x%∅

ABCDEFGHIJKLMNOPQRS

TUVWXYZabcdefghijkl

mnopqrstuvwxyz[(!?:,)]

圖 3-3　哥德體直式與斜式工程字

　　書寫圖面中之中文字、拉丁字母與阿拉伯數字時，應力求端正劃一，大小間隔適當，最小之字高建議如表 3-6 字高建議表。

表 3-6　CNS 字高建議表

應用	圖紙大小	最小之字高		
		中文字	拉丁字母	阿拉伯數字
標題圖號	A0、A1	7	7	7
	A2、A3、A4	5	5	5
尺度註解	A0、A1	5	3.5	3.5
	A2、A3、A4	3.5	2.5	2.5

三、電腦上文字之設定

電腦製圖中，輸入文字前，須先設定文字型式。設定時，點選下拉式功能「註解」，再點按「文字」面板右下角「⌐」」或輸入「style」指令，依所需型式設定，亦可以依 CNS 標準「新建」型式，如圖 3-4。

圖 3-4　新建文字型式

目前 AutoCAD 已發展在中文字使用大字體中之 Chineset.shx(如圖 3-5)，能符合我國國家標準的要求。選用「isocp.shx」系列字型(如圖 3-3)與哥德體較接近，再勾選「使用大字體」選取「Chineset.shx」。設定時建議字高先設為「0.00」，使用時再依需要輸入字高，寬度輸入「0.75」按「套用」完成設定。

圖 3-5　AutoCAD 中文字型設定

✎ 本章習題 ✎

一、基礎題型

請將適當的答案填入空格中。

1. 虛線的線長是_____mm，間隔是_____mm。

2. 繪圖常用 A3、A4 圖紙，線條粗細常用：
   粗線_____mm、中線_____mm、細線_____mm。

3. 中文工程字有_____、_____與_____等三種。
   方形的字高等於字寬。
   長形的字寬等於字高的_____。
   寬形的字高等於字寬的_____。

4. 中文字高建議「標題欄」、「圖號」：
   除 A0、A1 為 7 mm 外，其餘 A2、A3、A4 均為_____mm。
   中文字高建議「註解」：
   A0、A1 為 5 mm，其餘為_____mm。

二、進階題型

請依據 CNS 標準書寫工程字

圖名圖號日期比例投影繪圖審核

0123456789ABCDEFGHIJ

KLMNOPQRSTUVWXYZ

abcdefghkmnopqrstxyz

0123456789ABCDEFGHIJ

KLMNOPQRSTUVWXYZ

abcdefghkmnopqrstxyz

Chapter

4

應用幾何

　　在工程圖中常要用到幾何原理與圖形建構圖形，於傳統儀器製圖時，所用工具不像純粹幾何，只限於直尺和圓規，凡丁字尺、平行尺、三角板、萬能繪圖儀、圓規、分規、模板等製圖用具都可以使用，以增加繪製之速度。本章將詳細介紹運用各種製圖工具繪製幾何圖形，當然傳統手工繪製幾何圖形的方法不只一種，本書將以較常用的來介紹。

　　電腦製圖上則運用繪圖工具列、編輯工具列與鎖點工具列之指令(圖 4-1)，進行幾何圖形之繪製。

繪圖工具列			編輯工具列				鎖點工具列			
Line直線	Spline不規則曲線		Copy複製		Rotate旋轉		End Point端點		Center中心	
Polygon多邊形	Ellipse橢圓		Mirror鏡射		Trim修剪		Mid Point中點		Quadrant四分點	
Rectangle矩形	Pline聚合線		Offset偏移		Extend延伸		Int Point交點		Tangent相切	
Arc圓弧	Hatch剖面線		Array陣列		Break切斷		Nearest最近點		Perpendicular垂直	
Circle圓	Mtext多行文字		Move移動		Fillet圓角		Node點		Parallel平行	

圖 4-1　繪製、編輯與鎖點等工具列之指令

4-1　等分線段、圓弧和角

一、二等分一線段或圓弧

設已知線段 AB 或圓弧 AB(圖 4-2)。

1. 分別以 A 及 B 為圓心，以大於線段 AB 之半長為半徑畫弧，兩弧相交於 C、D 兩點。
2. 用直尺連 C 及 D 交線段 AB 於 E，則 E 將線段 AB 二等分，且直線 CD 是線段 AB 之垂直二等分線。
3. 直線 CD 交圓弧 AB 於 F，則 F 將圓弧 AB 二等分。

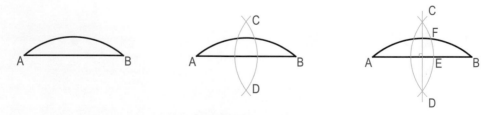

▶動畫▶　圖 4-2　等分一線段或圓弧

電腦製圖中，欲求等分一線段或圓弧，只要以**鎖點工具列**中之**中點(Mid Point)**在已知線段或圓弧找出中點即得。

二、任意等分一線段

設已知線段 AB，等分為五段(圖 4-3)。

1. 過 A 點作任一直線 AC。

2. 在直線 AC 上，用直尺或分規取 AD=DE=EF=FG=GH 共五段。

3. 連 H 及 B。

4. 過 D、E、F、G 各點分別作線段 HB 之平行線，交線段 AB 於 K、L、M、N 各點，則得 AK=KL=LM=MN=NB。

▷動畫◁　圖 4-3　任意等分一線段

電腦製圖時，先在格式\point type 點選「**點之型式**」，再以 Line 指令繪製線段，線段**等分指令**為「divide」，點選線段後，依等分數目輸入如 2、5……後，即可得等分點。

三、二等分一角

設已知角為∠ABC(圖 4-4)。

1. 以頂點 B 為圓心，適宜長為半徑，畫圓弧，交夾角的兩邊於 D 及 E。

2. 各以 D、E 為圓心，大於線段 DE 的一半長為半徑，畫圓弧，兩圓弧交於∠ABC 內之 F。

3. 連 B 及 F，則直線 BF 將∠ABC 二等分。

▷動畫◁　圖 4-4　二等分一角

4-2　畫多邊形

正多邊形的畫法，依已知條件之不同有不同的畫法。一般可分為已知一邊邊長，已知外接圓及已知內切圓等。

一、已知一邊邊長畫正三角形

設已知正三角形一邊邊長 AB，畫出此三角形(圖 4-5)。

1.　畫線段 AB。

2.　分別以 A 及 B 為圓心，AB 長為半徑畫圓弧，兩圓弧相交於 C。

3.　連 A 及 C、B 及 C，即得。

◉動畫◉　　圖 4-5　已知一邊邊長畫正三角形

二、已知一邊邊長畫正五邊形

設線段 AB 為正五邊形的一邊邊長，畫出此正五邊形(圖 4-6)。

1.　作線段 AB 之垂直二等分線 FK，交 AB 於 F。

2.　在 FK 上取 FG=AB，連 A 及 G，並延長之。

3.　在 AG 上取 GH=AF。

4.　以 A 為圓心，AH 為半徑畫圓弧交 FK 於 D。

5.　分別以 A、B、D 為圓心，AB 長為半徑畫圓弧相交於 E 及 C。

6.　連 AE、ED、DC、CB 即得。

▶動畫▶ 圖 4-6 已知一邊邊長畫正五邊形

三、已知一邊邊長畫正六邊形

設正六邊形之邊長為 AB，畫出此正六邊形(圖 4-7)。

1. 畫線段 AB。

2. 以 AB 為一邊邊長，作正三角形 AOB。

3. 以 O 為圓心，OA 為半徑畫圓。

4. 延長 AO、BO 與圓周交於 D、E。

5. 各以 A、B 為圓心，AB 長為半徑交圓周於 F、C。

6. 連各點即得。

▶動畫▶ 圖 4-7 已知一邊邊長畫正六邊形

四、已知一邊邊長畫任意正多邊形(近似法)

設線段 AB 為正多邊形的一邊邊長，畫出此正多邊形。設為正七邊形(圖 4-8)。

1. 將 AB 延長至 M。

2. 以 A 為圓心，AB 長為半徑畫半圓。

3. 用分規將半圓周七等分，得 1 至 6 各分點。

4. 連 A2，得其另一邊。

5. 連 A3、A4、A5、A6，並延長之。

6. 分別以 B 及 2 為圓心，AB 長為半徑，畫圓弧交 A6 於 C、A3 於 F。

7. 再分別以 F 及 C 為圓心，AB 長為半徑，畫圓弧交 A4 於 E、A5 於 D。

8. 連 2F、FE、ED、DC 及 CB 即得。

▶動畫◀　圖 4-8　已知一邊邊長畫正七邊形

五、已知外接圓畫正五邊形

設圓 O 為正五邊形的外接圓，畫出此正五邊形(圖 4-9)。

1. 過圓心 O 作兩條互相垂直的直徑 AF 及 GH。

2. 求出 OH 的中點 M。

3. 以 M 為圓心，MA 為半徑畫圓弧交 GO 於 N，則 AN 為正五邊形一邊邊長。

4. 以分規之張口等於 AN 的長，順次將圓周五等分。

5. 依次連接各點即得。

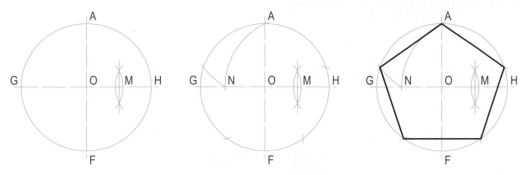

▶動畫▶　圖 4-9　已知外接圓畫正五邊形

六、已知外接圓畫正六邊形

設圓 O 為正六邊形的外接圓，畫出此正六邊形(圖 4-10)。

1. 畫圓 O 之中心線，BE 為其直徑。
2. 分別以 B 及 E 為圓心，以 OB 長為半徑，將圓周六等分。
3. 依次連各點即得。

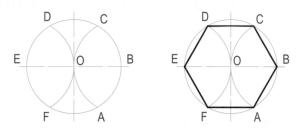

▶動畫▶　圖 4-10　已知外接圓畫正六邊形

七、已知外接圓畫任意正多邊形(近似法)

設圓 O 為正九邊形的外接圓，畫出此正多邊形(圖 4-11)。

1. 畫直徑 AM。
2. 將直徑 AM 九等分，得 1 至 8 各分點。
3. 分別以 A 及 M 為圓心，AM 長為半徑，畫圓弧相交於 P、Q 兩點。
4. 連 Q2、Q4、Q6、Q8，並延長之，交圓 O 於 B、C、D、E 各點。
5. 連 P2、P4、P6、P8，並延長之，交圓 O 於 K、H、G、F 各點。
6. 順次連接各點即得。

▶動畫▶ 圖 4-11　已知外接圓畫正九邊形

八、已知內切圓畫正六邊形

設圓 O 為正六邊形之內切圓，畫出此正六邊形。利用外角為 60° 之原理繪製(圖 4-12)。

1. 作圓 O 上下兩條水平切線 DC 和 FA。

2. 使 45° 三角板的斜邊與 FA 平行，然後按住此三角板，勿使其移動。

3. 使 30°-60° 三角板的短股靠緊 45° 三角板的斜邊。

4. 沿 30°-60° 三角板的斜邊畫圓 O 的切線 CB、EF、ED 及 AB 即得。

▶動畫▶ 圖 4-12　已知內切圓畫正六邊形

九、已知內切圓畫正八邊形

設圓 O 為正八邊形之內切圓，畫出此正八邊形(圖 4-13)。

1. 作圓 O 的外切正四邊形 KLMN。

2. 連正四邊形的對角線 KM 及 LN。

3. 分別以 K、L、M、N 四點為圓心，KO 長為半徑畫圓弧，交正四邊形於 G、B、A、D、C、F、E、H 八點。

4. 順次連接各點即得。此八邊形亦可利用外角為 45° 之原理，類似(八)之方法畫得。

◀動畫▶　圖 4-13　已知內切圓畫正八邊形

以電腦繪製正多邊形，只要點選繪圖工具列中之**多邊形**(Polygon)，輸入邊數、已知邊長、內切圓或外接圓，即可得所需之正多邊形。

4-3　畫已知正多邊形之內切圓及外接圓

欲畫已知多邊形之內切圓及外接圓，只要畫出已知多邊形相鄰兩角的角平分線，其交點到邊的距離就是內切圓的半徑。而相鄰兩邊之中垂線，其交點即為外接圓之圓心。

設已知正五邊形 ABCDE，畫其內切圓及外接圓(圖 4-14)。

1. 作三邊形相鄰兩角之平分線 AD 及 BE 相交於 O，則 O 點即為內切的圓心，垂直線 OF 及為內切圓的半徑(圖 4-14(a))。

2. 作 AB 與 BC 的垂直平分線，相交於 O 為圓心，到任一頂點 OB 為半徑畫圓，即得三邊形的外接圓(圖 4-14(b))。

3. 又 AB 之垂直二等分線 FG 與 AB 相交於 L，則 OL 即為正五邊形內切圓的半徑，以 O 為圓心，OL 為半徑畫圓，即得正五邊形的內切圓。

(a)內切圓　　　　　(b)外接圓

◀動畫▶　圖 4-14　畫三邊形的內切圓及外接圓

電腦製圖時，以圓(Circle)指令中之 3P，配合鎖點工具列中之**相切**(Tangent)，即可畫得**內切圓**；正多邊形內切圓之圓心，亦即外接圓之圓心，故畫**外接圓**時，先畫內切圓，再以內切圓之圓心畫外接圓。

4-4 求已知圓弧的圓心

設已知圓弧 AB，求其圓心(圖 4-15)。

1. 在已知圓弧 AB 上，任取 P、Q 及 S 三點。

2. 連 P 及 Q、Q 及 S。

3. 作 PQ 及 QS 的垂直二等分線 EF 及 GH 相交於 O，則 O 點即為所求之圓心。

▶動畫▶　**圖 4-15**　求已知圓弧的圓心

電腦製圖時，則運用鎖點工具列中之**中心**(Center)，點選已知圓弧即得**圓心**。

4-5 畫已知直線的平行線和垂線

一、畫已知直線的平行線

設已知直線 AB，過直線外一點 P，畫直線 AB 的平行線(圖 4-16)。

1. 用 30-60°三角板夾直角之長股對齊直線 AB。

2. 另用乙三角板或丁字尺靠緊甲三角板的斜邊。

3. 按住乙三角板或丁字尺勿使其移動。

4. 移動甲三角板至其直角邊正好過 P 點，沿此直角邊畫線即得。

圖 4-16　畫已知直線的平行線

電腦製圖時，則運用鎖點工具列中**平行**(Parallel)，點選已知直線，再經過已知點畫線即得。或運用**等距間隔**指令(Offset)繪製之。(Offset 指令，AutoCAD 中譯為**偏移**)。

二、畫已知直線的垂線

設已知直線 AB，過直線外一點 P，畫直線 AB 的垂線(圖 4-17)。

1. 用甲三角板之長股對齊直線 AB。
2. 另用乙三角板或丁字尺靠緊甲三角板的斜邊。
3. 按住乙三角板或丁字尺勿使其移動。
4. 移動甲三角板至其另一股正好過 P 點，沿此股畫線即得。

圖 4-17　畫已知直線的垂線

電腦製圖時，則運用鎖點工具列中**垂直**(Perpendicular)，點選已知直線，再經過已知點畫線即得。

4-6 畫直線切於圓弧

一、自圓外一點畫圓之切線

設點 P 為已知圓 O 外一點，過 P 點畫圓 O 的切線(圖 4-18)。

1. 使甲三角板的一股過 P 點，且切於圓 O。
2. 另用乙三角板或丁字尺，與甲三角板的斜邊相靠。
3. 按住乙三角板或丁字尺勿使其移動，滑動甲三角板，使其另一股正好過圓心 O，沿此股作直線與圓周相交於 T 點，則 T 點即為切點。
4. 連 T 與 P 即得。

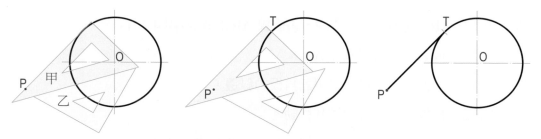

圖 4-18　自圓外一點畫圓之切線

二、畫兩圓之內公切線

設已知圓 O_1 和圓 O_2，畫兩圓之內公切線(圖 4-19)。

1. 置甲三角板的一股在兩已知圓之間，並切於兩已知圓。
2. 另用乙三角板或丁字尺，與甲三角板的斜邊相靠。
3. 按住乙三角板或丁字尺勿使其移動，滑動甲三角板，使其另一股正好過圓心 O_1，沿此股作直線與圓周相交於 S 點。
4. 再滑動甲三角板，使其另一股正好過圓心 O_2，沿此股作直線與圓周相交於 T 點，則 T、S 兩點即為切點。
5. 連 S 及 T，即得內公切線。

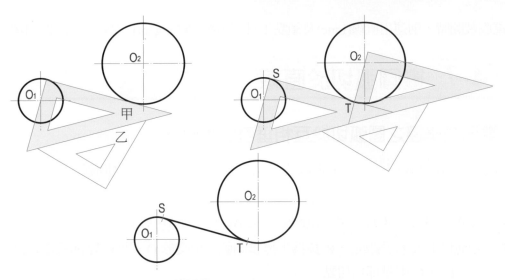

圖 4-19　畫兩圓之內公切線

三、畫兩圓之外公切線

設已知圓 O_1 和圓 O_2，畫兩圓之外公切線(圖 4-20)。

1. 置甲三角板的一股在兩已知圓的一邊，並切於兩已知圓。
2. 另用乙三角板或丁字尺，與甲三角板的斜邊相靠。
3. 按住乙三角板或丁字尺勿使其移動，滑動甲三角板，使其另一股正好過圓心 O_1，沿此股作直線與圓周相交於 T 點。
4. 再滑動甲三角板，使其另一股正好過圓心 O_2，沿此股作直線與圓周相交於 S 點，則 S、T 兩點即為切點。
5. 連 S 及 T，即得外公切線。

圖 4-20　畫兩圓之外公切線

電腦製圖時，則運用直線(Line)及鎖點工具列中相切(Tangent)，點選已知圓，畫線即得。

4-7 畫圓弧切於直線

一、畫已知半徑之圓弧切於互相垂直的兩直線

設已知直線 AB 與 AC 互相垂直交於 A，畫已知半徑為 R 之圓弧，切於此兩直線(圖 4-21)。

1. 以 A 為圓心，R 長為半徑畫圓弧，交 AC 於 F、AB 於 G。
2. 分別以 F 及 G 為圓心，R 長為半徑畫圓弧，相交於 O，則 O 點即為欲畫圓弧之圓心，F 及 G 兩點即為切點。
3. 以 O 為圓心，R 長為半徑畫圓弧即得。

▶動畫▶ 　圖 4-21　畫已知半徑之圓弧切於互相垂直的兩直線

二、已知半徑之圓弧切於相交成銳角或鈍角的兩直線

設已知圓弧半徑為 R，直線 AB 與 AC 相交於 A，畫圓弧切於此兩直線(圖 4-22)。

1. 各在直線 AB 及 AC 上，任取一點 F 及 H。
2. 自 F 及 H 各作 AB 及 AC 之垂線 FG 及 HK，並取 FG=HK=R。
3. 過 G、K 各作 AB 及 AC 之平行線 LM 及 NP，相交於 O，則 O 點即為欲畫圓弧之圓心。
4. 過 O 點作 AB 及 AC 之垂線，交 AB 於 T、AC 於 S，則 T、S 兩點即為切點。
5. 以 O 為圓心，R 長為半徑畫圓弧即得。

◉動畫◉　圖 4-22　畫已知半徑之圓弧切於相交成銳角或鈍角的兩直線

電腦製圖時，以**圓角**(Fillet)指令繪製即可。

4-8　畫圓弧切於圓

一、畫已知半徑之圓弧由外側切於兩相離之已知圓

設已知圓 O_1 和圓 O_2，其半徑各為 O_1A 及 O_2B，CD 為圓弧之半徑長，畫此圓弧切於圓 O_1 和圓 O_2(圖 4-23)。

1. 分別以 O_1 及 O_2 為圓心，(O_1A+CD)、(O_2B+CD) 的長為半徑，畫圓弧相交於 O，則 O 點即為欲畫圓弧之圓心。

2. 連 O_1O，交圓 O_1 於 T；連 O_2O，交圓 O_2 於 S，則 T、S 兩點即為切點。

3. 以 O 為圓心，CD 長為半徑畫圓弧即得。

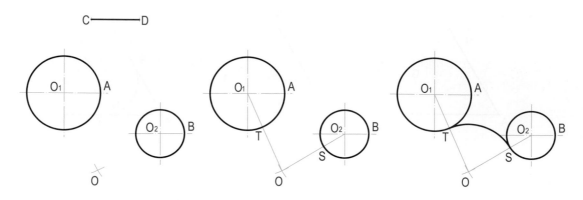

▶動畫▶ 圖 4-23 畫已知半徑之圓弧由外側切於兩相離之已知圓

二、畫已知半徑之圓弧由內側切於兩相離之已知圓

設已知圓 O_1 和圓 O_2，其半徑各為 O_1A 及 O_2B，CD 為圓弧之半徑長，畫此圓弧內側切於圓 O_1 和圓 O_2(圖 4-24)。

1. 分別以 O_1 及 O_2 為圓心，$(CD-O_1A)$、$(CD-O_2B)$的長為半徑，畫圓弧相交於 O，則 O 點即為欲畫圓弧之圓心。

2. 連 O_1O，並延長之，交圓 O_1 於 T；連 O_2O，並延長之，交圓 O_2 於 S，則 T、S 兩點即為切點。

3. 以 O 為圓心，CD 長為半徑畫圓弧即得。

▶動畫▶ 圖 4-24 畫已知半徑之圓弧由內側切於兩相離之已知圓

三、畫已知半徑之圓弧由內側切於一圓和一直線

設已知直線 AB 和圓 O_1，O_1C 為其半徑，線段 DE 為圓弧之半徑長，畫此圓弧內側切於圓 O_1 和直線 AB (圖 4-25)。

1. 在直線 AB 上任取一點 F，作其垂線 LF。
2. 在 LF 上取 FG=DE。
3. 過 G 點作 AB 之平行線 HK。
4. 以 O_1 為圓心，$(DE-O_1C)$ 之長為半徑畫圓弧，交 HK 於 O，則 O 點即為欲畫圓弧之圓心。
5. 過 O 作 AB 之垂線，交 AB 於 S。
6. 連 OO_1，並延長之，交圓 O_1 於 T，則 T、S 兩點即為切點。
7. 以 O 為圓心，DE 長為半徑畫圓弧即得。

▶動畫▶　圖 4-25　畫已知半徑之圓弧由內側切於一圓和一直線

四、畫已知半徑之圓弧由外側切於一圓和一直線

與前已知半徑之圓弧由內側切於一圓和一直線之畫法，除步驟 4 之$(DE-O_1C)$長為半徑改為$(DE+O_1C)$長為半徑外，其他相同(圖 4-26)。

▶動畫▶　圖 4-26　畫已知半徑之圓弧由外側切於一圓和一直線

電腦製圖時，**圓弧**(Arc)指令甚少使用，大都以**圓**(Circle)指令配合鎖點工具列中之**相切**(Tangent)繪製，繪製後，再以**編輯**(Edit)指令中**修剪**(Trim)指令，將不要之圓弧修除。

4-9 畫四心近似橢圓

一、畫內切於矩形之四心近似橢圓

設已知矩形 ABCD(或橢圓之長軸與短軸)，畫內切於此矩形之四心近似橢圓(圖 4-27)。

1. 畫矩形相鄰兩邊之垂直二等分線 EG 和 FH，相交於 O，並延長 FH。

2. 連 EF，以 O 為圓心，EO 為半徑畫圓弧，交 FH 之延長線於 K。

3. 以 F 為圓心，FK 為半徑畫圓弧，交 EF 於 L。

4. 作 EL 之垂直二等分線，交 EO 於 P，並交 FH 之延長線於 Q。

5. 在 GO 上取 RO=PO，在 FO 之延長線上取 SO=QO。

6. 連 PS、SR、RQ。

7. 分別以 S、Q 為圓心，QF 為半徑，以直線 PS、SR 及 QP、RQ 為界，畫圓弧。

8. 分別以 P、R 為圓心，PE 為半徑，以直線 PS、QP 及 SR、RQ 為界，畫圓弧即得。

▶動畫◉　圖 4-27　畫內切於矩形之四心近似橢圓

二、畫內切於菱形之四心近似橢圓

設已知菱形 ABCD，畫內切於此菱形之四心近似橢圓(圖 4-28、圖 4-29、圖 4-30)。

1. 畫菱形各邊的垂直二等分線，得菱形各邊的二等分點 E、F、G、H。

2. 分別以垂直二等分線的交點 P 及 Q 為圓心，PE 長為半徑，畫圓弧 EH 和圓弧 FG。

3. 再以垂直二等分線的交點 R 及 S 為圓心，RH 長為半徑，畫圓弧 EF 和圓弧 HG 即得。

4. 若已知菱形為 60°者，則 R、S 兩點必與菱形之二頂點 B、D 重合(圖 4-28)。若已知菱形小於 60°者，則 R、S 兩點必在菱形之外(圖 4-29)。若已知菱形大於 60°者，則 R、S 兩點必在菱形之內(圖 4-30)。

▶動畫▶ 圖 4-28　已知橢圓之外切菱形為 60°者作四心近似橢圓

圖 4-29　菱形小於 60°時

圖 4-30　菱形大於 60°時

以儀器繪近似橢圓的方法很多，本書僅介紹在工程圖中常用的兩種方法。以電腦製圖時，**橢圓**(Ellipse)為繪圖之指令，可依條件繪製，所繪製的橢圓為真實之橢圓。

4-10 畫拋物線

拋物線爲圓錐曲線或二次錐線的一種。即一動點與一定點及一定直線之距離恆相等時，該動點所衍生之軌跡。該定點稱爲焦點，定直線稱爲**準線**。

一、已知拋物線之焦點及準線畫拋物線

設已知拋物線之焦點 F，準線 AB，畫出此拋物線(圖 4-31)。

1. 過焦點 F 畫準線 AB 之垂線 OE，交 AB 於 O。
2. 取 FO 之中點 M，M 爲所求拋物線之頂點。
3. 在 OE 上任取一點 D，過 D 作 AB 之平行線 GH。
4. 以焦點 F 爲圓心，DO 長爲半徑畫圓弧，交 GH 於 P 及 P_1，則 P 及 P_1 即爲拋物線上之二點。
5. 重複步驟 3、4，得拋物線上其他各點。
6. 以圓滑曲線連接各點，即得。

圖 4-31　已知拋物線之焦點及準線畫拋物線

二、已知拋物線之深及寬畫拋物線

設 AB 爲拋物線之深，AC 爲拋物線之寬。畫出此拋物線(圖 4-32)。

1. 以拋物線之深 AB 及拋物線之寬 AC 爲邊長作矩形。
2. 將 AC 之半 AO 作若干等分，得分點 1、2、3 等。
3. 將 AB 作相同數之等分，得分點 1'、2'、3'等。
4. 分別自點 1、2、3 作 AB 之平行線，交 O1'、O2'、O3'於 a、b、c 各點。
5. 以圓滑曲線連接各點，即得所求拋物線之左半。

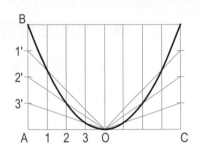

圖 4-32　已知拋物線之深及寬畫拋物線

4-11　畫雙曲線

　　若一動點與兩定點間之距離差恆爲一常數時，則該動點所衍生之曲線即爲**雙曲線**。該定點稱爲焦點，連接兩定點之直線即爲其軸線。切曲線於無窮遠點之直線，稱爲該曲線之**漸近線**。雙曲線有二條漸近線，且雙曲線全部都在漸近線二對頂角之內。

一、已知雙曲線之二焦點及其頂點畫雙曲線

　　設 F_1 及 F_2 爲雙曲線之二焦點，其頂點爲 A 及 B，畫出此雙曲線(圖 4-33)。

1. 以 F_1 爲圓心，任意大於 F_1B 之長如 F_1P 爲半徑畫圓弧。

2. 再以 F_2 爲圓心，以 F_1P 與 AB 之差爲半徑畫圓弧，交前圓弧於 P 點，則 P 點即爲雙曲線上之一點。

3. 再變更半徑，重複步驟 1、2，得雙曲線上其他各點。

4. 以圓滑曲線連接各點，即得。

 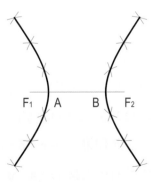

圖 4-33　已知雙曲線之二焦點及其頂點畫雙曲線

二、過一已知點畫等軸雙曲線

設已知漸近線 OS 及 OM 互相垂直，及雙曲線上一點 P，畫出此雙曲線(圖 4-34)。

1. 過 P 點作 PC 平行 OM、PD 平行 OS。

2. 在 PC 上取任意點 1、2、3、4。

3. 連 O1、O2、O3、O4 並延長之，與 PD 相交於 1'、2'、3'、4'各點。

4. 再由 1'、2'、3'、4'各點作 OS 之垂線，與由 1、2、3、4 各點作 OS 之平行線相交於 P1、P2、P3 與 P4 各點，則 P1、P2、P3、P4 各點即為雙曲線上之點。

5. 以圓滑曲線連接各點，即得。

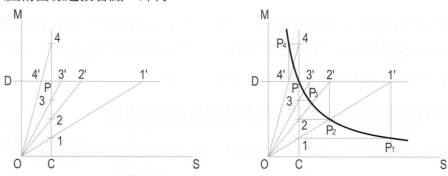

圖 4-34　過一已知點畫等軸雙曲線

4-12　畫阿基米德蝸線

設已知圓 O，在此圓內畫一圈阿基米德蝸線(圖 4-35)。

1. 將已知圓周八等分，過各分點連出半徑線 O1、O2、O3.....O8。

2. 將 O8 也作八等分，得 1'、2'、3'.....7'各分點。

3. 以 O 為圓心，O1'為半徑畫圓弧，交半徑 O1 於 a。

4. 再以 O 為圓心，O2'為半徑畫圓弧，交半徑 O2 於 b。

5. 其他依此類推，得 c、d、e、f、g 各點。

6. 以圓滑曲線連接 O、a、b、c、d、e、f、g、8 各點，即得。

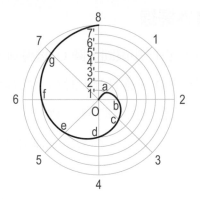

圖 4-35 在已知圓內畫一圈阿基米德蝸線

4-13 畫擺線

一、畫正擺線

設圓 O 為已知滾圓，畫正擺線(圖 4-36)。

1. 將圓 O 任意等分，設為十二等分，得 1、2、3.....、11、M 各分點。

2. 過 M 及 6 作滾圓之切線 AB 及 6U。

3. 過圓心 O 作 AB 之平行線 OF，在 OF 上取 Oa=ab=bc=cd=de=ef.....=M1，得 a、b、c、d、e、f.....各點。

4. 分別以 a、b、c、d、e、f.....各點為圓心，以滾圓半徑為半徑畫圓弧。

5. 再從 1、2、3、4、5 各點作 AB 之平行線與前圓弧相交於 P、Q、R、S、T、U.....各點。

6. 順次以圓滑曲線連接 P、Q、R、S、T、U.....各點，即得。

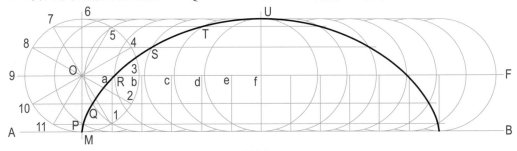

▶動畫▶ **圖 4-36** 畫正擺線

二、畫外擺線

設圓 O 為已知滾圓，圓 O_1 為導圓，畫外擺線(4-37)。

1. 將圓 O 任意等分，設為十二等分，得 M、1、2、3、4、5、6 等各分點。

2. 在圓弧 AB 上取 M1'=1'2'=2'3'=.....=M1，圓弧 AB 為導圓 O_1 之一部分。

3. 以 O_1 為圓心，OO_1 為半徑畫圓弧，與 $O_1$1'、$O_1$2'、$O_1$3'.....之延長線相交於 a、b、c、d、e、f 各點。

4. 分別以 a、b、c、d、e、f 各點為圓心，以滾圓半徑為半徑畫圓弧。

5. 再以 O_1 為圓心，分別以 $O_1$5、$O_1$4、$O_1$3、$O_1$2、$O_1$1 為半徑畫圓弧，依次交前圓弧於 P、Q、R、S、T、B 各點。

6. 順次以圓滑曲線連接 P、Q、R、S、T、B 各點，即得。

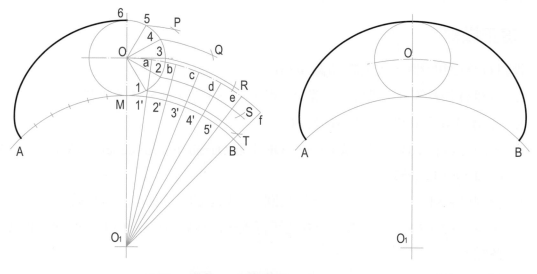

▶動畫▶　圖 4-37　畫外擺線

三、畫內擺線

內擺線的滾圓與導圓為內切，其畫法與外擺線相似(圖 4-38)。

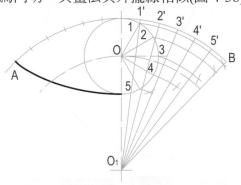

圖 4-38　畫內擺線

4-14 畫漸開線

漸開線為一蝸形曲線，由繞於一正多邊形或圓形之緊索上之一點，向外伸開時所成。

一、畫多邊形之漸開線

設已知正四邊形 ABCD，畫其漸開線(圖 4-39)。

1. 將正四邊形 ABCD 之各邊延長。

2. 以 A 為圓心，AD 為半徑畫圓弧，與 BA 之延長線交於點 1。

3. 再以 B 為圓心，B1 為半徑畫圓弧，與 CB 之延長線交於點 2。

4. 再以 C 為圓心，C2 為半徑畫圓弧，與 DC 之延長線交於點 3。

5. 再以 D 為圓心，D3 為半徑畫圓弧，與 AD 之延長線交於點 4 即得。

◉動畫◉ 圖 4-39 畫四邊形之漸開線

二、畫圓之漸開線

設已知圓 O，畫其漸開線(圖 4-40)。

1. 將圓 O 等分，設爲十二等分。

2. 在各等分點上作圓之切線。

3. 以點 2 爲圓心，弦長 12 爲半徑畫圓弧，與過點 2 之切線交於點 A。

4. 再以點 3 爲圓心，A3 長爲半徑畫圓弧，與過點 3 之切線交於點 B。

5. 同法依次以點 4、點 5.....爲圓心，B4、C5.....爲半徑畫圓弧，可得 C、D、E、F 各交點，即得所需之漸開線。

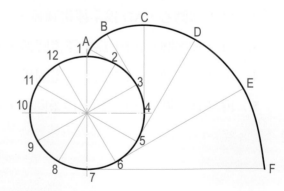

◉動畫◉ 圖 4-40 畫圓之漸開線

4-15 畫螺旋線

　　螺旋線是一種**空間曲線**。由一點沿一直線方向移動,同時此直線又繞一圓周移動所得的軌跡。當直線繞圓一周,點在直線上移動之軸向距離,稱爲**導程**。此直線若是與螺旋軸線平行,則所得的螺旋線,稱爲**圓柱螺旋線**(圖 4-41);此直線若是與螺旋軸線相交,則所得的螺旋線,稱爲**圓錐螺旋線**(圖 4-42)。

　　螺旋線
　　螺旋軸線
　　導程

圖 4-41　圓柱螺旋線

　　螺旋線
　　螺旋軸線
　　導程

圖 4-42　圓錐螺旋線

一、畫圓柱螺旋線

設已知圓 O 和導程 L，畫圓柱螺旋線(圖 4-43)。

1. 將圓 O 等分，設十二等分。

2. 將導程 L 分成相同等分數。

3. 由俯視圖圓周上的等分點例如 5、9 兩點投影至前視圖編號 5'、9'之等分層上，得 P、Q 兩點，則 P、Q 兩點即為螺旋線上之兩點。

4. 同法可得螺旋線上的其他各點。

5. 以圓滑曲線連接各點，即得。

圖 4-43　畫圓柱螺旋線

二、畫圓錐螺旋線

設已知圓 O 和導程 L，畫圓錐螺旋線(圖 4-44)。

1. 將圓 O 等分，設十二等分。

2. 將導程 L 分成相同等分數。

3. 由前視圖求得一等分層上圓之直徑例如第 9 層，在俯視圖中畫此圓與等分半徑線 O9 相交於 P 點。

4. 將 P 點投影至前視圖該層上得點 P'，即為螺旋線上的一點。

5. 同法可得螺旋線上的其他各點。

6. 以圓滑曲線連接各點，即得。

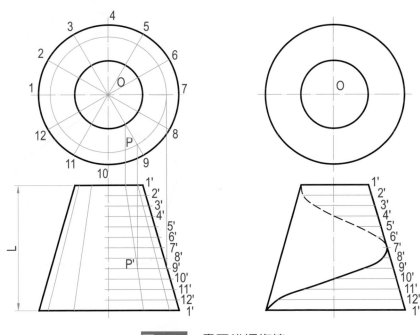

圖 4-44　畫圓錐螺旋線

⚔ 本章習題 ⚔

一、基礎題型

依圖示尺度畫出下列各圖。(圖中「∅」表示直徑，R 表示半徑，□表示正方形邊長)

1.

(A3 標題欄參考格式)

2.

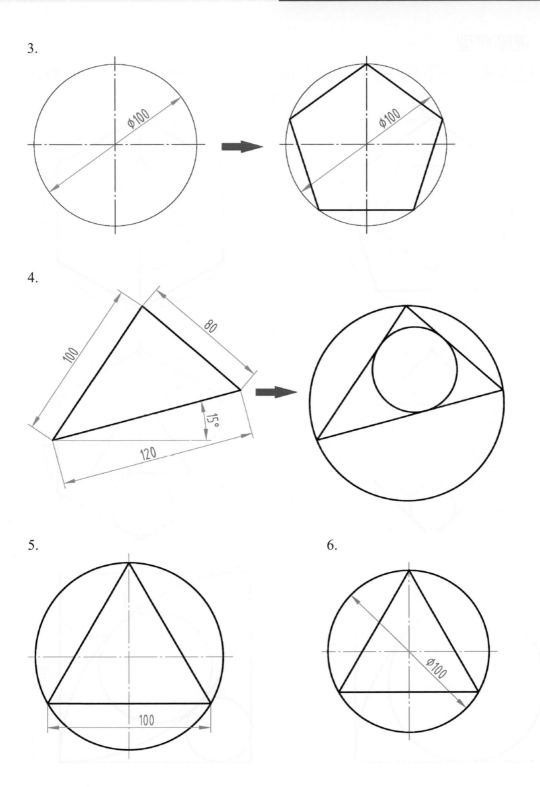

3.

4.

5.

6.

二、進階題型

依圖示尺度畫出下列各圖。(圖中「∮」表示直徑，R 表示半徑，□表示正方形邊長)

1.

2.

3.

4.

5.

6.
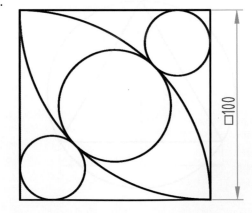

三、應用題型

依圖示尺度畫出下列各圖。(圖中「∅」表示直徑，R 表示半徑，□表示正方形邊長)

1.

2.

3.

4.

5.

6.

7.

8.

Chapter

5

點線面的正投影

5-1 投影原理

由物體表面上的各點反射出來的光線，稱為**投射線**，投射到一個稱為投影面的平面上，構成的像，即為此物體的投影，就如同人被拍照時，在底片上的像，就是人的投影，底片即為投影面。將物體的投影照樣畫在紙上，所得的圖，稱為**視圖**。如果將投影面視為紙面，則投影即為視圖。

根據投射線與投影面間的關係，投影可以分成**正投影**、**斜投影**和**透視投影**三種。當投射線彼此平行，且垂直於投影面的投影，稱為**正投影**(圖 5-1)，由正投影所得的視圖，稱為**正投影視圖**；投射線彼此平行，但不垂直於投影面的投影，稱為**斜投影**(圖 5-2)，由斜投影所得的視圖，稱為**斜視圖**；投射線彼此不平行，但集中於一點的投影，稱為**透視投影**(圖 5-3)，由透視投影所得的視圖，稱為**透視圖**。在工程圖中以使用正投影為極大多數，故本書除第二十章外都僅述及正投影。

圖 5-1 正投影

圖 5-2 斜投影

圖 5-3 透視投影

　　為清楚表達物體的形狀，投影面可使用多個，即相當於多個方向對物體照相。在正投影中，首先採用一個面對我們而垂直於地平面的投影面，稱為**直立投影面**，以「V」表示，簡稱 **V 面**。其次採用一個平行於地平面的投影面，稱為**水平投影面**，以「H」表示，簡稱 **H 面**。使直立投影面與水平投影面相交，則兩者必成直角相交，把空間分隔成四部分，形成四個象限，由前上、後上、後下、前下順序，依次稱為第一象限(ⅠQ)、第二象限(ⅡQ)、第三象限(ⅢQ)、第四象限(ⅣQ) (圖 5-4)。投影面與投影面的交線稱為**基線**，水平投影面與直立投影面的基線以 HV 稱之。

圖 5-4　四個象限　　　　圖 5-5　水平投影面與直立投影面的展平

　　假設置長方體於第一象限，在水平投影面和直立投影面上分別產生投影後，再將水平投影面以基線 HV 為軸，向前下方旋轉，使與直立投影面重合(圖 5-5)，然後把各投影面上的投影照樣畫在紙上，便得物體的二個視圖(圖 5-6)，這就是正投影多視圖的由來。凡物體在直立投影面上的投影稱為**直立投影**；在水平投影面上的投影稱為**水平投影**。由直立投影得此物體的**前視圖**；由水平投影得此物體的**俯視圖**。

圖 5-6　物體的二個視圖　　　　圖 5-7　基線與投影線都畫出

　　初步學習投影原理，為便於了解，繪製視圖時，常將基線和投影線用細實線畫出。**投射線**的投影即稱為**投影線**，因正投影的投射線與投影面垂直，所以基線與投影線必互相垂直，同時在繪出之視圖中，基線的註記位置，就視圖所在投影面而定(圖 5-7)。在電腦上繪製正投影多視圖，就是以其直角坐標，利用各指令作圖。

5-2 點的正投影

空間一個點，若已知其在水平投影面的上方、直立投影面的前方，則此點必在第一象限。若已知其在水平投影面的下方、直立投影面的後方，則此點必在第三象限無疑，其他依此類推。

所以當已知點 a 在水平投影面上方二格(每格設為 5 mm)、直立投影面後方五格處，則點a必在第二象限(圖 5-8)，其直立投影(前視圖)a^{v}距基線 HV 為二格、水平投影(俯視圖)a^{h}距基線 HV 為五格。點 a 在第二象限的二個視圖如圖 5-9 所示。

點是只有位置，沒有大小，為清楚表出一個點或一個點的投影，常在點的位置上，以一個小圓表達，小圓的直徑約 1 mm 左右。

圖 5-8 點 a 的正投影　　圖 5-9 點 a 在第二象限的二個視圖

由點的投影(視圖)可知其在空間的位置，圖 5-10 中的各點

a^v 點 / V H / a^h 點	點 a 在第一象限	e^v 點 / V H / e^h 點	點 e 在第一與第二象限間的 V 面上
b^v / b^h / HV	點 b 在第二象限	V H f^v / f^h	點 f 在第一與第四象限間的 H 面上
c^h / H V / c^v	點 c 在第三象限	H V g^h / g^v	點 g 在第三與第四象限間的 V 面上
HV / d^v / d^h	點 d 在第四象限	m^h / H V m^v	點 m 在第二與第三象限間的 H 面上
H V n^h / n^v	點 n 在基線 HV 上		

圖 5-10　各象限內的點

　　至此，我們可以發現，如果一個點在第二或第四象限，其投影或視圖有重疊在一起的可能，所以在實際運用的情況下，都不將目的物置於第二或第四象限，所以以下述及之正投影都將限於第一或第三象限。

在需要的情況下，適當的位置上，可增加一個與水平投影面及直立投影面均相交成直角的投影面，稱為**側投影面**，以「P」表示，簡稱 P **面**(圖 5-11)。側投影面與直立投影面之基線以 VP 稱之。凡物體在側投影面上的投影，稱為**側投影**，由側投影可得此物體的**側視圖**。

圖 5-11　側投影面　　　　　　圖 5-12　點 b 的正投影

　　空間一個點，若已知其離開側投影面的距離，即可決定其在空間的左右位置。設點 b 在水平投影面上方四格、直立投影面前方五格、側投影面左方三格處，則點 b 必在第一象限(圖 5-12)，分別在各投影面上產生投影後，先將側投影面以基線 VP 為軸旋轉，使之與直立投影面重合，再將水投影面以基線 HV 為軸旋轉，也使之與直立投影面重合(圖 5-13)。點 b 的直立投影 b^v 距基線 HV 為四格，水平投影 b^h 距基線 HV 為五格，b^v 及 b^h 均距基線 VP 三格，其側投影 b^p 距基線 VP 為五格、距基線 HV 為四格，點 b 的三個視圖如圖 5-14 所示。

◉動畫◉　圖 5-13　V、H、P 三個投影面的展平　　　　圖 5-14　點 b 在第一象限的三個視圖

同理，設點 c 在水平投影面下方三格、直投影面後方六格、側投影面左方二格，則點 c 必在第三象限，分別在各投影面上產生投影後，先將側投影面以基線 VP 為軸旋轉，使之與直立投影面重合，再將水平投影面以基線 HV 為軸旋轉，也使之與直立投影面重合(圖 5-15)。點 c 的直立投影 c^v 距基線 HV 為三格，水平投影 c^h 距基線 HV 為六格，c^v 及 c^h 均距基線 VP 二格，側投影 c^p 距基線 VP 為六格、距基線 HV 為三格，點 c 的三個視圖如圖 5-16 所示。

◉動畫◉　圖 5-15　點 c 的正投影

圖 5-16　點 c 在第三象限的三個視圖

5-3 直線的正投影

線由點移動而得，亦即由一點接一點密集而成，一直線可由線上任二點決定其位置，並可無限伸長，截取其上一段，即稱為線段，線段兩端點投影的連線便是此線段的投影。設直線上的點 a 與點 b 的位置已知，則線段 ab 的直立投影 a^vb^v、水平投影 a^hb^h 和側投影 a^pb^p 便可確定，而繪出其三視圖(圖 5-17)。

▶動畫▶　圖 5-17　直線線段的三視圖

5-4　直線的正垂視圖與端視圖

若直線與投影面平行，則直線上的任意點至此投影面間的距離恆相等，且直線在此投影面上的投影顯示其實長，所得之視圖是為此直線的**正垂視圖**。若直線與投影面垂直，則直線在此投影面上的投影必為一個點，所得之視圖是為此直線的**端視圖**。由線段的視圖，可知其與投影面 V、H、P 間的關係，圖 5-18 中的

a^v　b^v V H a^h　b^h	線段 ab 平行於 V 面，a^vb^v 為其正垂視圖，a^hb^h 必平行於基線 HV。
c^v d^v c^h　d^h	線段 cd 在 V 面上，c^vd^v 為其正垂視圖，c^hd^h 必與基線 HV 重合。
e^v　f^v e^h f^h	線段 ef 平行於 H 面，e^hf^h 為其正垂視圖，e^vf^v 必平行於基線 HV。
g^v　k^v k^h g^h	線段 gk 在 H 面上，g^hk^h 為其正垂視圖，g^vk^v 必與基線 HV 重合。
m^v　o^v m^h　o^h	線段 mo 平行於 V 面，也平行於 H 面，即平行於基線 HV，必垂直於 P 面，m^vo^v 及 m^ho^h 均為其正垂視圖，m^po^p 為其端視圖。
s^v　t^v s^h　t^h	線段 st 重合於基線 HV，且垂直於 P 面，s^vt^v 或 s^ht^h 為其正垂視圖。

圖 5-18　直線線段與投影面間的關係(一)

在圖 5-19 中的各線段

	線段 af 垂直於 V 面，平行於 H 面與 P 面，$a^h f^h$ 及 $a^p f^p$ 為其正垂視圖，a^v 或 f^v 為其端視圖。
	線段 bg 垂直於 H 面，平行於 V 面與 P 面，$b^v g^v$ 及 $b^p g^p$ 為其正垂視圖，b^h 或 g^h 為其端視圖。
	線段 ck 垂直於基線 HV，不平行 V 面與 H 面，但平行於 P 面，$c^p k^p$ 為其正垂視圖。
	線段 dm 不平行於 V 面，也不平行於 H 面及 P 面。

圖 5-19　直線線段與投影面間的關係(二)

　　凡與直立投影面平行的直線，稱為前平線。凡與水平投影面平行的直線，稱為水平線。凡與側投影面平行的直線，稱為側平線。所以圖 5-18 及圖 5-19 中的線段 ab、cd、mo、st、bg 均屬於前平線；線段 ef、gk、mo、st、af 均屬於水平線；線段 af、bg、ck 均屬於側平線。

5-5 線段實長與輔助視圖

　　若直線不垂直於投影面，就無法在該投影面上得直線的**端視圖**。若直線不平行於投影面，就無法在該投影面上得直線的**正垂視圖**。所以需要另外一個投影面使之與直線垂直或平行，當此等投影面是直立投影面、水平投影面、側投影面以外的投影面，就歸納為**輔助投影面**，輔助投影面上的投影，稱為**輔助投影**，由輔助投影而得之視圖，稱為**輔助視圖**。直立投影面、水平投影面、側投影面三者則歸納為主要投影面，主要投影面上的投影，統稱為**主要投影**，由主要投影而得之視圖，統稱為**主要視圖**。輔助投影面可就需要使用多個，分別以「X」、「Y」、「Z」等表之，簡稱 X 面、Y 面或 Z 面。

　　若有線段 ab 與投影面 V、H、P 都不平行，則 $a^v b^v$、$a^h b^h$、$a^p b^p$ 均非其正垂視圖，當然不是線段 ab 的實長所在，要求得線段 ab 的實長，可取一輔助投影面 X，使與線段 ab 平行，並垂直於水平投影面，則與水平投影面的基線為 HX，此基線必平行於 $a^h b^h$，產生輔助投影 $a^x b^x$ 後，以基線 HX 為軸旋轉，使與水平投影面重合，而得線段 ab 的輔助視圖 $a^x b^x$，亦即線段 ab 的正垂視圖，是其實長所在，且 $a^x a_2 = a^v a_1$、$b^x b_2 = b^v b_1$(圖 5-20)。

▶動畫◀　圖 5-20　由輔助視圖得線段 ab 的實長

　　若不用輔助投影面，而直接用圖 5-20 中 $abb^h a^h$ 所圍成的四邊形平面，以 bb^h 為軸，迴轉至 $(a)(a)^h$ 位置，使之與直立投影面平行，然後得其直立投影 $(a)^v b^v$，即為線段 ab 的實長所在(圖 5-21)，注意圖中 $a^v a_1 = (a)^v (a)_1$。同理，也可以 aa^h 為軸迴轉，使之與直立投影面平行；更可以 $abb^v a^v$ 所圍成的四邊形平面，而以 bb^v 或 aa^v 為軸迴轉，使之與水平投影面平行，而得其實長(圖 5-22)，此即所謂以迴轉法求得線段的實長。

▶動畫▶ 圖 5-21　a^vb^v 為線段 ab 的實長

以 aa^h 為軸　　　以 bb^v 為軸　　　以 aa^v 為軸

▶動畫▶ 圖 5-22　以不同的軸迴轉得線段 ab 的實長

　　若直線不垂直於主要投影面，則其端視圖在輔助視圖中。今設線段 cd 不垂直於直立投影面，但平行於水平投影面，則其水平投影 c^hd^h 即為其**正垂視圖**，另取輔助投影面 X，使之與線段 cd 垂直，則 X 面必垂直於水平投影面，且基線 HX 必垂直於 c^hd^h，線段 cd 的輔助視圖 c^x(或 d^x)成為一個點，即為線段 cd 的端視圖(圖 5-23)，圖中 $c^xc_2=c^vc_1$。

▶動畫▶ 圖 5-23　線段 cd 的端視圖

　　若直線不平行於主要投影面，欲得其端視圖，須先由輔助視圖求得其正垂視圖，再由正垂視圖求得其端視圖。今設線段 ef 不平行於主要投影面，先取輔助投影面 X 平行線段 ef，垂直水平投影面，基線 HX 必平行 e^hf^h，得其正垂視圖 e^xf^x，再取一輔助投影面 Y，使

之與線段 ef 垂直，則必與輔助投影面 X 垂直，基線 XY 必垂直於 $e^x f^x$，線段 ef 的輔助視圖 e^y(或 f^y)成為一個點，即為線段 ef 的端視圖(圖 5-24)，圖中 $e^y e_3 = e^h e_2$。

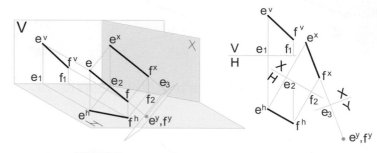

圖 5-24 線段 ef 的正垂視圖與端視圖

5-6 直線的相交、平行和垂直

一、兩直線相交

空間的兩直線如共有一點，此點稱為共點，則此兩直線相交，此共點又稱為這兩直線的交點。如圖 5-25 中的線段 ab 和 cd 相交於 o 點，o 點既在線段 ab 上，也在線段 cd 上，就是此兩線段的共點，視圖中的 o^v 與 o^h 的連線必垂直於基線 HV。又線段 ef 和 gk 不相交，沒有共點，因點 s 在線段 ef 上，不在線段 gk 上，點 r 在線段 gk 上，不在線段 ef 上。同理可得知點 t 在線段 ef 上，不在線段 gk 上，點 u 在線段 gk 上，不在線段 ef 上。

圖 5-25 兩直線相交或不相交

二、兩直線平行

　　空間的兩直線方向完全相同，則此兩直線平行。因兩直線的方向完全相同，在有限的範圍內必無共點，而且兩者間的距離恆相等，在其所有正投影視圖中必仍相平行，所以當兩直線在相鄰的兩個視圖中都呈現平行時，即可判斷這兩直線平行(圖 5-26)。但當兩直線在相鄰的兩個視圖中均垂直於基線時，則需視三主要視圖中的兩直線均呈現平行時，才能判斷此兩直線平行(圖 5-27)。

圖 5-26　兩直線平行

兩直線平行　　　　　　　　　　兩直線不平行

圖 5-27　兩直線不一定平行

　　經過一已知點，可作無限多條直線，但只能作一條直線與另一已知直線平行。設已知點 o，過 o 點作線段 os 與已知線段 ab 平行，作法如圖 5-28：

1. 過 o^v 作直線平行於 $a^v b^v$。

2. 過 o^h 作直線平行於 $a^h b^h$。

3. 在所作直線上截取任意點 s，則 os 即為所求直線上的一段。

圖 5-28　過已知點作直線平行於已知直線

三、兩直線垂直

　　空間的兩直線方向相隔 90°時，則此兩直線垂直。空間兩相垂直的直線，不一定相交。若兩直線的方向相隔 90°，且有一共點時，則此兩直線垂直且相交。兩相垂直的直線，在其視圖中不一定呈現相互垂直的情形，但當其中一直線之視圖為其正垂視圖時，必呈現相互垂直(圖 5-29)。

兩直線垂直　　　　　　　　兩直線垂直相交　　　　　　　　兩直線不垂直

圖 5-29　兩直線垂直或不垂直

　　經過一已知點，可作無限多條直線與另一已知直線垂直，但只能作一條與另一已知直線垂直且相交。一點 o 至一直線 cd 間的最短距離，即由點 o 作直線 cd 的垂線，與之相交於 g，則線段 og 的實長，即為點 o 至直線 cd 間的最短距離，作法如圖 5-30：

1. 先畫出已知線段 cd 的正垂視圖 $c^x d^x$，並將點 o 也投影至 X 面上，得 o^x。

2. 由 o^x 作 $c^x d^x$ 的垂線，交 $c^x d^x$ 於 g^x。

3. 由 g^x 決定 g^h 及 g^v。

4. 再由輔助投影面 Y，使與 og 平行，得線段 og 的正垂視圖 $o^y g^y$，為其實長，即得點 o 至直線 cd 間之最短距離。

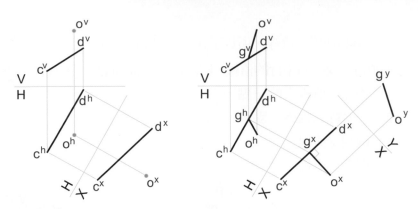

圖 5-30　一點 o 至直線 cd 間的最短距離

5-7　平面的正投影

　　面由線移動而得，亦即由一線拼一線密集而成。平面則由直線移動而得，亦即由無數平行直線密集而成，所以一平面可由不在一直線上的三點決定，並可無限擴大。不在一直線上三已知點之投影，串連圍成之圖形，即為已知無限大平面上截取之三角形平面的投影。設不在一直線上的 a、b、c 三點的位置已知，則此三角形平面的直立投影 $a^v b^v c^v$、水平投影 $a^h b^h c^h$ 和側投影 $a^p b^p c^p$ 便可確定，而繪出平面 abc 的三個視圖(圖 5-31)。

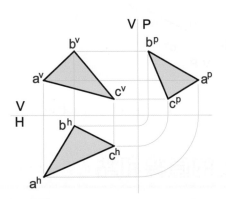

圖 5-31　三角形平面的三個視圖

因為兩點連成一直線，所以不在一直線上的三點，可以引述為一直線和線外一點，或兩相交的直線，或兩相平行的直線，則決定一平面的條件，可有以下四種不同的說法(圖 5-32)：

1. 不在一直線上的三點。
2. 一直線和線外一點。
3. 兩相交直線。
4. 兩平行直線。

圖 5-32　決定一平面條件的四種不同的說法

5-8　平面上的直線和點

若一直線在一平面上，則此直線上所有點都在這平面上。空間的二點即可決定一直線，則在已知平面上任取二點，將這二點連線，便是這平面上的線段，所以欲在已知平面 cde 上任取一線段 ab，是在平面 cde 的 cd 邊上取 a 點，再在 de 邊上取 b 點，連接 a 與 b 點即得(圖 5-33)。

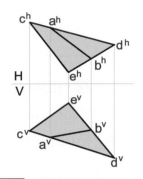

圖 5-33　線段 ab 在平面 cde 上

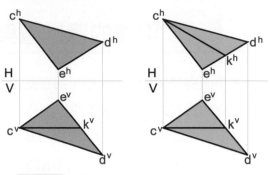

圖 5-34　平面 cde 上的水平線 ck

欲在平面 cde 上取一經過 c 點的水平線 ck，則 $c^v k^v$ 必平行於 HV，所以自 c^v 作一直線與 HV 平行，交 $e^v d^v$ 於 k^v，再由 k^v 決定 k^h 而得之，且 $c^h k^h$ 必為此水平線的正垂視圖(圖 5-34)。根據前平線、側平線之性質，運用相似的方法，可在已知平面上取得所需之前平線、側平線。

今已知平面 efg 和點 a，要確定點 a 是否在平面 efg 上，只要在平面 efg 上任取一直線能通過 a 點，則 a 點必在平面 efg 上，今在平面 efg 上取線段 gm，使 $g^v m^v$ 經過 a^v，交 $e^v f^v$ 於 m^v，由 m^v 決定 m^h，若 $m^h g^h$ 正好經過 a^h，則點 a 必在平面 efg 上，今 $m^h g^h$ 不經過 a^h，所以點 a 不在平面 efg 上(圖 5-35)。

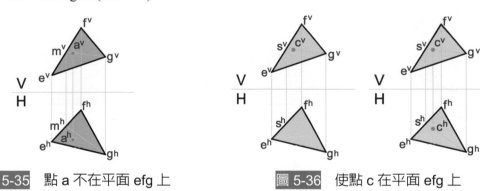

圖 5-35　點 a 不在平面 efg 上

圖 5-36　使點 c 在平面 efg 上

已知點 c 的直立投影 c^v，欲使點 c 在平面 efg 上，可將 c^v 與 g^v 相連，並延長之，交 $e^v f^v$ 於 s^v，由 s^v 決定 s^h，將 g^h 與 s^h 相連，則 c^h 必在 $g^h s^h$ 上(圖 5-36)。

5-9 平面的邊視圖與正垂視圖

若平面與投影面垂直，則平面在此投影面上的投影必為一直線，由此而得的視圖，是為此平面的邊視圖。若平面與投影面平行，則自平面上的任意點至此投影面間的距離恆相等，且平面在此投影面上的投影顯示其實形，由此而得的視圖，是為此平面的正垂視圖。所以由平面的視圖，可知其與投影面間的關係，例如圖 5-37 中的：

	平面 abc 平行於 V 面，垂直於 H 面與 P 面，$a^v b^v c^v$ 為其正垂視圖，$a^h b^h c^h$ 和 $a^p b^p c^p$ 均為其邊視圖。
	平面 def 平行於 H 面，垂直於 V 面與 P 面，$d^v e^v f^v$ 和 $d^p e^p f^p$ 均為其邊視圖，$d^h e^h f^h$ 為其正垂視圖。
	平面 gkm 垂直於 H 面，不平行於 V 面與 P 面，$g^h k^h m^h$ 為其邊視圖。
	平面 nor 垂直於 V 面，不平行於 H 面與 P 面，$n^v o^v r^v$ 為其邊視圖。
	平面 stu 不垂直於 V 面、H 面與 P 面。

圖 5-37　平面與投影面間的關係

　　凡與直立投影面平行的平面，稱為前平面。凡與水平投影面平行的平面，稱為水平面。凡與側投影面平行的平面，稱為側平面。前平面、水平面、側平面又統稱為正垂面。若不與 V、H、P 面中任一投影面平行，但與其中之一垂直的平面，稱為單斜面。若不與 V、H、P 面中任一投影面垂直的平面，稱為複斜面。所以圖 5-37 中的平面 abc 和 def 是屬於正垂面，平面 gkm 和 nor 是屬於單斜面，平面 stu 則為複斜面。

　　今有單斜面 aec 垂直於 H 面，則 $a^he^hc^h$ 為其邊視圖，$a^ve^vc^v$ 非其正垂視圖，欲得其正垂視圖，是取一輔助投影面 X，使與平面 aec 平行，則 X 面亦必垂直於 H 面，基線 HX 必平行於 $a^he^hc^h$，得 $a^xe^xc^x$ 為其正垂視圖，是其實形所在，圖中 $a^xa_2=a^va_1$、$e^xe_2=e^ve_1$、$c^xc_2=c^vc_1$(圖 5-38)。

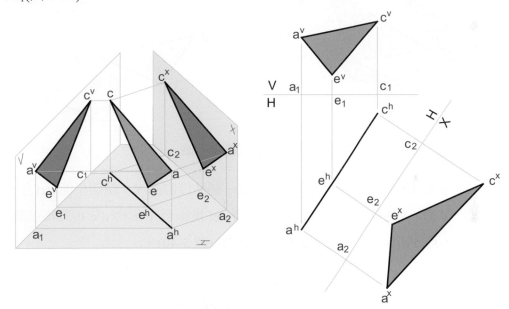

圖 5-38　單斜面的實形

　　一個平面可視為由無數條平行直線密集而成，則平面的邊視圖又可視為由這些平行直線的端視圖密集而成。若平面上有一直線垂直於投影面，得其**端視圖**，則平面上所有與這直線平行的直線都垂直於此投影面，亦即此平面垂直於此投影面，各直線端視圖的連線，便是平面的**邊視圖**。

複斜面是與三主要投影面都不相垂直的平面，無法在主要視圖中得其邊視圖，今有複斜面 def，欲得其邊視圖，是在平面 def 上取一水平線 do，則 $d^v o^v$ 必平行於基線 HV，$d^h o^h$ 為其正垂視圖，取一輔助投影面 X，使與水平線 do 垂直，得水平線 do 的端視圖 d^x，並將點 e 投影至 X 面上得 e^x，連接 d^x 與 e^x 並延長之，將點 f 投影至 X 面上，與 $d^x e^x$ 的延長線相交得 f^x，則 $d^x e^x f^x$ 即為複斜面 def 的邊視圖，圖中 $d^x d_2 = d^v d_1$、$e^x e_2 = e^v e_1$、且 $f^x f_2 = f^v f_1$(圖 5-39)。

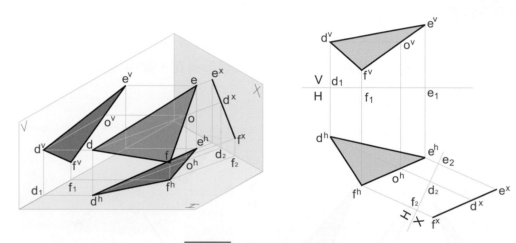

圖 5-39　複斜面的邊視圖

如欲得前述複斜面 def 的正垂視圖，則再取一輔助投影面 Y，使與平面 def 平行，則 Y 面必垂直於 X 面，基線 XY 必平行於 $d^x e^x f^x$，將 def 投影至 Y 面得 $d^y e^y f^y$ 為其正垂視圖，是其實形所在，且 $d^y d_3 = d^h d_2$、$e^y e_3 = e^h e_2$、$f^y f_3 = f^h f_2$ (圖 5-40)。

複斜面的實形，也可由複斜面的邊視圖旋轉而得之。例如將圖中複斜面的邊視圖，以此平面上的線段 do 為軸線旋轉至與 X 面平行，得 $(f)^x d^x (e)^x$，再將 $(f)^x$ 和 $(e)^x$ 投影至 H 面上，與由 f^h、e^h 畫出平行基線 HX 的直線相交於 $(f)^h$ 和 $(e)^h$，則 $d^h (e)^h (f)^h$ 即為平面 def 的實形(圖 5-41)。

圖 5-40　複斜面的正垂視圖

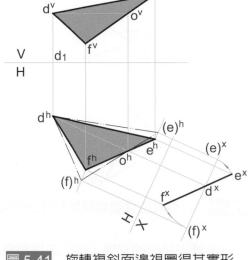

圖 5-41　旋轉複斜面邊視圖得其實形

5-10　直線與平面相交

　　一線與一面有一共點，則此線與此面相交，此共點即為二者的交點。一面與另一面有一共線，則此兩面相交，此共線即為二面的交線。一直線與一平面相交，只有一交點。兩平行線可以決定一平面，則兩平行線與一平面相交所得兩交點之連線，便是兩平面之交線，此交線必為一直線，且只有一條。

　　直線與單斜面或正垂面的交點，可由平面的邊視圖中獲得。此種由邊視圖求得交點的方法，稱為邊視圖法。設平面 abc 為垂直於直立投影面的單斜面，則線段 ef 與平面 abc 的交點，必在平面的邊視圖 $a^v b^v c^v$ 與線段 $e^v f^v$ 的交點 g^v 上(圖 5-42)，因為 g 點在平面 abc 上，又在線段 ef 上，是二者的共點，再由 g^v 決定 g^h，g^h 在線段 $e^h f^h$ 上，又在平面 $a^h b^h c^h$ 的範圍內，是為線段 ef 與平面 abc 的交點。

　　因為平面 abc 與線段 ef 同在第一象限，由 H 面上的 $e^h f^h$ 與 $b^h c^h$ 的交點 s^h 投影至 V 面，投影線先與 $e^v f^v$ 相交，得知線段 gf，在平面 abc 的下方，所以在 H 面上線段 ef 的一段 $g^h s^h$ 被平面 abc 遮住，成為隱藏線，應畫成虛線。

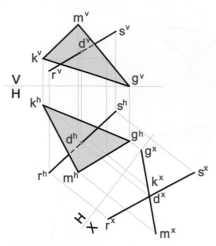

| 圖 5-42 | 邊視圖法求直線與單斜面的交點 | 圖 5-43 | 邊視圖法求直線與複斜面的交點 |

　　直線與複斜面的交點，可先求得複斜面的邊視圖，再由邊視圖中獲得二者的交點。設平面 gkm 為一複斜面，欲求得線段 rs 與複斜面 gkm 的交點，則先求得複斜面 gkm 的邊視圖 $g^x k^x m^x$，再將線段 rs 投影至 X 面上得 $r^x s^x$，與複斜面的邊視圖 $g^x k^x m^x$ 的交點 d^x，即為二者的交點，由 d^x 決定 d^h 和 d^v（圖 5-43）。

　　直線與複斜面的交點，亦可用單斜割面法求之（圖 5-44）。即將線段 rs 的直立投影 $r^v s^v$ 設為包含線段 rs 而垂直於直立投影面的一個單斜面的邊視圖，則複斜面 gkm 的一邊 kg 與所設單斜面的交點為 e、另一邊 gm 與所設單斜面的交點為 f，則線段 ef 是為複斜面 gkm 與所設單斜面的交線，而此所設單斜面是包含線段 rs 的，則線段 rs 與複斜面 gkm 的交點必在線段 ef 上，所以 $e^h f^h$ 與 $r^h s^h$ 的交點 d^h 即為線段 rs 與複斜面 gkm 的交點，由 d^h 決定 d^v。

　　因為所設包含線段 rs 而垂直於直立投影面的平面為一單斜面，此單斜面與複斜面 gkm 的交線 ef，相當於此單斜面切割複斜面 gkm 所得之截線，所以稱這種求交點的方法為單斜割面法。

　　若將圖 5-44 中的線段 rs 換成前平線 tu（圖 5-45），則設包含線段 tu 而垂直於水平投影面的一個平面為正垂面，切割複斜面 gkm 所得截線 nw，則線段 tu 與複斜面的交點 o，必在截線 nw 上，這種求交點的方法，則稱為正垂割面法。

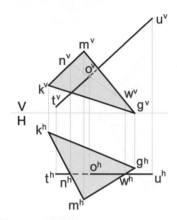

圖 5-44　單斜割面法求直線與複斜面的交點　　圖 5-45　正垂割面法求直線與複斜面的交點

5-11　直線與平面垂直

　　一直線與一平面上任意兩相交直線均垂直，則此直線與此平面垂直，此時直線已與平面上所有直線均垂直，因為兩相交直線即可決定一平面。

　　經過一已知點，只能作一直線垂直於已知平面。經過一已知點也只能作一平面垂直於已知直線。所以欲作一直線垂直於已知平面，只需在此平面上任取兩不相平行的直線，然後作一直線垂直於這兩直線即為所求。反之，欲作一平面垂直於已知直線，只需作二相交直線分別垂直於已知直線，由此二相交直線決定的平面即為所求。

　　設已知點 f 與平面 abc，過 f 點作線段 fg 與平面 abc 垂直，步驟如下(圖 5-46)：

1.　在平面 abc 上取一水平線 ad，則 $a^v d^v$ 必平行於基線 HV，$a^h d^h$ 為其正垂視圖。
2.　過 f^h 畫 $a^h d^h$ 的垂線。
3.　在平面 abc 上再取一前平線 ae，則 $a^h e^h$ 必平行於基線 HV，$a^v e^v$ 為其正垂視圖。
4.　過 f^v 畫 $a^v e^v$ 的垂線。
5.　在所畫直線上截取 g 點，則線段 fg 即為所求。

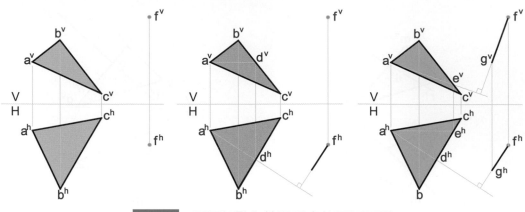

圖 5-46　過已知點作線段垂直於已知平面

設已知點 e 與線段 ab，過 e 點作一平面 efg 與線段 ab 垂直，步驟如下(圖 5-47)：

1. 過點 e 畫一水平線 ef，則 $e^v f^v$ 必平行於基線 HV，因 $e^h f^h$ 爲其正垂視圖，故畫 $e^h f^h$ 與 $a^h b^h$ 垂直。

2. 再過點 e 畫一前平線 eg，則 $e^h g^h$ 必平行於基線 HV，因 $e^v g^v$ 爲其正垂視圖，故畫 $e^v g^v$ 與 $a^v b^v$ 垂直。

3. 則線段 ef 及 eg 所決定的平面必垂直於線段 ab，故平面 efg 即爲所求。

圖 5-47　過已知點作平面垂直於已知線段

經過一已知點，只能作一直線垂直於已知平面。此時，直線與平面之交點稱爲垂足。自已知點至垂足間的距離，即爲此已知點至平面間的最短距離。

設已知點 o 與平面 rst，求出點 o 至平面 rst 間的最短距離 ob，並畫出 b^v 及 b^h，步驟如下(圖 5-48)：

1. 在平面 rst 上取一前平線 se，畫出平面 rst 的邊視圖 $r^x s^x t^x$，再將 o 點投影至 X 面上得 o^x。

2. 過 o^x 畫 $r^x s^x t^x$ 的垂線交於 b^x，則 $o^x b^x$ 即為 o 點至平面 rst 間的最短距離，且為其實長，這是因為輔助投影面 X 是與平面 rst 垂直，則必與所作線段 ob 平行。

3. 由 o^v 作直線 $o^v b^v$ 平行基線 VX。

4. 由 b^x 決定 b^v 和 b^h。

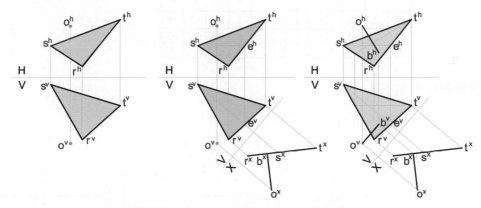

圖 5-48　求已知點至平面間的最短距離

本章習題

一、基礎題型

本題用 5 mm 的方格紙繪製，其中正 V 值表示在直立投影面之前，負 V 值表示在直立投影面之後，正 H 值表示在水平投影面以上，負 H 值表示在水平投影面以下，正 P 值表示在側投影面之左，數值表格數。

1. 畫出下列各點的三視圖。

點	a	b	c	d	e	f	g	i	j	k
V	2	−6	−2	4	3	0	1	−7	−2	−8
H	5	−3	−2	1	2	−5	6	0	−6	−3
P	4	3	3	2	4	2	4	5	2	2

繪製步驟舉例如下：

(a) 由投影箱轉換點的平面三視圖

(b) 直接平面座標畫出點的平面三視圖

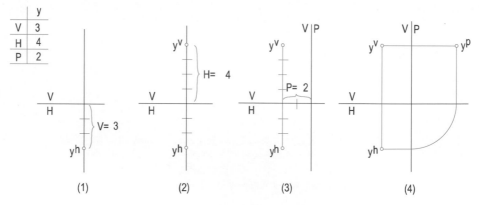

(1)   (2)   (3)   (4)

2. 畫出線段 bc 的三視圖或端視圖。

線段	(1)		(2)		(3)		(4)		(5)		(6)	
	b	c	b	c	b	c	b	c	b	c	b	c
V	1	4	5	1	4	4	2	4	1	1	−5	−2
H	1	6	2	6	2	2	6	3	2	5	−6	−2
P	10	4	7	3	5	1	3	3	5	2	3	9

3. 以迴轉法畫出線段 cd 的實長。

線段	(1)		(2)		(3)		(4)		(5)		(6)	
	c	d	c	d	c	d	c	d	c	d	c	d
V	5	2	6	2	2	4	1	8	5	8	−1	−4
H	6	1	1	3	1	5	5	2	2	0	−1	−3
P	7	2	8	3	6	2	5	1	5	2	5	1

4. 已知線段 fg 和 km 相交於 o 點，畫出 o^v、o^h 及 f^hg^h。

線段	(1)				(2)				(3)			
	f	g	k	m	f	g	k	m	f	g	k	m
V	2		5	3	3		5	1	1		1	5
H	3	1	1	4	3	5	7	2	1	4	4	1
P	7	2	6	1	6	2	4	4	2	6	4	4

5. 過已知點 n，作線段 ns 平行於已知線段 rt，畫出 n^vs^v、n^hs^h 及兩平行線間距離 ab 的實長。

線段	(1)				(2)				(3)			
	n	s	r	t	n	s	r	t	n	s	r	t
V	2		5	8	4		4	1	−1		−5	−9
H	1		4	9	1		3	3	−8		−4	0
P	5	0	7	3	5	1	8	3	8	3	6	1

6. 過線段 dt 上的 d 點，作線段 ds 垂直於線段 dt，畫出 d^vs^v。

線段	(1)			(2)			(3)		
	d	t	s	d	t	s	d	t	s
V	4	1	3	4	1	3	2	6	1
H	4	5		5	0		2	0	
P	4	1	2	5	1	8	1	5	4

7. 畫出平面 tuw 的正垂視圖。

平面	(1)			(2)			(3)		
	t	u	w	t	u	w	t	u	w
V	1	4	6	1	6	3	4	2	6
H	4	3	1	1	2	3	4	5	1
P	5	0	2	4	2	0	9	2	0

8. 求點 e 至平面 gkm 間最短距離 ef 的實長，並畫出 f^v 及 f^h。

	(1)				(2)				(3)			
	e	g	k	m	e	g	k	m	e	g	k	m
V	7	4	1	6	6	4	1	7	7	5	1	7
H	1	6	1	5	6	1	5	2	1	3	1	7
P	7	7	6	1	7	9	5	1	3	8	4	1

二、進階題型

依正投影原理，完成下列各圖：

1. 畫出線段 ab 的正垂視圖

2. 用旋轉法畫出線段 cd 的實長

3. 畫出平面 bcd 的正垂視圖

4. 畫出三角形平面 abc 外接圓直徑的實長

Chapter

6

物體的正投影

6-1 體的投影

由點構成線，由線構成面，由面構成體。凡由平面構成之體，稱為**平面體**，如角柱、角錐等。凡由平面和曲面或全由曲面構成之體，則稱為**曲面體**，如圓柱、圓錐、球等。

因體是由面構成的，面的輪廓，面與面的交線或曲面的極限在視圖中繪成線。當體上的各面投影在同一投影面上時，會產生重疊或被遮住的現象，因此可見的輪廓在視圖中以可見輪廓線表示，可見輪廓線用粗實線繪製；被遮住之輪廓以隱藏線表示，隱藏線以線條種類中之虛線繪製，虛線呈由許多短線組成(見表 3-1)，繪製時，虛線兩端與其他線條相遇或轉彎處，須相接不能有空隙，但如果虛線是實線的延長線時，則必須留有空隙(圖 6-1)。

圖 6-1　虛線與其他線條相接處之正確畫法

1. 設有一角柱(圖 6-2)，其軸線垂直於直立投影面、平行於水平投影面，置於第一象限，其視圖如圖 6-3 所示。同一角柱置於第三象限，其視圖如圖 6-4 所示。

圖 6-2　角柱　　圖 6-3　角柱在第一象限之視圖　　圖 6-4　角柱在第三象限之視圖

2. 設直立三角錐之軸線垂直於水平投影面，置於第一象限，其視圖如圖 6-5 所示。

3. 設圓柱之軸線垂直於水平投影面，置於第一象限其視圖如圖 6-6 所示。直立投影面上之 a^v c^v 及 b^v d^v 即曲面體投影所產生之極限線。

4. 設圓錐之軸線垂直於水平投影面，置於第三象限其視圖如圖 6-7 所示。

5. 設一球體置於第三象限，其視圖如圖 6-8 所示。

圖 6-5　三角錐之視圖

圖 6-6　圓柱之視圖

圖 6-7　圓錐之視圖

圖 6-8　球體之視圖

　　圓柱、圓錐在視圖中除曲面產生極限線外，另一視圖即呈現圓形。工程圖在視圖中如呈對稱形狀都用細鏈線表示其對稱的中心軸線稱為中心線，並伸出視圖約 2~3mm，圓形視圖更要畫出一呈水平，另一呈直立之兩條中心線，以明確表出圓心之所在，因此繪製時，圓心不得正好是中心線的一點上，而必須落在兩條中心線長劃相交之交點上。如圖 6-6、6-7 及 6-8 所示。

由圖 6-3 至圖 6-7 可看出各物體之視圖中，整個物體與直立、水平投影面間的距離，已無關其大小的表達，所以在工程圖中表達時不再畫基線與投影線，但為明確表明物體是立於第一象限或第三象限，一般都會在標題欄內註明其投影法(參見第十五章工作圖)。圖 6-9 是將以上各物體立於第三象限之表示法。

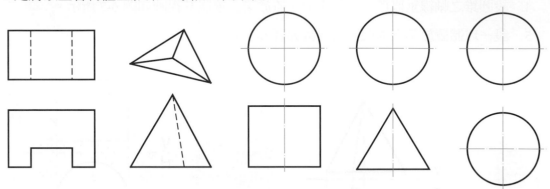

圖 6-9 視圖間不畫基線與投影線

6-2 第一角法與第三角法

體由面組合而成，長方體就由六個平面圍成。因此有時為了能較清楚表達物體之形狀，再各加一與直立、水平、側投影面平行之投影面，即成為所謂的投影箱，在投影箱六個投影箱面上可得物體的六個視圖。如將物體置於第一象限內的投影法，即稱為**第一角法**(圖 6-10)，各視圖的排列位置及名稱如圖 6-11 所示。如將物體置於第三象限內的投影法，即稱為**第三角法**(圖 6-12)，各視圖的排列位置及名稱如圖 6-13 所示。

第一角法由英國最先開始使用，德國、瑞士等歐洲各國相繼使用之。國際技能競賽，因大多由歐洲國家主辦，故所用之視圖常採用第一角法繪製，但根據第三角法繪製之視圖，其俯視圖在前視圖之上方，右側視圖則在前視圖之右方，與我們觀看物體位置的方向相同，較容易了解，適合初學者使用。因此美國、日本都採用此種畫法。

目前我國國家標準為應工商界以貿易為主的需要，已將過去限用第一角法的規定，改為第一角法或第三角法同等適用，並為符合**國際標準**，於標題欄內或其他明顯處繪製如圖 6-14 之符號。本書以下各章中除有特別註明者外，均採用第三角法。

▶動畫▶　圖 6-10　物體置於第一象限

仰視圖

右側視圖　　前視圖　　左側視圖　　後視圖

俯視圖

圖 6-11　第一角法各視圖之排列位置及名稱

▶動畫▶ 圖 6-12 物體置於第三象限

俯視圖

後視圖　　　左側視圖　　　前視圖　　　右側視圖

仰視圖

圖 6-13 第三角法各視圖之排列位置及名稱

第一角法符號　　　　　　　　第三角法符號

圖 6-14 第一角法及第三角法符號

6-3 線條的優先順序

視圖中常會有線條重疊的現象發生，通常遇到可見輪廓線與其他線條重疊時，則一律畫可見輪廓線，隱藏線與中心線重疊時，則畫隱藏線(圖 6-15)，所以線條重疊時，均以粗者為優先，遇粗細相同時，則以重要者為優先。

可見輪廓線與隱藏線重疊

可見輪廓線與中心線重疊

隱藏線與中心線重疊

圖 6-15　線條重疊時之優先順序

6-4 視圖的選擇

用六個視圖來描述物體的形狀，固然是很週詳，但有時覺得太過於繁雜，實際上我們將六個視圖作一概略的分析，很顯然的可以看出其中前視圖與後視圖、俯視圖與仰視圖、右側視圖與左側視圖彼此相似，所以一般都以呈 L 形排列的三個視圖來描述一個物體的形狀即已足夠(圖 6-16)，所以正投影多視圖又有正投影三視圖之稱，簡稱三視圖。當然不一定要選前視圖、俯視圖及右側視圖，因為視圖的選擇全依物體的形狀決定，以最能清楚表達物體形狀為原則。如圖 6-17 則選用前視圖、仰視圖及右側視圖。

圖 6-16　視圖之選擇

圖 6-17　選擇前視圖、仰視圖及右側視圖

　　其實選用視圖的個數，也沒有硬性的規定，原則上依物體形狀的繁簡而定，如圖 6-18 中的右側視圖與前視圖相似，此時右側視圖省略，選用兩個視圖即可，如選用三個視圖，則其中一個便屬多餘；又如圖 6-19 中的右側視圖，對於物體形狀的表達並無助益，此時也將右側視圖省略，選用兩個視圖。

圖 6-18　二個視圖

圖 6-19　二個視圖

　　有時如圖 6-20 所示物體形狀雖然很簡單，但此時如只選擇前視圖與右側視圖兩個視圖，則物體底板之圓及圓弧無法表達，又如選擇前視圖與俯視圖，則物體側板之圓及圓弧亦無法表示，故此物體之形狀必須選用三個視圖，換句話說，凡能顯示物體圓形、圓弧或斜邊時，其視圖是不得省略的，因此視圖的選擇，需讀者多加思考，勤加練習。

圖 6-20　需用三個視圖才能表達物體的形狀

　　物體如為板料，用單視圖表示即可，但須在視圖內或視圖外之適當位置加註厚度符號「t」及厚度數值，如 t2(圖 6-21)；又物體如為單向呈圓形或正方形時，則可加註直徑符號「ø」或方形符號「□」而採用單視圖(圖 6-22)。

圖 6-21　標註板厚採用單視圖

圖 6-22　以「ø」或方形符號「□」表示直徑或方形採用單視圖

　　從前述各組視圖中，可知前視圖通常是反映物體的主要特徵，是最必要的視圖，因此前視圖的選擇甚爲重要，一般都以最能表達物體結構形狀特徵或最寬大的面(圖 6-23)或零件之加工位置(圖 6-24)爲選擇之依據。

圖 6-23　前視圖選擇最具特徵及最寬大面

圖 6-24　前視圖選擇零件之加工位置

6-5　習用畫法

　　正投影視圖中，有時爲了更清楚表明物體的形狀和節省繪製的時間，常有違背投影原理，而採用一般公認的簡化畫法，稱爲**習用畫法**。習用畫法中，有關剖視部分將於 8-7 節中介紹，其他則列述如下：

1. **局部視圖**：正投影視圖中，有時只表達物體某一部分，而省略其他不需要部分的視圖及線條，稱爲局部視圖。運用局部視圖可簡化視圖中的線條，例如圖 6-25 和 6-26 中的物體，同時採用局部的右側視圖與左側視圖，可將物體的形狀表達得更清楚。運用局部視圖可節省繪製時間，例如圖 6-27 中用一個簡單的局部俯視圖，即可清楚表達鍵座形狀。相對於局部視圖，畫完整之整個視圖，則稱爲全視圖。

圖 6-25　運用局部右側視圖與左側視圖

圖 6-26　運用局部右側視圖與左側視圖

圖 6-27　局部俯視圖

2. **轉正視圖**：凡零件之一部位與他部位成交角時，可將此一部位迴轉至與投影面平行後，繪出此部位之視圖稱為轉正視圖(圖 6-28)。又當物體上有許多相同大小形狀之部位，環繞圓周作等距離分布時，除利用轉正視圖原則表示外，更可不論其個數多寡，在其右側視圖只以兩個畫出即可。例如圖 6-29 之前視圖中，一圓盤物體上有五個等距同大小之圓孔，在其右側視圖只表示出對稱二個，而其二孔之孔距是以前視圖中此五個小圓孔圓心位置所在圓周(稱為孔位圓)的直徑為其距離。並注意此時這些圓孔的中心線是以孔位圓為其一條中心線，另一條中心線則為經過小圓圓心而指向孔位圓中心之直線。

圖 6-28　轉正視圖　　　　　　　圖 6-29　等距圓孔之表示法

3. **中斷視圖**：較長的物體，其間如無變化，可將其無變化部分中斷，以節省空間，此種視圖稱為中斷視圖。繪製中斷視圖，折斷處無論物體的形狀為何，都以折斷線即不規則的連續細線或帶鋸齒狀連續細線繪製(圖 6-30)。而以前常用之 S 形斷裂表示法，因繪製較費時，已不再使用。

圖 6-30　斷裂表示法

4. **軸上平面之表示法**：凡軸上圓柱面加工成平面，且以一視圖表示時，須在此平面上加畫兩相交之細對角線表明(圖 6-31)。

圖 6-31　軸上平面之表示法

5. **視圖中兩線差距甚小時之表示法**：物體如依真實投影而使視圖中之線條複雜而妨礙識圖時，則可將差距甚小之兩線忽略其一，而以單線表示(圖 6-32)。

真實投影

圖 6-32　兩線差距甚小時之表示法

6. **滾花、金屬網及紋面板之表示法**：機件經滾花之加工面、金屬網、紋面板以細實線表示，亦可僅畫出一角表示之(圖 6-33)。

圖 6-33　滾花、金屬網及紋面板之表示法

6-6　體與體間的交線

一般物體都由角柱體、圓柱體、角錐體、圓錐體等幾何形體組合而成，分析這些組成形體的表面連接關係有平齊、不平齊，相切與相交等四種情況，簡述如下：

一、 **平齊**：兩幾何形體表面平齊，其平齊部分成為一平面，在視圖中成為邊視圖，如圖 6-34。

平齊平面成為邊視圖

無線

成一平面

圖 6-34　兩幾何形體平齊組成

二、 **不平齊**：兩幾何形體表面不平齊，其不平齊部份在視圖中即須畫線間隔表示兩
形體，如圖 6-35。

有線

圖 6-35 兩幾何形體不平齊組成

三、 **相切**：兩幾何形體表面相切時，其相切部分無交線在相切處不應畫線。兩形體
表面相切有平面與曲面相切，曲面與曲面相切。圖 6-36 中形體由平板面(平面)
與圓柱面(曲面)相切，在相切處形成光滑之相切面，在視圖中不能畫線。

相切線無交線

圖 6-36 兩幾何形體之平面與曲面相切

圖 6-37 中形體由一圓柱面(曲面)與兩圓柱面(曲面)相切，在相切處形成光滑之相切面時，在視圖中不畫線。

圖 6-37　曲面與曲面相切

四、　**相交：**兩幾何形體相交，其表面會產生交線。兩形體表面為平面，平面與平面相交，其交線必為直線，如圖 6-38 中線段 ab。平面與曲面相交或曲面與曲面相交，其交線大多為曲線，如圖 6-39 中之曲線 cde，但也有少數為直線者如圖 6-40 中之直線 fg。

圖 6-38　平面與平面相交　　圖 6-39　曲面與曲面相交　　圖 6-40　曲面與曲面相交

又如圖 6-41 中的物體，是由圓柱體與角柱體組合而成，繪出其正投影視圖時，其交線可直接呈現，不必再求取，但圖 6-42 中的物體，是由三角柱體與四角柱體組合而成，畫出其正投影視圖時，二者的交線，不能直接呈現，必需進一步求出。

圖 6-41　圓柱體與角柱體相交　　　　　**圖 6-42**　三角柱體與四角柱體相交

　　因此，要求出體與體間交線之前，須先設法了解各體具有多少個面，是平面還是曲面，那幾個面彼此相交，然後逐一選擇二個體上各一面，求出其間的交線，最後綜合起來，始可得整個體與體的交線。若二面均為平面，則在一平面上取二直線，或在二平面上各取一直線，與另一面相交，得交點的連線，便是此二平面之交線。若二面中有一面為曲面，則至少必須在平面上取三直線，或二面上各取數條線與另一面相交，得至少三個交點後，以光滑曲線連得交線。一般求直線與面的交點，可運用邊視圖法、正垂割面法或單斜割面法。但當可以輕易獲得面之邊視圖時，則必採用邊視圖法，不考慮採用正垂割面法或單斜割面法。

　　如圖 6-43 中物體要求其交線，先得知三角柱面與四角柱面均為平面，三角柱面的右前面與四角柱面上的上前與下前二面相交，有二段交線，又三角柱面的右前與右後二面均與四角柱面上後與下後二面相交，有四段交線，所以整個交線共有六段直線組成。因為三角柱面之邊視圖就在俯視圖中，所以運用邊視圖法，由俯視圖中得 a、b、c、d 四個交點，投影至前視圖與右側視圖，得交線 ab 與 ac(圖 6-43a)，再運用正垂割面法，包含線段 km 平行 V 面之正垂面切割四角柱，則前視圖中截線為平行四角柱稜線之直線，與線段 km 之交點為 e 與 f(圖 6-43b)，由此得交線 be、ed、cf 與 fd(圖 6-43c、d)。

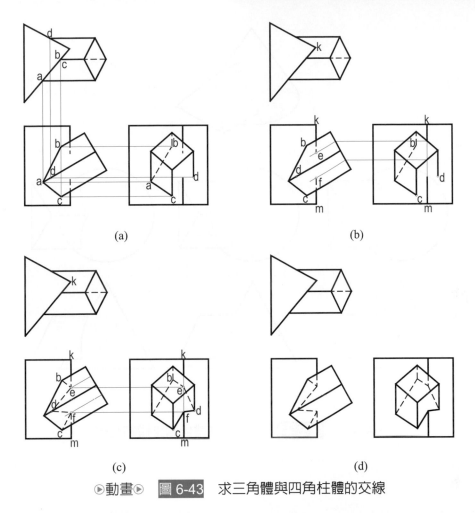

(a)　　　　　　　　　　(b)

(c)　　　　　　　　　　(d)

▶動畫▶　圖 6-43　求三角體與四角柱體的交線

　　圖 6-44 中三角柱體與圓錐體相交，欲求出其交線，先得知三個三角柱面均與圓錐面相交，圓錐面為曲面，所以整個交線由三段曲線組成。最下方的三角柱面為正垂面，最上方的三角稜線為水平線，所以運用邊視圖法，由前視圖中得 a 和 f 二交點，投影至俯視圖，再以最下方的三角柱面為割面，運用正垂割面法切割圓錐，在俯視圖上得一個圓形的截線，則圓弧 cfd 即為最下方的三角柱面與圓錐面的交線，投影至前視圖(圖 6-44a)，再任取一水平面，運用正垂割面法，求得交點 b 和 e(圖 6-44b)，則在俯視圖中分別以光滑曲線連接 a、b、c 三點和 a、e、d 三點，在前視圖中以光滑曲線連接 a、b、c 三點，即得(圖 6-44c)。

◉動畫◉　圖 6-44　求三角柱體與圓錐體的交線

又如圖 6-45 為圓柱體與圓錐體相交，其交線為曲線，交線之求法，亦可運用正垂割面法求得。

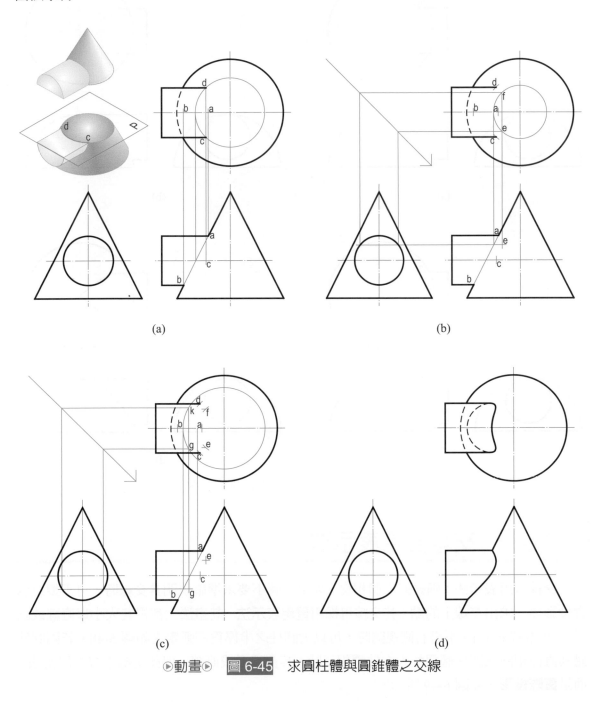

(a)

(b)

(c)

(d)

▶動畫▶　圖 6-45　求圓柱體與圓錐體之交線

如圖 6-46 為圓柱體與球體相交，其交線之求法仍可用正垂割面法求得。

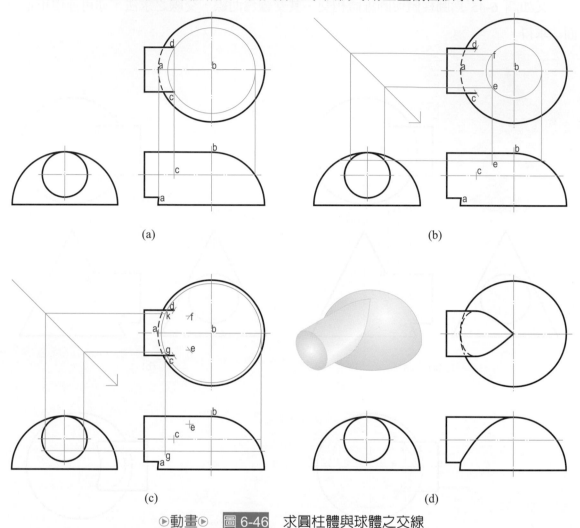

(a)

(b)

(c)

(d)

▶動畫▶　圖 6-46　求圓柱體與球體之交線

6-7　交線習用表示法

　　交線習用表示法：兩幾何形體相交，如果視圖不要求準確表明其交線時，可不須以真實投影逐一求出交線上的點，其交線可採用**習用表示法**，其畫法大都視其大小以直線或圓弧表示之(圖 6-47)。不畫右側視圖時，可以大圓柱之半徑為圓弧畫之如圖 6-48。若兩圓柱體其直徑相同或圓柱體與較大方柱體相交時，其交線形成直線，但此交線不屬習用畫法，而是**實際投影**，如圖 6-49 所示。

圖 6-47　交線習用表示法

圖 6-48　不畫右側視圖時兩圓柱交線之畫法

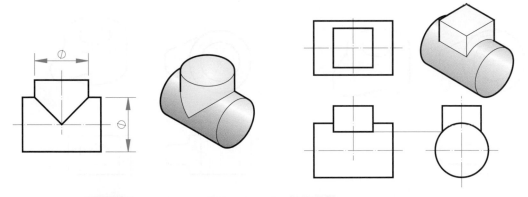

圖 6-49　直徑相同兩圓柱面、圓柱體與較大方柱體之交線

6-8 圓 角

　　凡是鑄製、鍛製、塑製等方法製成的物體，其內角部位形成圓角者稱為內圓角，而外角部位形成圓角者則稱為外圓角。通常物體在製造過程中，因尖銳的轉角強度較弱，易折裂或造成凹陷等不良後果，因此很多的物體都在其轉角處故意製成圓角，而圓角的半徑都隨著物體大小以及材料的厚薄而定，當圓角半徑大於 3 mm 時，用圓規或模板繪製，圓角半徑在 3 mm 以下時，多以徒手繪製(圖 6-50)。

圖 6-50　圓角之表示法

　　視圖中表示物體上兩面位於轉角處的交線，又稱為**稜線**，稜線會因圓角而消失，但為使圖面能清晰表示，此時消失的稜線，在與輪廓線相接處留約 1 mm 之空隙，以細實線表示(圖 6-51、6-52)。消失的稜線如為隱藏時，則不予畫出。

不與圓角輪廓接觸

切點處斷開

切點處斷開

與鑄造圓角彎向一致

匯集點處應斷開

圖 6-51　因圓角而消失之稜線表示法(一)

圖 6-52　因圓角而消失之稜線表示法(二)

6-9 曲線之投影

有些物體在正投影視圖中常有與投影面不相平行之曲線，此時曲線上之點，需逐一投影，再以圓滑曲線連接各點(圖 6-53)。

圖 6-53　曲線之正投影

6-10 繪製視圖

在工業社會裡，時間就是金錢，繪製視圖，不但要求正確、整潔，而速度也很重要，因此傳統以儀器繪製視圖時，繪製者要盡量減少手中換用儀器之次數，如有兩個或三個視圖時，應同時投影繪製，千萬不可完成一視圖後再來畫另一視圖。下列為一般繪製視圖的程序(圖 6-54)。

1. 選擇前視圖、決定視圖數量以及其排列位置。

2. 決定比例。可能的情況下，盡量採用實大比例。

3. 進行布局。將視圖安置在圖紙上適當位置稱為布局。一般視圖與視圖間之距離約為 30 mm，若須標註尺度時則略增加。

4. 定出視圖最大範圍線。

5. 定中心線。

6. 按工件之構造由外向內、由大處至小處順序畫之，先畫圓及圓弧等，再畫直線。

7. 擦去不必要的線條。

◉動畫◉ 圖 6-54 繪製視圖的程序

　　有關電腦繪製視圖，視圖的正確性仍是最重要的。因此繪製前，仍須先考慮前視圖的選擇以及視圖的數量，至於布局可於繪製後，以編輯指令，將各視圖安置於適當位置，比例可依圖紙的大小於出圖時再行考量。

6-11 識　圖

　　圖是工業界的語言，凡是學工的人，不僅要能自己畫圖，也必須毫無猶豫地能看懂他人所畫的圖，即所謂識圖。而識圖的重點即在於正投影視圖的閱讀，所以識圖所需的能力，是與投影原理的了解成正比。因此識圖可說就是由投影觀點、應用投影原理以了解物體形狀之過程。

　　學習識圖最好的方法，就是在考量如何去做出此一物體，因此識圖的過程中，必先對視圖中的細節和組成部分加以逐一考慮，當心中對整個圖具備完整的概念後，再把各部分連結起來，便能瞭解物體的整個形狀。為達到此能力，除必須對投影原理有相當的認識外，還須純熟的應用。

　　從投影原理之應用來分析，找出在視圖上各線及面所呈現的關係，研究物體之形狀。

一、 在視圖中的線可代表(圖 6-55)

1. 面之稜邊。

2. 面之交線。

3. 面之極限。

面與面之交線　　　　面之稜邊

面之極限

圖 6-55　視圖中線之意義

二、 物體的面在視圖中出現的情況(圖 6-56)

 1. 面之眞實形狀大小,為正垂面。

 2. 面之縮小,為單斜面或複斜面。

 3. 面為曲面。

▶動畫▶   圖 6-56   視圖中面之意義

三、 物面呈現在視圖中的幾何形狀,除與投影面垂直,其正投影為邊視圖,呈現一直線或曲線者外,其餘不論平行或不平行於投影面之各面,其呈現之邊數與物體各面之邊數相同,且其形狀也極相似(圖 6-57)。

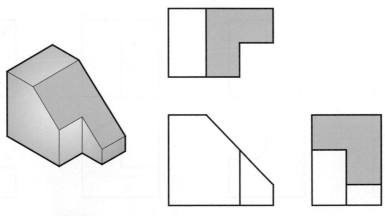

圖 6-57   視圖中面的形狀與物面之形狀極相似

四、 一個視圖中劃分為兩區域，即為物體之兩鄰面，兩鄰面永不可能位於同一平面內，否則視圖中便不劃分為兩區域。今劃分為相鄰兩區域，則物體之兩鄰面可能有(1)高低不同、(2)斜度不同、(3)凹凸不同等三種情形。如圖 6-58 中之俯視圖全劃分為相同的兩區域，而其前視圖即呈現上述三種情況，此種分析在識圖時幫助甚大，希各讀者多加練習。圖 6-59 為另一相鄰兩區域之例。

圖 6-58　視圖中相鄰之兩面

圖 6-59　視圖中相鄰之兩面

五、隱藏面是表示隱藏在物體內部或背後之面，由於全用虛線表示，而且常有互相重疊的現象，以致識圖時常會發生混淆，閱讀時必須細心，依賴各視圖之配合而加以組合。如圖 6-60 之例，交錯之虛線，使面含糊不清，如 ab、cd 兩虛線所代表之面間，1、2、3 隱藏面是連貫的，不是分開的，其所表示的即為物體背面凹進之面。

圖 6-60　隱藏面之意義

　　所以進行視圖的閱讀時，以如圖 6-61 中物體為例，其步驟如下：

一、對此物體所有視圖整體閱覽一遍，了解其形狀的大概。

二、就視圖中某一比較特別的形狀加以分析，了解其所代表物面的位置。圖中如前視圖中橋洞形的平面，在我們觀察者的正前方，在俯視圖中為直線 ef，在側視圖中為直線 gf；六邊形的平面為其頂面；梯形的平面為其左右兩面(圖 6-62)。

圖 6-61　物體的正投影視圖　　　　　圖 6-62　就視圖中某一比較特別的形狀加以分析

三、就一個視圖中劃分的區域，可了解各面的上下、前後或左右之關係。因為各區域不可能位於同一平面內，例如圖 6-63 中物體的各區域，前視圖中央的長方形，由側視圖可知其為由前向後傾斜的單斜面；前視圖中左右兩個三角形，由俯視圖及側視圖在三個視圖中全形成面，故可知其分別由上方向右下或左下傾斜的複斜面，其他都是正垂面，如此明白整個物體的形狀(圖 6-64)。

圖 6-63　物體的各區域　　　　　　　　圖 6-64　物體之立體圖

　　有時，物體的組成不須靠面與線來分析，而直接由其組成之形體來分析，如閱讀圖 6-65 中物體的視圖，其步驟如下：

一、對此物體所有視圖整體瞭解並分析。

二、從視圖中可知該物體是由中間之長方體及底部左右皆有圓孔之兩圓弧柱體所組成 (圖 6-66)。

三、再分析長方體之形狀，從側視圖可知在長方體中間除去一長柱體，從俯視圖可知，在上部左、右各切去一個三角柱體，且前方中央有一柱坑，下部鑽一通孔。(圖 6-67)

四、綜合歸納想出各幾何形體間之關係，如此明白整個物體之形狀，即如圖 6-68 所示之立體圖。

圖 6-65　物體三視圖

圖 6-66　物體基本組成

(a)　　　　　　　　(b)　　　　　　　　(c)

圖 6-67　物體其他組成

▷動畫▷　圖 6-68　物體立體圖

又如圖 6-69 中為物體兩視圖，其識圖時之步驟如下：

一、 對此物體之兩視圖作對照分析。

二、 瞭解此物體由一圓柱體及長方體，中間以平板連接，再以三角楔塊支撐。

三、 長方體在前視圖中有一虛線，從俯視圖中瞭解其有相鄰的參個區域，因此可判斷其為「凵」形或為「凸」形，如圖 6-70；如為「凸」形，在俯視圖中應劃分為四個區域，如圖 6-71。這也是在表達物體有「凵」形或「凸」形時，宜採用三個視圖的原因。

圖 6-69　物體兩視圖

圖 6-70　物體之立體形狀(凵或凸形視圖)

圖 6-71　「凸」形視圖

初學者識圖亦可藉徒手畫立體圖或用黏土、臘等製作模型的方法來幫助。

本章習題

一、基礎題型

(一) 投影法判讀，第一角法請寫 1，第三角法請寫 3 填入右上角方格內。

（二）參考立體圖補繪所缺線條。

（三）參考立體圖補繪所缺視圖。

二、進階題型

（一）請補繪下列各題視圖所缺線條。

（二）請補繪下列各題所缺視圖。

(三) 畫出下列各物體應有之視圖(單位大小自訂)。

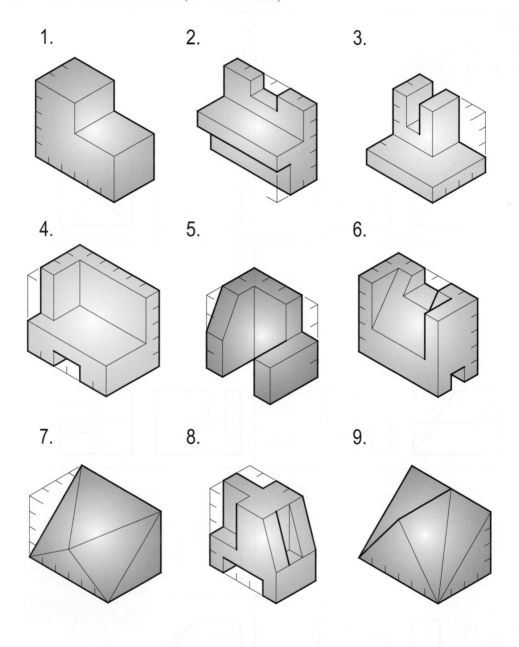

1.

2.

3.

4.

5.

6.

7.

8.

9.

10.

11.

12.

13.

14.

15.

16.

17.

18.

19.

20.

21.

22.

23.

24.

25.

26.

27.

28.　29.　30.

31.　32.　33.

34.　35.　36.

37.

38.

39.

40.

41.

42.

43.

44.

鑽孔未穿通，深度自行決定

45.

(四) 用儀器畫出下列各題之正投影視圖。

(凡未註明圓角半徑者均以 R2 繪製，並考慮其繪製時之比例)

1. 偏心銷枕

2. 滑軌閂

3. 雙向跨墊

4. 支架

5. 固定架

6. 支持架

7.

圓盤底座 (A)

8.

圓盤底座 (B)

9.

擋塊

10.

轉向托架

11.

搖捍導架

12.

丁字桿架

13.

板柄

14.

推桿架

15.

移動框

16.

支架

17.

軸承座

18.

操作桿座

物體的輔助視圖

7-1 斜面與輔助視圖

　　物體上的平面與直立投影面、水平投影面或側投影面等三主要投影面之一平行者，是為**正垂面**，**正垂面**在主要視圖中即能顯示其**實形**。而與三主要投影都不相平行的平面，是為**斜面**。斜面分成單斜面與複斜面二種，**單斜面**是與三主要投影面之一垂直的斜面；**複斜面**是與三主要投影面都不垂直的斜面(圖 7-1)。物體上如有斜面，欲得其實形，都需運用輔助投影面與之平行，求得其顯示實形之**輔助視圖**。

A 為正垂面
B 為單斜面
C 為複斜面

圖 7-1　正垂面、單斜面與複斜面

　　有斜面的物體，若斜面上有圓弧、圓孔等(圖 7-2)，在其俯視圖與右側視圖中，斜面部分都不是真實形狀，圓與圓弧都呈現橢圓與橢圓弧，繪製起來非常不方便，而且也不易由視圖中了解其形狀(圖 7-3)。

圖 7-2　具有斜面的物體　　　　圖 7-3　斜面在主要視圖中

7-2 局部視圖應用於輔助視圖

　　局部視圖可應用於主要視圖，如本書第 6-5 節所述，也可應用於輔助視圖。例如圖 7-2 中的物體，將其俯視圖中的橢圓部分，即與投影面 H 不相平行的部分省略，像折斷似的，畫成局部視圖，另外增加輔助視圖表達斜部分的實形。一般表達斜面實形的輔助視圖，都以局部視圖畫出，即只畫出斜面部分(圖 7-4a)，也可像折斷似的畫出(圖 7-4b)。這樣的三個視圖，即一個局部俯視圖、一個全前視圖、一個局部輔助視圖，對物體形狀的表達仍然相當完整。

　　必要時，輔助視圖可平行移至任何位置(圖 7-4c)，但需在投影方向加繪箭頭及文字註明。輔助視圖亦可作必要之旋轉，但需在投影方向加繪箭頭及文字註明，並在旋轉後之輔助視圖上方加註旋轉符號及旋轉之角度(圖 7-4d)，旋轉符號為一半徑等於標註尺度數字字高之半圓弧，一端加繪標明旋轉方向之箭頭。

圖 7-4　局部視圖的應用

7-3　具有單斜面物體之正投影視圖

　　具有單斜面的物體，例如圖 7-2 中的物體，需要表出單斜面的實形時，即需畫出單斜面的**正垂視圖**。由含有單斜面邊視圖的一個主要視圖出發，取輔助投影面 X 與單斜面平行，由此得其正垂視圖，顯示其實形，繪製的步驟如圖 7-5 所示：

1. 決定選取前視圖與俯視圖。

2. 繪妥此兩視圖中非斜面部分。

3. 在前視圖中完成斜面部分的邊視圖。在俯視圖中以折斷線省略斜面部分。

4. 取輔助投影面 X 與單斜面平行，將中心線及半徑投影至 X 面上。

5. 畫出圓孔與半圓，完成其正垂視圖。

6. 擦除基線、投影線及不必要的底線，即完成此物體應有之正投影視圖。

(a)　　　　　　　　　　　　　(b)

(c)　　　　　　　　　　　　　(d)

▶動畫▶　　圖 7-5　繪製具有單斜面物體之正投影視圖

(e)   (f)

▶動畫▶　圖 7-5　繪製具有單斜面物體之正投影視圖(續)

7-4　具有複斜面物體之正投影視圖

　　具有複斜面的物體，需要表出複斜面的實形時，即需畫出複斜面的正垂視圖。因為複斜面不垂直於主要投影面的，所以先要取輔助投影面 X 與複斜面垂直，由此得其邊視圖，再取輔助投影面 Y 與複斜面平行，由邊視圖得其正垂視圖，繪製圖 7-6 中物體的正投影視圖，步驟如圖 7-7 所示：

A 面與 B 面夾角為 135°

圖 7-6　具有複斜面的物體

1.　決定選取前視圖與俯視圖。

2.　繪妥此兩視圖中非斜面部分。

3.　俯視圖中線段 ab 為複斜面與正垂面之交線，為其正垂視圖，取輔助投影面 X 與線段 ab 垂直，得線段 ab 的端視圖。根據已知條件，由此完成複斜面的邊視圖。

4. 再取輔助投影面 Y 與複斜面平行，根據已知條件，由此完成複斜面的正垂視圖。

5. 以折斷線將俯視圖與前視圖中斜面部分折斷，擦除基線、投影線及不必要的底線，即完成此物體應有之正投影視圖。

(a)　　　　　　　　　　　(b)

(c)　　　　　　　　　　　(d)

▶動畫▶　圖 7-7　繪製具有複斜面物體之正投影視圖

對於具有斜面的物體，需要表達斜面的實形時，一定要用到輔助視圖，已如前述。有時具有斜面的物體，無法直接畫出其主要視圖，一定要由輔助視圖的協助才能完成。當圖 7-6 中的物體，如有需要畫出其全俯視圖，得由複斜面的邊視圖投影至俯視圖而得

(圖 7-8a)。再有需要畫出其全前視圖，得依靠輔助投影面 X 上點 c 離開基線 HX 的距離 A，以及點 d 離開基線 HX 的距離 B，移至前視圖中點 c 離開基線 HV 的距離 A，以及點 d 離開基線 HV 的距離 B，得點 c 與點 d 在前視圖中的高度(圖 7-8b)，其他各點依此類推，而完成前視圖(圖 7-8c、d)。

(a)　　　　　　　　　　　　　　　(b)

(c)　　　　　　　　　　　　　　　(d)

▶動畫▶　圖 7-8　由輔助視圖協助完成主要視圖

7-5 電腦上立體之旋轉運用於具有斜面的物體

電腦上將立體旋轉是非常容易的，故將圖 7-9 中的物體依直立軸逆時鐘旋轉 45°，此時之左側視圖便呈顯原物體上斜面之實形(圖 7-10)。更可將圖 7-11 中的物體先依直立軸逆時鐘旋轉 30°，此時之前視圖便呈顯原物體上斜面之**邊視圖**(圖 7-12)，再依水平軸順時鐘旋轉 30°，此時之右側視圖便呈顯原物體上斜面之**正垂視圖**(圖 7-13)。

圖 7-9　具有單斜面的物體

圖 7-10　依直立軸逆時鐘旋轉 45°

前視圖

A面與B面的夾角為120°

圖 7-11　具有複斜面的物體

前視圖

圖 7-12　依直立軸逆時鐘旋轉 30°

前視圖

圖 7-13　依水平軸順時鐘旋轉 30°

✎ 本章習題 ✎

一、基礎題型

依據尺度以 1：1 繪製單斜面的輔助視圖。

1.

2.

3.

4.

二、進階題型

請參考立體圖，依據尺度以比例 1：1 繪製正投影圖與輔助視圖。

1.

2.

3.

4.

5.

Chapter

8

剖視圖

8-1 剖　視

　　當物體內部結構比較複雜時，在視圖中就會出現許多的虛線，影響了圖形的清晰度，為了能夠將此些物體內部結構表達清楚，可假想將此物體以割面剖開，把處於觀察者與割面間之部分移去，將剩餘部份以正投影原理來表達物體形狀繪製其視圖，然後在被切到的實體部位畫上剖面線，此種表達物體形狀的視圖即稱為剖視圖。如此可知剖視圖所用之原理仍為正投影原理。如圖 8-1 中可以比較出剖視圖(b)較非剖視圖(a)為清晰。因此物體內部形狀複雜，若不採用剖視圖來表示，則視圖常被許多的隱藏線所混亂，造成視圖之不清晰。

(a)未剖視之正投影視圖

(b)剖視圖

圖 8-1　用剖視圖表達內部結構複雜之物體較清晰

8-2 割面及割面線

對物體作假想的剖切，以了解其內部形狀，所用之割切面稱為割面，割面在正投影多視圖中，以割面線表出割面之邊視圖(圖 8-2)。割面線兩端為粗實線，中間則以一點細鏈線連接，兩端以箭頭標示正對剖面之方向，箭頭之大小及形狀如圖 8-3 所示。割面必要時可以轉折，割面線轉折處的大小如圖 8-4 所示。採用多個割面時，應分別以大楷拉丁字母標明，一割面線兩端應以同一字母標示，字母寫在箭頭外側，書寫方向一律朝上，如圖 8-29。割面之兩端伸出視圖外約 10 公釐，當割面位置甚為明確時，割面線則多予以省略，如圖 8-2 之割面線應予省略，繪製成為如圖 8-5。

割面線

剖面線

▷動畫▷ 圖 8-2 割面及割面線

圖 8-3 割面線箭頭之大小及形狀

圖 8-4 割面轉折之大小及形狀

8-3

圖 8-5　剖視圖

8-3　剖面及剖面線

　　對物體作假想剖切時，物體上被割面割出之平面，稱為**剖面**。在剖視圖中，凡剖面上都要畫上剖面線，藉以區別空心與實心部分。剖面線的畫法，通常都是畫成與主軸線或物體外形線成 45°等距間隔的細實線群(圖 8-6)，其間隔之大小依剖面範圍而定，一般都在 2～5 mm 左右。且同一物體上的剖面，其剖面線之方向與間隔應完全一致。如果剖面的外形線有傾斜時，則剖面線應改為與水平線成 30°或 60°，以不與物體的外形線成平行或垂直為原則(圖 8-7)。

圖 8-6　剖面線與外形線成 45°

不理想　　　　理想

圖 8-7　剖面線避免與外形線平行或垂直

　　物體若由數個零件組合而成時，其組合之剖視圖中，相鄰的兩個零件，其剖面線的方向須相反，或使用不同的剖面線間隔，或使剖面線的傾斜角度不同，以能清晰表出每個零件，利於視圖之閱讀(圖 8-8)。

圖 8-8　改變剖面線間隔與方向

　　如果物體的剖面範圍太窄小時，則可用塗黑方式來表示(圖 8-9)；如果剖面範圍太大時，為節省繪製時間，剖面線可僅畫剖面的邊緣部分(圖 8-10)，電腦製圖如僅畫剖面的邊緣部份反而不易，因此可依圖形的美觀與清晰自行選擇。

圖 8-9　剖面線以塗黑方式表示

圖 8-10　僅畫剖面邊緣部分

　　電腦製圖繪製剖面線非常方便，從主要功能表中點選繪製(Drawing)指令中之剖面線(Hatch)或只要在繪製指令中，點選剖面線之圖標「　　」，再點選「使用者定義」自訂剖面線間距(2～3 mm)與角度(45°)後，點選剖面線區域即可。另剖面線所用線條建議採用顏色 4 之淺藍色。

8-4 剖面種類

由於物體的形狀與構造各有不同，因此所用的剖切方法及剖切的部位亦有所不同。常用的剖面有下列數種：

一、全剖面

割面從物體的左邊到右邊，或從物體的上方到下方割過整個物體，所得的剖面稱為全剖面(圖 8-11)，全剖面的剖視圖簡稱為全剖視圖。若採用轉折的割面，割面轉折處在剖視圖中是不可加以繪出的(圖 8-12)。當割面位置甚為明確，轉折割面線亦可予省略(圖 8-13)。

▷動畫▷　圖 8-11　全剖視圖

▷動畫▷　圖 8-12　採用轉折的割面

X 不理想　　　　　　　　　　　　　　O 理想

圖 8-13　割面位置明確，轉折割面線應予省略

　　在剖視圖中，只要能清楚表出物體之形狀，隱藏線須省略不畫，以免增加圖面之混淆不清，但若因省去隱藏線而不能清楚表出物體之形狀時，則隱藏線不能省略，圖 8-14(a)中的隱藏線省略，仍可清楚表出物體形狀，但在圖 8-14(b)中；如將隱藏線省略，則物體之形狀則無法表達清楚，隱藏線就不得省略。

　　隱藏線省略　　　　　　　　　　　　隱藏線
　　　　　　　　　　　　　　　　　　不得省略

(a)　　　　　　　　　　　　　　(b)

▶動畫◀　　圖 8-14　隱藏線之省略

二、半剖面

　　凡物體的形狀呈對稱時，割面只割過對稱部位，即將物體的四分之一角切除，所得的剖面稱為半剖面，半剖面的剖視圖簡稱為半剖視圖(圖 8-15(a))。半剖視圖能在一個視圖中

同時表出物體的內部和外部形狀。在剖視部分只畫出剖切後由物體內部之形狀；沒有剖視部分只畫出由外部觀察所得形狀，也就是隱藏線都省略不畫，剖視與非剖視部分的分界線用中心線畫之。電腦製圖半剖視圖繪製比全剖視圖麻煩，在沒有必要以一個視圖表達出物體內外形狀之不同，以作對照時，大都以全剖視圖繪出，所以圖 8-15(b)即以全剖視圖繪製。但如圖 8-16 中的物體，採用半剖視圖是最為合適(圖 8-17)，因如採用全剖視圖，則物體的外形不易表達清楚(圖 8-18)；如不加剖視，則其內部形狀又不能清晰表達(圖 8-19)。

(a)半剖視圖　　　　　　　　　　　　　　(b)全剖視圖

▷動畫▷　圖 8-15　半剖視圖與全剖視圖

圖 8-16　物體實體圖　　　　　　　　　圖 8-17　採用半剖視圖

圖 8-18　採用全剖視圖外形不易表達清楚　　圖 8-19　不加剖視內部形狀亦不能清晰表達

三、局部剖面

物體內部僅有某一部分較複雜，無需或不便採用全剖面或半剖面時，可採用局部剖面。局部剖面是假想割面只切割到所需部位，然後將其局部移去，所得的剖面稱為局部剖面，局部剖面的剖視圖簡稱為局部剖視圖。在局部剖視圖中，剖視與非剖視部分的分界線以折斷線畫之，折斷線是以細實線畫成不規則的曲線(圖 8-20)。

圖 8-20　局部剖視圖

四、　旋轉剖面

假想將物體割切後所得剖面旋轉 90°重疊於原視圖中，是為旋轉剖面，旋轉剖面的剖視圖簡稱為旋轉剖視圖。今以圖 8-21 中之物體來說明，如使用兩視圖，則其丁字形肋的形狀未能表明，若增加右側視圖，則右側視圖必定複雜而不清楚，如圖 8-21(b)所示，因此我們假想以一割面垂直於肋剖切之，如圖 8-21(a)所示，然後將所得剖面，以視圖中割面線所在位置為旋轉軸，旋轉 90°後重疊於此視圖中，如圖 8-21(c)所示，此時旋轉剖面之輪廓改以細實線畫出如圖 8-21(d)所示。剖面上 A、B 兩尺度由俯視圖中量得。

(a)　　　　　　　　　　　　　　　　　(b)

圖 8-21　旋轉剖視圖

(c)   (d)

圖 8-21   旋轉剖視圖(續)

五、移轉剖面

移轉剖面與旋轉剖面的原理完全相同。當物體採用旋轉剖面後影響原有視圖的清晰，或受圖面空間之限制無法擠入時(圖 8-22)，則將旋轉剖面沿旋轉軸平移出原有之視圖(圖 8-23)，或平移至原視圖外之適當位置，並用文字註明該剖面是由何割面產生(圖 8-24)，便得移轉剖面的剖視圖簡稱為移轉剖視圖。此時，移轉剖面之輪廓，則用粗實線畫出。移轉剖視圖得視需要加以放大，但要注意在移轉剖視圖之上方，須註明其所用比例(圖 8-25)。

圖 8-22   旋轉剖面受圖面空間限制

圖 8-23　沿旋轉軸平移出之移轉剖視圖

圖 8-24　平移至原視圖外適當位置之移轉剖視圖

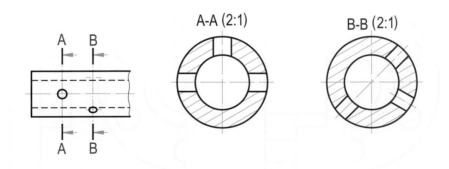

圖 8-25　移轉剖視圖之放大

六、輔助剖面

產生於輔助視圖中之剖面，是為輔助剖面，輔助剖面的剖視圖簡稱為輔助剖視圖(圖 8-26)。

圖 8-26　輔助剖視圖

8-5　半視圖

呈對稱的物體，可將對稱的視圖只畫出一半而省略另一半，如此的視圖是為**半視圖**。但在一組正投影多視圖中，只能有一個視圖畫成半視圖，且省略的一半與其相鄰之另一個視圖有關，此視圖繪成剖視圖時，省略與其靠近的一半、此視圖繪成非剖視圖時，省略與其遠離的一半(圖 8-27)。

半視圖有時為強調其只畫視圖的一半，亦可在對稱軸中心線兩端，以兩條平行線且垂直於中心線之細實線標明，如圖 8-28。其長度等於標註尺度數字字高「h」，兩線相距為「h」之三分之一。

圖 8-27　半視圖表示法(一)

圖 8-28　半視圖表示法(二)

8-6　多個割面之應用

　　有時物體的形狀很複雜，需用到多個割面時，則各割面彼此獨立，互不相干或牽制，但每一割面的割面線要畫清楚，並用字母標明，在每一剖視圖上方更要註明該剖視圖是由何割面產生(圖 8-29)。

圖 8-29　多個割面之應用

8-7 剖視習用畫法

在繪製剖視圖時，除可採用本書 6-5 中所述習用畫法外，還可採用剖視習用畫法，常用之剖視習用畫法如下：

一、割面之轉正表示法

為能更清楚表示物體之形狀，可將物體某部位先行轉正，然後加以剖切，再畫出其剖視圖(圖 8-30 和圖 8-31)。

圖 8-30　割面轉正後所得剖視圖

圖 8-31　物體轉正後再加剖切

二、不加以剖視之部分

　　凡物體上之肋、輻、耳等部分是不加縱剖的，即使被割面割及，亦當作沒割到，否則與實體之腹板、凸緣等相混淆，但肋與輻的橫斷形狀則可以旋轉剖面表示，其剖面線之方向與距離須與本體相同，試仔細比較圖 8-32、圖 8-33、圖 8-34、圖 8-35、圖 8-36、圖 8-37當可瞭解。

圖 8-32　錐體剖視圖

圖 8-33　肋之剖視圖

圖 8-34　腹板之剖視圖

圖 8-35　輻之剖視圖

圖 8-36　凸緣之剖視圖　　　　　圖 8-37　耳不加以剖視

三、不加剖視之零件

　　許多如螺釘、鉚釘、銷、鍵等之標準零件或軸，在軸向是不加剖視的，因為這些零件內部構造簡單，外形又比較容易表出其特性，如加以剖視，反而不易令人瞭解(圖 8-38)，但這些零件均可加以橫斷剖切，在剖視圖中則須加畫剖面線(圖 8-39)。

圖 8-38　不加剖視之零件

圖 8-39　軸橫斷剖切時須加畫剖面線

四、虛擬視圖

　　不存在於該視圖中之形狀，以假想線繪出於該視圖中，此種視圖稱為虛擬視圖。例如一物體的前視圖已繪妥，其頂部之孔位圓與八個小圓孔的形狀應在俯視圖中表達，但為省繪俯視圖，除中心線外以假想線接畫於前視圖之上方(圖 8-40)。又例如物體需以剖視圖表示，但被剖去的部位中，又有某些形狀需要表示，亦以假想線繪出該部位(圖 8-41)。

圖 8-40　接畫另一視圖之虛擬視圖

圖 8-41　表出剖去部位形狀之虛擬視圖

　　有時為了製造時較能瞭解該零件之加工需求，也可在一零件的視圖中，用假想線畫出與之相關零件的外形，以表明其關係位置(圖 8-42)。有時為了機構的模擬，更可以假想線畫出零件的移動位置(圖 8-43)。

圖 8-42　表明零件關係位置之虛擬視圖

圖 8-43　表明零件移動位置之虛擬視圖

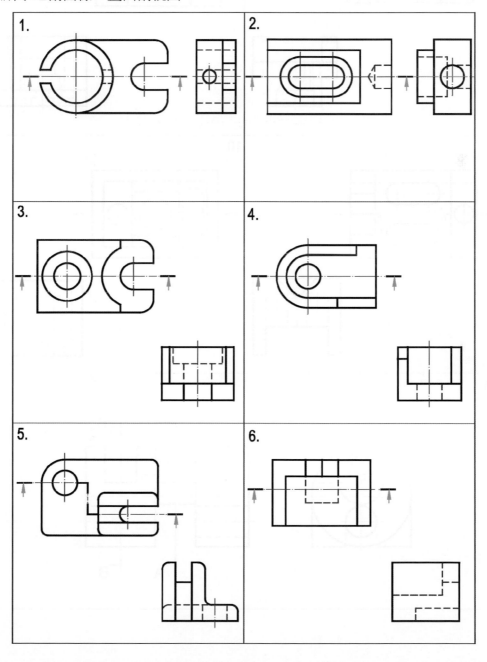

本章習題

一、基礎題型

依所示之割面線，畫出剖視圖。

二、進階題型

(一) 請以最理想之剖視圖表達下列各物體的形狀。

1.

2.

3.

4.

(二) 依所示尺度量測，以 1：1 比例畫出剖視圖。

1.

2.

3.

160

4.

178

(三) 請以最理想之視圖表達下列各物體之形狀，並標註尺度。

(比例自訂，未標註之圓角為 R2)

1.

2.

3.

4.

5.

6.

7.

8.

9.

10.

11.

12.

13.

14.

15.

Chapter

9

尺度標註

9-1 概　述

視圖為表示物體的形狀，尺度則在表出物體的大小與位置。尺度包括**長度、角度、錐度、斜度、弧長、直徑、半徑**等。標註尺度應遵守國家標準的規定，力求正確簡明，方便讀圖者閱讀。尺度標註錯誤，影響加工生產與品質檢驗，在今天大量快速生產的情況下，將造成莫大的損失。

以**尺度界線**確定尺度之範圍，延伸於視圖輪廓外，以細實線繪製，與視圖的輪廓線不相接觸，約留 1 mm 的空隙，伸出尺度線約 2～3 mm，必要時尺度界線可以視圖輪廓線或中心線代替(圖 9-1)。

圖 9-1　尺度界線與尺度線

尺度線表出尺度之距離方向，多與尺度界線垂直，以細實線繪製，平行於其所表示的距離，各層尺度線間的距離約為尺度數字字高之二倍。尺度線不得與視圖上任何線條重疊。當尺度界線與視圖輪廓線的夾角小於 10°時，尺度界線可不與尺度線垂直，而與尺度線夾 60°的傾斜角度(圖 9-2)。

圖 9-2　尺度界線與尺度線不垂直

　　尺度線端的箭頭表示尺度之起迄，箭頭尖端應正好與尺度界線接觸。箭頭長度等於尺度數字字高 h，箭頭後端可採開尾式或填空式，畫法如圖 9-3 所示，同一張圖上之箭頭應採用同一形式與同一大小。遇尺度線過短時，可將箭頭甚至尺度數字移至尺度界線之外側，相鄰之兩尺度線均甚短時，可以直徑約 1 mm 之小黑點在原箭頭尖端上代替相對之兩箭頭(圖 9-4)。

圖 9-3　箭頭　　　　　　　　圖 9-4　尺度線過短時箭頭畫法

　　尺度數字及其單位則決定尺度之大小(此即一般人所謂之尺寸)。數字的字高隨圖之大小而定，一般除 A0、A1 大小的圖外，約為 2.5 mm，順尺度線橫書於尺度線上方之中央，距尺度線約 1 mm 處(圖 9-5)。尺度線不得因數字而中斷，當尺度線很短，數字寫在尺度界線外側時，尺度線也不中斷(圖 9-6)。當長度之單位為 mm 時，尺度數字之後不必加註單位，否則應將單位註明，在一般物體上，除公差外，尺度都用整數的 mm。

圖 9-5　尺度數字順尺度線橫書於尺度線上方中央　　　圖 9-6　尺度線不中斷

　　尺度的數字或符號應避免與任何線條相交錯，遇到剖面線或中心線時，則可將剖面線或中心線中斷讓開(圖 9-7)。

圖 9-7　剖面線或中心線中斷讓開

9-2　電腦上尺度標註之變數及工具列

電腦上尺度標註之變數很多，在主要功能表中點選 Format\Dimension Style 出現**標註型式管理員**(Dimension Style Manager)之交談框，從事建立新的 CNS 尺度標註型式，以符合國家標準之規定(表 9-1 至表 9-6)。然後運用尺度標註之工具列(圖 9-8)，點選工具列中之小圖標，得標註尺度之指令，進行尺度標註。

表 9-1　「標註型式管理員」之交談框

表 9-2　建立新的 CNS 尺度標註型式

表 9-3　訂定尺度線、尺度界線和箭頭

表 9-4　訂定尺度數字

表 9-5　訂定數字安置之位置

表 9-6　訂定數字單位

圖 9-8　尺度標註之工具列

9-3 大小尺度與位置尺度

　　不論物體之形狀如何複雜，任何物體均可視為由一個或多個簡單之基本幾何形體如角柱、圓柱、角錐及圓錐等組合而成。每個基本幾何形體都有高、寬、深三方向之尺度，以表出其大小(圖 9-9)，此等尺度稱為大小尺度。

　　各個基本幾何形體間相互關係之位置，亦須有尺度定位，此等定位之尺度，稱為位置尺度。圖 9-10 中以 S 表大小尺度，P 表位置尺度。

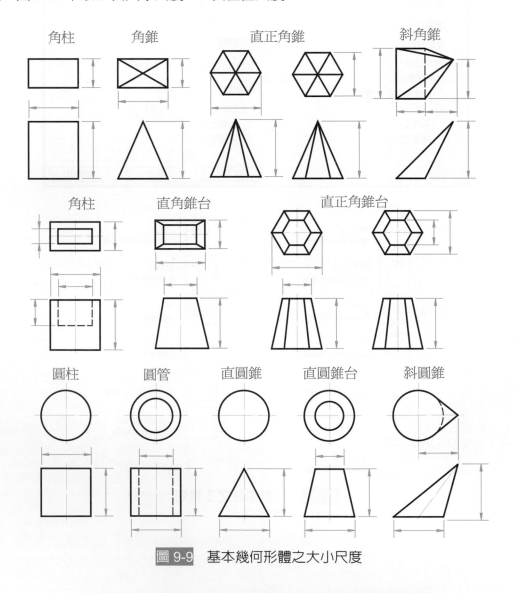

角柱　　　角錐　　　　直正角錐　　　　斜角錐

角柱　　　直角錐台　　　　　直正角錐台

圓柱　　　圓管　　　直圓錐　　　直圓錐台　　　斜圓錐

圖 9-9　基本幾何形體之大小尺度

圖 9-10　大小尺度與位置尺度

9-4　指線與註解

　　指線由一段水平線與一段斜線組成，以細實線繪製，斜線端帶有箭頭，斜線要避免與圖中其他線條平行。

　　註解是以文字與符號等提供與圖有關之資料，凡不能用視圖或尺度表達者，都用註解表出。註解有**專用註解**與**一般註解**二種：專用註解是針對某一部位而言，要用指線，將指線箭頭指在欲註明註解之處，註解文字則寫在指線之水平線上方，水平線應與註解等長(圖 9-11)。一般註解則就圖之全部而言，毋需指線，須集中寫在視圖之下方，或靠近標題欄(圖 9-12)。通常註解之中文字高 3.5 mm、英文字高 2.5 mm。

端部去角或呈扁圓
由廠商自行決定

斜紋滾花1.2CNS75

圖 9-11　指線與專用註解

圖 9-12　一般註解

9-5　角度標註

角度的尺度線是以角的頂點為圓心之一段圓弧。角的大小，一般以度數表達，度數的書寫方向如圖 9-13 所示。部位狹窄的角度可標註於對頂角方向(圖 9-14)。在電腦上，角度度數的符號「。」，可以控制碼「%%d」得之。

圖 9-13　角度度數的書寫方向　　　　圖 9-14　標註角度

9-6　直徑標註

圓之大小以直徑表示，由直徑符號與直徑數字連寫而成。**直徑符號「 φ 」**，其高度粗細與數字相同，符號中之直線與尺度線約成 75°，其封閉曲線為一正圓形(圖 9-15)。

在電腦上，直徑符號「∅」，可以控制碼「%%c」得之。標註直徑時，直徑符號註在直徑數字之前，不得省略。

∅**12**

圖 9-15　直徑符號之畫法

圖 9-16　標註整個圓的直徑

　　整個圓的直徑，應標註於非圓形之視圖上為原則(圖 9-16)。若僅有圓形視圖時(圖 9-17)或在孔位圓中(圖 9-18)，直徑尺度始可標註於圓形視圖上，此時之尺度線為傾斜之直徑線，但若由圓周引出尺度界線，則尺度界線必須平行於圓之中心線(圖 9-19)。

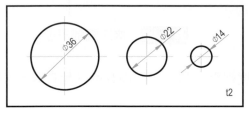

圖 9-17　僅有圓形視圖時標註圓的直徑

圖 9-18　孔位圓的直徑標註

圖 9-19　由圓周引出之尺度界線

半圓或半圓以上之圓弧應註其直徑尺度於圓形視圖上(圖 9-20)。

圖 9-20　半圓或半圓以上之圓弧應標註其直徑

9-7 半徑標註

半圓以及半圓以下之圓弧，以半徑表示其大小，由半徑符號與半徑數字連寫而成。**半徑符號「 R 」**，其高度粗細與數字相同。標註半徑時，半徑符號註在半徑數字之前，不得省略(圖 9-21)。

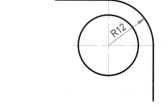

R5

圖 9-21　半徑符號之畫法　　　　圖 9-22　標註圓弧半徑

半徑尺度應標註在圓形視圖上，其尺度線為一傾斜之半徑線或其延長線，線端只有一個箭頭觸及圓弧(圖 9-22)。

圓弧半徑過小時，則半徑之尺度線可以伸長，或畫在圓弧外側，惟必須通過圓心或對準圓心(圖 9-23)。

圖 9-23　半徑過小時各種標註法　　　　圖 9-24　半徑過大時之標註法

圓弧半徑過大時，則半徑之尺度線可以縮短，惟必須對準圓心(圖 9-24)。如半徑很大，圓心離圓弧很遠，在須表出圓心之位置時，則可將圓心移近，並將尺度線轉折，帶箭頭的一段尺度線必須對準原有的圓心，另一段則須與此段平行，半徑尺度數字及符號須註在帶箭頭之一段尺度線上(圖 9-25)。

一般凸出之半圓弧，亦可以半徑表出其大小(圖 9-26)。

圖 9-25　半徑大且須表出圓心位置時之標註法　　圖 9-26　一般凸出之半圓弧可標註其半徑

9-8 厚度標註

平板形的物體，可在其視圖內或在其視圖下方附近，以**厚度符號「t」**加註在厚度數字之前，表明其板厚(圖 9-27)，由此可省略顯示板厚之視圖，而以一個視圖表達其形狀。厚度符號之高度粗細與標註尺度之數字相同。

圖 9-27　厚度的標註

9-9 弧長標註

弧長係表示圓弧之長度，以弧長符號與弧長數字表示。

弧長符號為一直徑等於標註尺度數字高度之半圓弧，其粗細與數字相同，標註在尺度數字之前，弧長之尺度線為一段圓弧，與弧線同一圓心。

當只有一個非連續圓弧，且圓心角小於 90°，弧長之兩尺度界線可互相平行(圖 9-28)。否則使用半徑線之延長作為尺度界線(圖 9-29)。若有兩個以上同心圓弧時，則須用箭頭示明弧長之尺度數字所指之弧，箭頭之尾端與尺度線或弧長數字之間應留 1 mm 之空隙(圖 9-29 和圖 9-30)。

圖 9-28　圓心角小於 90°之一個弧長

圖 9-29　用半徑線之延長為尺度界線

圖 9-30　中心線圓弧長

9-10　錐度標註

錐度指圓錐兩端直徑差與其長度之比值(圖 9-31)。**錐度符號「 ⟶▷ 」**之高度粗細與尺度數字相同，設尺度數字高度 h，則符號水平方向之長度約為 1.5h(圖 9-32)，符號之尖端恆指向右方。

錐度 = (D - d)/L = 2tan(A/2)

圖 9-31　錐度

圖 9-32　錐度符號畫法

在視圖上以錐度符號標註錐度，如同專用註解之標註，運用指線，在錐度符號之後加註其比值，例如「 ▷ 1:5 」，即表示圓錐軸向長 5 單位時，兩端直徑差為 1 單位(圖 9-33)。特殊規定之錐度，如莫氏錐度(MT)、白氏錐度(BS)等，則在錐度符號之後寫其代號以代替比值(圖 9-34)。

錐度亦可以一般尺度標註法標註之(圖 9-35)。

圖 9-33　運用錐度符號標註錐度

圖 9-34　特殊錐度註法　　　圖 9-35　一般尺度標註法標註錐度

9-11　斜度標註

斜度是指傾斜面或傾斜線兩端高低差與其兩端間距離之比值(圖 9-36)。**斜度符號「◁」** 之高為尺度數字字高 h 之半，粗細與尺度數字相同，符號水平方向之長度約為 1.5h，即尖角約為 15°(圖 9-37)，符號之尖端恆指向右方。

斜度 = (E - e)/L = tanB

圖 9-36　斜度　　　　圖 9-37　斜度符號畫法

在視圖上以斜度符號標註斜度，如同專用註解之標註，運用指線，在斜度符號之後加註其比值，例如「 ◁ 1：12」，即表示傾斜面或傾斜線兩端間距離為 12 單位時，兩端高低差為 1 單位(圖 9-38)。斜度亦可依一般尺度標註法標註之(圖 9-39)。

圖 9-38　運用斜度符號標註斜度　　　　圖 9-39　一般尺度標註法標註斜度

9-12　去角標註

去角又稱倒角，零件端面常去角，以方便與他件套合，或去除其銳利邊緣，去角為 45°者，其尺度標註如圖 9-40 所示；去角不是 45°者，應標出其軸向之長度與夾角(圖 9-41)。

圖 9-40　45°去角標註法　　　　　　　圖 9-41　非 45°去角標註法

9-13　其他尺度標註方法

一、正方形尺度標註

正方形係四邊邊長相等，且相鄰之兩邊互相垂直，可運用**正方形符號「 □ 」**，以簡化其尺度標註(圖 9-42(a))，符號之小正方形邊長為標註尺度數字字高的三分之二，粗細與尺度數字同。若不用正方形符號則標註正方形之尺度如圖 9-42(b)所示。

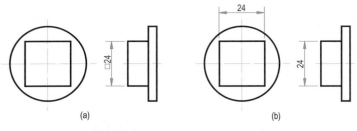

圖 9-42　正方形之尺度標註

二、球面尺度標註

　　球面之大小，以圓之半徑或直徑表示之，標註的方法與圓或圓弧相同，惟須在其前加註**球面之符號「 S 」**，其高度粗細與尺度數字相同(圖 9-43)。

　　常用零件之端面，例如圓桿端面、鉚釘頭、螺釘頭、手柄端等，其球面符號常予省略不註(圖 9-44)。

圖 9-43　球面之尺度標註　　　　　　圖 9-44　球面符號之省略

三、基準尺度標註

　　為加工需要，常以機件之某加工面或某線為基準，而將各尺度均以此等基準為起點標註，此種尺度稱為基準尺度(圖 9-45)。

圖 9-45　基準尺度

　　為減少尺度線之層數，當採用一個基準面或基準線時，基準尺度可用單一尺度線以基準面或基準線為起點，用小圓點表示，各尺度線用單向箭頭，尺度數字註在尺度界線末端，以表示其位置距離(圖 9-46、圖 9-47、圖 9-48、圖 9-49)。

圖 9-46　用單一尺度線，以基準面為起點之標註法

圖 9-47　用單一尺度線，以基準面為起點兩側之標註法

圖 9-48　用單一尺度線，以基準面為起點，水平與垂直位置之標註法

圖 9-49　用單一尺度線，以基準線為起點，角度之標註法

若採用列表的方式，將各孔編號，則可將圖 9-48 簡化成圖 9-50。

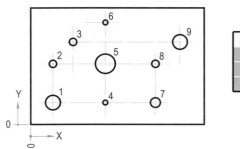

	1	2	3	4	5	6	7	8	9
X	9	9	17	30	30	30	50	50	60
Y	9	25	34	9	25	42	9	25	34
ϕ	6	3	3	2	8	2	4	3	6

圖 9-50　用列表方式標註基準尺度

四、連續尺度標註

　　尺度一個連接一個，成為一串之尺度，稱為連續尺度(圖 9-51)。標註連續尺度可減少尺度之層數，但各連續尺度之誤差會累積，且相互干擾，所以在不影響機件功能之部位，才適合標註連續尺度。

圖 9-51　連續尺度

五、相同形態之尺度標註

物體上有多個相同形態時，選擇其中一個標註其尺度。如圖 9-52(a)中，有八個相同的小圓孔，個數可不加註明。若欲註明其個數，則如圖 9-52(b)所示。若其間隔距離或間隔角度也相等，可以簡化其位置尺度的標註如圖 9-53 所示。

(a)　　　　　　　　　(b)

圖 9-52　相同形態之尺度標註

圖 9-53　相同形態簡化其位置尺度之標註

六、對稱形態之尺度標註

物體成對稱形態時，可以中心線為對稱軸標註其尺度，因而省略多個位置尺度，例如圖 9-54(a)中物體左右成對稱形態，省略多個水平之位置尺度，但當此等尺度有多層時，尺度之數字呈對齊狀，易使讀者閱讀產生疲勞，宜稍移動數字位置，使之左右錯開(圖 9-54(b))。

圖 9-54　標註對稱形態之尺度

七、稜角消失部位之尺度標註

　　物體之稜角因去角或圓角而消失時，標註該部位之尺度，應將原有之稜角以細實線補畫出，並由角的頂點處引尺度界線，或在角的頂點處加一圓點，再由此小圓點引尺度界線(圖 9-55)。

圖 9-55　稜角消失部位之尺度標註

八、表面處理範圍之尺度標註

　　物體某部位之表面需特別處理時，在距離該部位輪廓線約 1 mm 處，以粗的一點鏈線表出其範圍，並標註尺度，再以註解註明其處理方法(圖 9-56)。

圖 9-56　表面處理範圍之尺度標註

九、不規則曲線之尺度標註

　　不規則曲線之尺度，不需高度準確時，通常用支距方式標註(圖 9-57)。比較精密時，用座標方式標註，即應用基準線之標註方法(圖 9-58 和圖 9-59)。

圖 9-57　尺度以支距方式標註

圖 9-58　尺度以座標方式標註

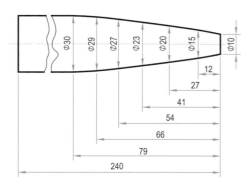

圖 9-59　尺度以基準線方式標註

十、尺度更改之標註

　　當圖中某尺度因設計或製造之需要，必須更改時，此時不宜將舊尺度刪除，應以雙線劃除舊尺度，而將新尺度數字註在其附近，新尺度數字旁加畫三角形之更改記號及號碼，並在更改欄中記入更改事項之說明、更改者及更改日期以供日後研發之參考圖 9-60、圖 15-27、圖 15-28。

圖 9-60　尺度更改之標註

十一、半視圖與半剖視圖之尺度標註

半視圖或半剖視圖其省略之一半，可不畫一條尺度界線及此尺度線一端之箭頭，惟其尺度線之長必須超過中心線(圖 9-61 和圖 9-62)。

圖 9-61　半視圖之尺度標註

圖 9-62　半剖視圖之尺度標註

十二、半圓突緣與凹槽之尺度標註

半圓突緣或凹槽與直線相連部分之尺度，多標註其相距之寬度，而不標註其半徑(圖 9-63)。

圖 9-63　半圓突緣與凹槽之尺度標註

十三、以座標決定點之位置，代替尺度標註

直角座標之橫座標 X 軸與縱座標 Y 軸相交於原點，以小圓點表明，原點之標度為 O，橫座標之標度由原點向右為正值，向左為負值，縱座標之標度由原點向上為正值，向下為負值，負值時均應加註符號"－"。

標度可以表格方式表示(圖 9-64)，也可以直接標註在各點旁(圖 9-65)。

點	標度X	標度Y	直徑
1	10	10	
2	60	20	
3	50	40	
4	20	30	
5	35	25	⌀10

圖 9-64　以表格方式表示

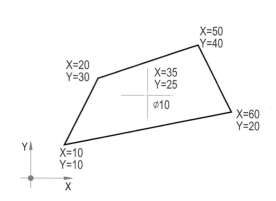

圖 9-65　直接標註在各點旁

9-14 尺度之重複與多餘

尺度之重複，是指物體某部位之尺度，只能在一個視圖上標註(圖 9-66(a))，不得在其他視圖上再次出現，即一個尺度標註一次即可，否則即產生重複尺度，如圖 9-66(b)前視圖中之尺度 44 及小圓之直徑 8 均為重複者。

(a)　　　　　　　　　(b)

圖 9-66　尺度之重複

　　尺度之多餘，是指某一形態之大小或位置，可有二種或二種以上之尺度標註方式時，僅能選用一種方式標註，其他應予省略，否則即有多餘之尺度出現(圖 9-67(a))，一般都選擇總長、總寬或總深之尺度，以避免識讀者計算(圖 9-67(b))。若多餘尺度為供參考用，稱為參考尺度，須將該尺度數字加註括弧，以區別之(圖 9-67(c))。

(a)　有多餘尺度　　　　(b)　選擇標註總寬度　　　　(c)　參考尺度

圖 9-67　多餘尺度或參考尺度

9-15　尺度安置原則

一、　尺度盡可能註在視圖之外，且在視圖與視圖之間。尺度由小至大向視圖外依次排列(圖 9-68)。

圖 9-68　尺度標註在視圖外以及視圖與視圖間

二、 尺度界線應避免交叉，若遇尺度界線延伸過長或交錯，造成紊亂，爲求清晰，此時可將尺度標註於視圖內(圖 9-69)。

圖 9-69　尺度可標註在視圖內

三、 分屬二個視圖之尺度界線，不可連接成一直線(圖 9-70)。

正確　　　　　　　　　　　錯誤

圖 9-70　二個視圖之尺度界線，不可連接成一直線

四、 當視圖中某些部位過小，不易令識讀者看清楚，尺度更難以標註，此時可運用局部放大視圖，將該部位以細實線圓圈起來，旁邊註以代號，再在圖紙空白處，以適當比例畫出該部位的放大視圖，並在圖的上方註明代號及放大的比例(圖 9-71)。

圖 9-71　局部放大視圖

五、 有多個尺度線都很短的連續尺度，則尺度數字應高低交錯註寫(圖 9-72)。

圖 9-72　尺度數字高低交錯註寫

六、 單純的圓柱體，標明其直徑尺度時，只需一個視圖即足夠清楚表達其形狀，而省略其圓形的視圖(圖 9-73)。

圖 9-73　單純的圓柱體，標明其直徑尺度時，只需一個視圖即清楚表達其形狀

9-16　電腦上尺度標註符號之建立

許多工程製圖用之電腦軟體上，並沒有尺度標註時所需之符號(圖 9-74)，可在需要標註尺度之底圖一角，按本章所述各符號之畫法，先行建妥備用。

圓直徑	弧　長	錐　度	斜　度	正方形
ϕ	⌒	▷	◺	□

圖 9-74　尺度標註時所需之符號

✐ 本章習題 ✐

一、基礎題型

畫出下列各視圖，並標註應有之尺度，圖中每一格可設為 10 mm，題 1～8 均為厚度 3 mm 之板狀物體。

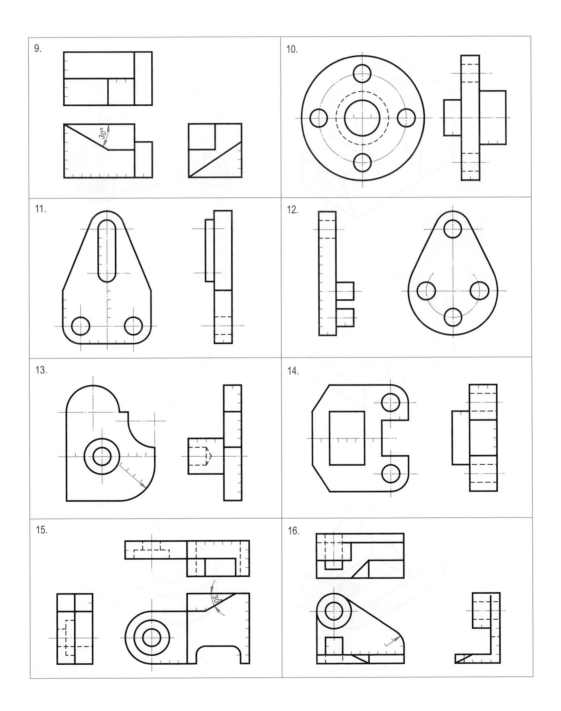

二、進階題型

畫出下列各物體的正投影多視圖，並標註應有之尺度。圖中每一格可設為 10 mm。

1.

2.

3.

4.

5.

6.

Chapter

10

立體圖

10-1 立體圖

假如一個長方體的高、寬、深三方向的線長都能在一個視圖內顯示出來，而且其中任二方向的線長不在同一條直線上，則此視圖便有立體的感覺，是為**立體圖**(圖 10-1)。在這以前所提到的正投影視圖，在每一個視圖中只能表出物體上高、寬、深三方向線長中之二個，所以沒有立體感，是為**平面圖**。

圖 10-1　立體圖

10-2 立體正投影圖

設有一正方形六面體，使其一面與投影面平行，根據正投影，則此六面體上所有各面均為正垂面，其前視圖必為一正方形。若使此六面體繞直立軸旋轉一小於 90°的角度，則代表高、寬、深三方向的線長都會出現在前視圖中，但代表寬和深二方向的線長在同一條直線上，沒有立體感。若再使此六面體繞一水平軸旋轉一小於 90°的角度，則所得前視圖中代表高 CO、寬 AO、深 BO 三方向的線長落在三條不同的直線上，就有立體感，便得立體圖。這種立體圖是根據正投影而得，所以稱為立體正投影圖(圖 10-2)。當代表高、寬、深三方向線長的三直線 AO、BO、CO 相交於一點 O 時，此三直線稱為**立體圖的三軸線**。

一面與投影面平行　　　繞直立軸旋轉　　　再繞水平軸旋轉

圖 10-2　立體正投影圖的產生

　　根據繞直立軸或水平軸旋轉角度的不同，立體正投影圖分成**等角投影圖**、**二等角投影圖**與**不等角投影圖**三種(圖 10-3)：

等角投影圖　　　二等角投影圖　　　不等角投影圖

圖 10-3　各種立體正投影圖

一、等角投影圖

　　設正方形六面體的每邊長為 L，使其一面與投影面平行時，所得前視圖必為每邊長為 L 的正方形。若繞直立軸線旋轉 45°，則所得前視圖的高長為 L，寬長和深長均縮短為 $\sqrt{2}\,L/2$。若再繞水平軸線旋轉 35°16'，則：

前視圖中的∠COA＝∠BOC(圖 10-4)

高長 CO = L cos35°16' = 0.8165L

寬長 AO =深長 BO = L $\sqrt{(1+\sin^2 35°16')/2}$ = 0.8165L

所以代表高、寬、深三方向的單位線長均相等，亦即三軸線上的單位線長均相等，約為實長的 82%，再將 CO 延長交 AB 於 D，則：

$$OD = (\sqrt{2}/2)L \sin35°16' = 0.40825L \qquad \angle BOD=60° \qquad \angle AOB=120°$$

所以相鄰兩軸線的夾角∠AOB=∠BOC=∠COA=120°，此時的前視圖便是正方形六面體的等角投影圖。

一面與投影面平行　　　　繞直立軸旋轉 45°　　　　再繞水平軸旋轉 35°16'

▷動畫▷　圖 10-4　等角投影圖的產生

二、二等角投影圖

設正方形六面體的邊長為 L，使其一面與投影面平行時，所得前視圖必為每邊長為 L 的正方形。若繞直立軸線旋轉 45°，則所得前視圖的高長為 L，寬長與深長均縮短為 $\sqrt{2}L/2$。若再繞水平軸線旋轉一小於 90°的角度 G≠35°16'，則：

前視圖中的∠AOC=∠BOC≠∠AOB

高長 CO 為 h = L cosG

寬長 AO = 深長 BO = $L\sqrt{(1+\sin^2 G)/2}$

所以代表高、寬、深三方向中，有二個方向的單位線長是相等的，亦即二條軸線上的單位線長相等，但不等於實長，是為二等軸，∠AOC=∠BOC，是為二等角，此時的前視圖便是正方形六面體的二等角投影圖(圖 10-5)。

圖 10-5　二等角投影圖的產生

三、不等角投影圖

　　設正方形六面體的每邊長為 L，使其一面與投影面平行時，所得前視圖必為每邊長為 L 的正方形。若繞直立軸線旋轉一小於 90°的角度 F≠45°，則所得前視圖的高長為 L，寬長與深長均縮短而不相等。若再繞水平軸線旋轉一小於 90°的角度 G≠35°16'，則前視圖的高長、寬長與深長均縮短而不相等，亦即三軸上的單位線長都不相等，而且任二軸間的夾角也不相等，此時的前視圖便是正方形六面體的不等角投影圖，產生的情形如前面的圖 10-2。

10-3　電腦上物體模型之建立

一、柱體模型之建立

(a)　　　　(b)　　　　(c)　　　　(d)　　　　(e)

圖 10-6　柱體模型之建立

　　使用 AutoCAD 軟體為例，欲建立圖 10-6(a)中柱體之模型，是先繪妥柱體的底面形狀(圖 10-6(b))，利用推出(Extrude)指令，設定推出高度和推出傾斜度，推出高度即等於柱體之長 32，因為是柱體，所以推出之傾斜度應為 0，即得柱體模型的架構圖(圖 10-6(c))，然後以立體正投影圖去除隱藏線顯示，即得柱體模型之立體圖(圖 10-6(d))，加上陰影，得其實體模型(圖 10-6(e))。

二、錐體模型之建立

　　欲建立圖 10-7(a)中錐體之模型，步驟與柱體模型之建立同，只在設定推出之傾斜度為 12°，即得錐體模型之架構圖(圖 10-7(b)和(c))，以及錐體模型之立體圖(圖 10-7(d))和實體模型(圖 10-7(e))。

| (a) | (b) | (c) | (d) | (e) |

圖 10-7　錐體模型之建立

三、組合體模型之建立

　　模型是由多個柱體或錐體組合而成者(圖 10-8)，則將此等模型分析為一個個單獨的柱體或錐體，分別建立後，再將之相加或相減之方式組合之(圖 10-9)。

▶動畫▶ 圖 10-8 組合體模型

圖 10-9 組合體模型之建立

10-4 電腦上以 2D 繪製立體圖

　　繪製物體的等角投影圖，雖然三軸線上的單位線長均相等，但都縮短爲實長的 82%，度量時需換算，比較麻煩，所以在一般平面上(即 2D 的情形下)都按物體的實際線長在等角軸或等角線上直接度量，如此繪出的立體圖，稱爲**等角圖**，以有別於等角投影圖。

　　等角圖與等角投影圖對物體形狀的表達可以說完全一樣，只是等角圖比等角投影圖稍大而已(圖 10-10)。在等角圖或等角投影圖中的**三軸線稱為等角軸**，凡與等角軸平行的直線稱為**等角線**，包含三等角軸之二的平面以及與之平行之平面稱為**等角面**，與等角軸**不相平行的直線稱為非等角線**。

等角投影圖　　　　　　　　　等角圖

圖 10-10　等角圖與等角投影圖

　　所以在電腦上以 2D 的三角格線進行繪製圖 10-11 中物體的等角圖，其步驟是：

(一)　畫出三條相交於一點且相鄰兩條間的夾角為 120°的等角軸。

(二)　根據物體高、寬、深三方向的全長分別在等角軸上自交點起量出。

(三)　經過度量所得的點，畫各等角軸線的平行線，得包著此物體的方箱。

(四)　在等角軸或等角線上度量各細節部分的線長，除了非等角線外，畫等角軸的平行線，逐一完成各細節。

(五)　由等角軸或等角線上的端點連出非等角線。

(六)　繪妥完成線，去除不必要的底線。

　　在一般立體圖中，所有隱藏線都不畫出，除非在標註尺度或有必要表達遮住部分的形狀時，才擇要畫出一些。

▶動畫▶ 圖 10-11　等角圖的繪製步驟

　　物體上如有斜面，則在其等角圖中，會出現與等角軸不相平行的非等角線，在非等角線上不可按物體的實長直接度量，得依靠等角軸或等角線上的端點連出，例如圖 10-12 中的斜面長度 40，在其等角圖中的線段 ΛB 其長度並不等於 40，不能以 40 直接度量，得依靠前視圖中的長度 X，在其對應的等角線上度量而得 B 點，連接 A 點與 B 點而得非等角線的長度。

圖 10-12　非等角線

10-5 等角面上的角度

在等角圖中，正方形的等角面，是繪成 60°的菱形、長方形的等角面，是繪成 60°的平行四邊形，即原為 90°的角度，在等角圖中是繪成 60°或 120°，因為角度所在的平面與投影面平行時，在其正投影視圖中才顯示其實角，今等角面均傾斜於投影面，所以等角面上的角度在等角圖中都不是實角，不能以度數度量，要依靠等角線繪出，例如圖 10-13 中的角度 30°，要根據前視圖求得距離 X，再將此距離移至等角圖中對應的等角線上，由此決定 30°的角度在等角圖中的大小。

圖 10-13　等角面上的角度

另法：將**圓形量角器**轉換成 **35°等角橢圓量角器**來繪製具有角度之等角圖。

圖 10-14(a)所示為圓形量角器在等角圖等角軸方向所轉換成橢圓量角器的對應方位。圓形分度器一般均分為 360 格共 360°，但是橢圓因為視角的關係，在長軸端之格線較短軸邊密，且每一格都不平均，以圖 10-14(b)說明所示俯視方向∠A 與∠B，右視方向∠C 與∠D，前視方向∠E 與∠F 所對應點之角度都是以橢圓長軸為參考基準而量測，把握此原則即可自行設計等角橢圓量角器，圓形量角器每格都與橢圓量角器完全對應無誤。

(a)   (b)

圖 10-14 量角器與等角圖橢圓的投影關係

　　如圖 10-15(a)所示前視面角度立體圖，(圖面 14.02 尺度正確標註法不用標出，作為後續說明用)，作圖步驟如下：

(1)依等角軸線繪製方箱，ab = 16、ac = 40、ad = 27，如圖 10-15(b)所示。

(2)ae = 10，依等角軸線方向繪製平行線，使用等角橢圓板選擇適當大小之橢圓，並以 a 點為圓心繪製前視面之橢圓，如圖 10-15(c)所示。

(3)沿著前視面等角軸方向向左下將橢圓投影為以 o 為圓心之圓，如圖 10-15(d)所示。

(4)將橢圓上之 p 點，沿等角軸線方向投影至正圓相對應之 q 點，如圖 10-15(e)所示。

(5)以量角器在正圓畫出∠qom＝30°，將正圓之 m 點沿著等角軸線投影至橢圓之對應點 n，如圖 10-15(f)所示。

(6)cw = 15 畫沿等角軸線之平行線，正圓之∠qom = 30°相對應於前視面等角橢圓∠pan，an 線條延伸相交於過 w 點平行線於 x 點。測得 wx = 14.02 與圖 10-15(a)之紅色尺度 14.02 相等，也就是換算 14.02 之尺度即可以支距法完成 30°角之位置，如圖 10-15(g)所示。

(7)將 a、x、w 點沿等角軸線繪製，如圖 10-15(h)所示。

(8)核對正投影視圖，擦拭多於線條完成如圖 10-15(i)之立體圖。

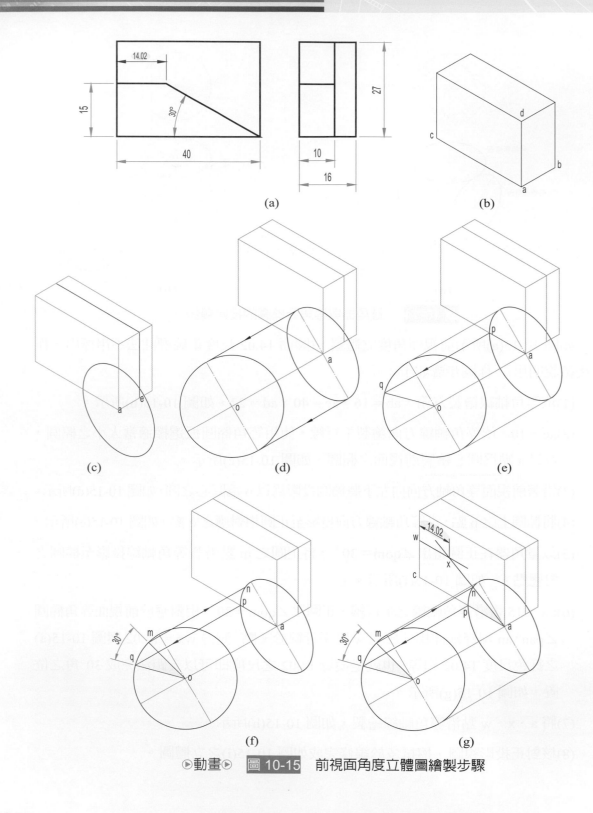

(a)　　　　　　　　　　(b)

(c)　　　　　　　　　(d)　　　　　　　　　(e)

(f)　　　　　　　　　(g)

▷動畫▷ 圖 10-15　前視面角度立體圖繪製步驟

(h)　　　　　　　　(i)

▶動畫◀　　圖 10-15　　前視面角度立體圖繪製步驟(續)

如圖 10-16(a)所示俯視面角度立體圖，作圖步驟如下：

(a)　　　　　　　　　　　　(b)

(c)　　　　　　　　(d)　　　　　　　　(e)

▶動畫◀　　圖 10-16　　俯視面角度立體圖繪製步驟

(f)   (g)   (h)

(i)   (j)   (k)

▶動畫▶ 　圖 10-16　　俯視面角度立體圖繪製步驟(續)

如圖 10-17 所示圓柱右視面角度立體圖，作圖步驟如圖 10-18 所示：

圖 10-17　　圓柱正投影視圖

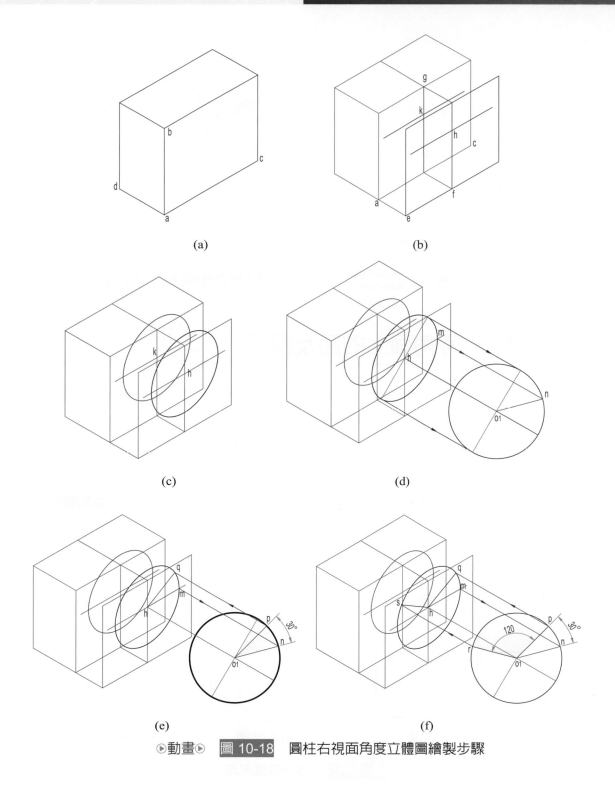

(a)

(b)

(c)

(d)

(e)

(f)

⊙動畫⊙　圖 10-18　圓柱右視面角度立體圖繪製步驟

(g)   (h)

▶動畫▶　圖 10-18　圓柱右視面角度立體圖繪製步驟(續)

10-6　等角面上的圓及圓弧

　　正方形六面體，旋轉為等角圖後，其前視圖可同時看到三個平面，而有立體感覺，因此在等角圖同時呈現的三個平面，稱為**等角面**，**平面圖之圓**在等角圖之等角面上是為 **35°等角橢圓**。圖 10-19(a)所示，正方形邊長與內切圓直徑尺度都是 D，在立體圖時正方形經投影後呈現邊長為 D 之菱形，在菱形內切之橢圓，其長軸變成 1.22D，與實際投影比較長軸變長了，這是 35°等角圖橢圓的特性，因此使用 35°等角橢圓時所標示之橢圓直徑是指**等角軸線**之距離，如圖 10-19(b)所示之尺度 D。等角橢圓板標註 50 之橢圓長度如圖 10-19(c)所示。

(a)正投影圖　　　　(b)等角圖　　　　(c)橢圓尺度

圖 10-19　等角橢圓形成

等角面上的圓或圓弧，在等角圖中是繪成內切於 60°菱形的橢圓或橢圓弧，稱為等角圓或等角圓弧(圖 10-20)。在電腦上以 2D 的三角格線繪製等角圓或等角圓弧，都以四心近似橢圓的畫法畫出，即作其外切菱形各邊的中垂線，兩兩相交得交點為圓心，自交點至各邊中點的距離為半徑，由各邊中點至中點分別畫圓弧，合成橢圓(圖 10-21)，圖中長度 A 為原圓的直徑，B 及 C 分別為原圓弧半徑。

| 圖 10-20 | 等角圓及等角圓弧 | | 圖 10-21 | 等角圓及等角圓弧的近似畫法 |

繪製圓棒、圓孔及具有圓弧物體的等角圖，前端面上的橢圓畫妥後，可運用複製(Copy)指令複製至後端面上，再運用修剪(Trim)指令剪除不必要的部分，其繪製步驟，分別圖示於圖 10-22、圖 10-23 和圖 10-24 中。

圖 10-22　繪製圓棒的等角圖

圖 10-23 繪製圓孔的等角圖

圖 10-24 繪製圓弧的等角圖

10-7 不規則曲線的等角圖

　　物體上如有不規則曲線，則要依靠等角線定出曲線上的點，連出其等角圖(圖 10-25)。例如要定出等角圖中不規則曲線上的 A 點，根據前視圖中的距離 ed，在對應的等角線 EM 上度量 ED=ed，再根據前視圖中的距離 da，在對應的等角線 DA 上度量 DA=da 而得 A 點；如要定出 B 點，則根據俯視圖中的距離 ab，在對應的等角線 AB 上度量 AB=ab 而得 B 點；同理可得 F 點和 G 點等，然後經過 A、F 或 B、G 等點用曲線板或電腦上以 spline 指令分別連出光滑的曲線，便是所求不規則曲線的等角圖。理論上，能定出曲線上的點愈多，連得的曲線愈準確。

圖 10-25　不規則曲線的等角圖

10-8　球及螺紋的等角圖

　　球的等角投影圖或等角圖必定是一個圓。球之等角投影圖為直徑等於原球徑之一圓；球之等角圖為直徑等於原球徑 1.23 倍之一圓，由半球的等角圖中可得知此圓直徑等於半球平面上橢圓的長徑(圖 10-26)。故利用球的外切方箱在前視圖中的距離 X，移至對應的等角線上，即可求得所需的直徑，不必計算也不必畫出橢圓(圖 10-27)。

圖 10-26　半球的等角圖　　　　　圖 10-27　球的等角圖

　　螺紋在等角圖中簡化的畫法，是無論外螺紋或內螺紋，都根據螺紋的大徑繪製間隔相等的平行等角圓代表螺紋的峰線即可，其間隔約為 1 mm 左右，但螺紋大徑在 10 mm 以下者此間隔應略減小，大徑在 20 mm 以上者應略加大(圖 10-28)。

圖 10-28　螺紋的等角圖

10-9 等角軸的位置變換

　　等角軸是三直線成 Y 形相交於一點，相鄰兩軸線間夾的角度均為 120°，今保持其間的關係不變，只將 Y 形放置在圖紙上的位置隨需要而變更，是謂等角軸的位置變換。例如需繪製一擱架的等角圖，其三等角軸的位置可置成倒 Y 形，以便將擱架下方的形狀表達清楚；又如細長物體的等角圖，三等角軸的位置可置成橫 Y 形(圖 10-29)。

圖 10-29　等角軸的位置變換

10-10 立體剖視圖

　　物體內部形狀在一般立體圖中不易表達清楚時，也可將立體圖畫成剖視圖，稱為立體剖視圖，用來表明物體內部或其斷面形狀。立體剖視圖是以假想的割面將物體剖切，一般都將剖去的部分不畫出，留下的部分按照立體圖的畫法畫出，顯示剖面即得。

圖 10-30　全剖面的立體剖視圖

圖 10-31　半剖面的立體剖視圖

　　所以全剖面的立體剖視圖就是畫出割面後的部分(圖 10-30)。半剖面的立體剖視圖，是對對稱的物體剖去四分之一角，畫出剩下的四分之三，顯示剖面而得半剖面的立體剖視圖(圖 10-31)。其他像局部剖面、組合剖面等均可以立體圖畫出。在繪製立體剖視圖時要注意剖面線的傾斜方向，一般都取與剖面中菱形長對角線平行者(圖 10-32)。

良　　　　　　　　　　　不良

圖 10-32　立體剖視圖中剖面線的傾斜方向

10-11　立體正投影圖上尺度的標註

　　一般正投影多視圖上尺度標註的方法都可適用在立體正投影圖上，只要把坐標移至所需物面上，再進行尺度的標註，例如標註圖 10-33 中的尺度 33 和 15，是將坐標移至左方面上，但要注意數字的方向是隨等角面而有不同，共有六個可能的方向如圖 10-34 所示。

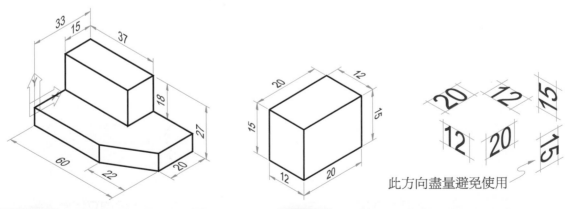

此方向盡量避免使用

圖 10-33　立體正投影圖上尺度標註　　　　**圖 10-34**　立體正投影圖上標註尺度數字之方向

10-12　立體分解系統圖

　　有許多個零件組成的物體，依其未裝配前的情況而按裝配的順序，在一張圖紙上，分別畫出所有各零件的立體圖，各零件均須按同一種立體圖的畫法，同樣的比例繪製，各零件盡量避免重疊，其軸線須對齊，必要時可採用立體剖視圖，如此的圖，稱為立體分解系統圖(圖 10-35)，但遇繪製的位置不夠，各零件軸線之延長線可轉折以求對齊(圖 10-36)。立體分解系統圖常用在產品的型錄或說明書內，現在許多工場內常將立體分解系統圖作為工件裝配之依據。

圖 10-35　立體分解系統圖(一)

圖 10-36　立體分解系統圖(二)

10-13　立體圖中表示物面明暗的簡易方法

　　一般物體的表面上，被光線直接照射到的物面，稱為受光面，非常明亮；不能被光線直接照射到的物面，稱為背光面，或稱陰面，則很陰暗。

　　在立體圖中表示物面明暗的簡易方法，是假設光線是由立體圖之前上方向後下方照射，則位於前上方之各面均為受光面，受光面與受光面間之可見輪廓線改以細實線表出，受光面與背光面間之可見輪廓線則維持原有之粗實線，即可表示出物面具有明暗的效果(圖 10-37)。在圓柱形物面上受光面與背光面是以橢圓長軸為界(圖 10-38)。

圖 10-37　表示出物面明暗的效果(一)

圖 10-38　表示出物面明暗的效果(二)

二、進階題型

請依尺度與視角繪製等角立體圖

1.

2.

3.

前視

Chapter

11

公差與配合

11-1 公　差

製作物品時，因受機器之震動、材料之變異、刀具之磨耗、溫度之變化、人員之技術等因素，在尺度上很難絕對準確，絲毫不差，因此在設定的尺度上給予允許存在的差異，以使產製之物品能達到所需之精度，有利於以後之互換，此種差異量即謂之公差。公差愈小精度愈高，反之，公差愈大精度愈低。

圖 11-1　公差相關名詞

與公差相關之各名詞解釋如下(圖 11-1)：

1. 孔(hole)：工件之內部尺度形態，含非圓柱形者，即外件。

2. 基孔(basic hole)：以孔作為基孔制配合系統之基準。

3. 軸(shaft)：工件之外部尺度形態，含非圓柱形者，即內件。

4. 基軸(basic shaft)：以軸作為基軸制配合系統之基準。

5. 標稱尺度(nominal size)：即理想形態之尺度。標稱尺度是應用上及下偏差得知限界尺度之位置，也就是舊標準中稱為「基本尺度(basic size)」。

6. 實際尺度(actual size)：由實際量測而得之尺度。

7. 限界尺度(limit of size)：尺度形態可允許之尺度範圍。實際尺度應介於上及下限界尺度之間，包含限界尺度。

8. 上限界尺度(upper limit of size, ULS)：尺度形態可允許之最大尺度。

9. 下限界尺度(lower limit of size, LLS)：尺度形態可允許之最小尺度。

10. 公差(tolerance)：上限界尺度與下限界尺度之差。公差為絕對值，無正負之分，也是上偏差與下偏差之差。

11. 偏差(deviation)：就是實際尺度減去標稱尺度，亦稱實際偏差。

12. 上限界偏差(upper limit deviation)：簡稱上偏差，上限界尺度減標稱尺度，上偏差是帶有正負符號之數值，可以是正、零或負。

    ES (用於內部尺度形態)

    es (用於外部尺度形態)

13. 下限界偏差(lower limit deviation)：簡稱下偏差，下限界尺度減標稱尺度，下偏差是帶有正負符號之數值，可為正、零或負。

    EI (用於內部尺度形態)

    ei (用於外部尺度形態)

14. 公差區間(tolerance interval)：是指包含公差上、下限界尺度之間之變異值。區間之位置確定於公差之大小及標稱尺度。公差區間不一定包含標稱尺度。公差限界也許是雙向的或單向的。

今假設標稱尺度為 75，允許最大可至 75.03，最小可至 74.94(圖 11-2)，則：

上限界尺度為 75.03

下限界尺度為 74.94

上偏差為＋0.03，即上限界尺度與標稱尺度之差

下偏差為－0.06，即下限界尺度與標稱尺度之差

公差為 0.09，即上限界尺度與下限界尺度之差。公差為絕對值，無正負之分。

圖 11-2　公差

　　物品產製完成，量測該部位而得之實際尺度，在上限界尺度與下限界尺度之間者爲合格品，否則即爲廢品。

11-2　公差的種類

按公差適用範圍分：

1. 通用公差：對相同尺度範圍共通適用的公差。

2. 專用公差：對某一尺度專用的公差。

按限界尺度與標稱尺度的關係分：

1. 單向公差：上與下限界尺度均大於或小於標稱尺度。

　　適用於需要配合部位之尺度。例如

$$45 {}^{+0.04}_{+0.01} \qquad 36 {}^{-0.02}_{-0.05}$$

2. 雙向公差：上限界尺度大於標稱尺度，下限界尺度小於標稱尺度。

　　適用於不需要配合部位之尺度或位置尺度。例如

$$56 \pm 0.04 \qquad 65 {}^{+0.03}_{-0.01}$$

11-3　公差等級

　　公差的大小可隨需要訂定，但世界上各國間為求步調一致，對公差的大小訂有共同的標準，稱為國際準標公差(International Tolerance)，以其英文的縮寫 IT 表示，我國即採用此標準公差。標準公差對某一範圍的尺度，將其公差自最小至最大分成多個等級，稱為公差等級。各公差等級分別以 IT01、IT0、IT1、IT2、IT3、……IT17、IT18 命名。所謂 IT8，就是指公差等級為 8 的標準公差。01 級的公差最小，18 級的公差最大，同一等級的公差，就其標稱尺度由小至大遞增，標準公差數值為絕對值，無正負之分，詳細數值可查閱國際標準公差表，茲摘錄部分如表 11-1。

表 11-1　標準公差

單位：0.001 mm

級別 IT 基本尺度 mm	01	0	1	2	3	4	5	6	7	8	9	10	11	12	13	14	15	16	17	18
<3	0.3	0.5	0.8	1.2	2	3	4	6	10	14	25	40	60	100	140	250	400	600	1000	1400
>3－6	0.4	0.6	1	1.5	2.5	4	5	8	12	18	30	48	75	120	180	300	480	750	1200	1800
>6－10	0.4	0.6	1	1.5	2.5	4	6	9	15	22	36	58	90	150	220	360	580	900	1500	2200
>10－18	0.5	0.8	1.2	2	3	5	8	11	18	27	43	70	110	180	270	430	700	1100	1800	2700
>18－30	0.6	1	1.5	2.5	4	6	9	13	21	33	52	84	130	210	330	520	840	1300	2100	3300
>30－50	0.6	1	1.5	2.5	4	7	11	16	25	39	62	100	160	250	390	620	1000	1600	2500	3900
>50－80	0.8	1.2	2	3	5	8	13	19	30	46	74	120	190	330	460	740	1200	1900	3000	4600
>80－120	1	1.5	2.5	4	6	10	15	22	35	54	87	140	220	350	540	870	1400	2200	3500	5400
>120－180	1.2	2	3.5	5	8	12	18	25	40	63	100	160	250	400	630	1000	1600	2500	4000	6300
>180－250	2	3	4.5	7	10	14	20	29	46	72	115	185	290	460	720	1150	1850	2900	4600	7200
>250－315	2.5	4	6	8	12	16	23	32	52	81	130	210	320	520	810	1300	2100	3200	5200	8100
>315－400	3	5	7	9	13	18	25	36	57	89	140	230	360	570	890	1400	2300	3600	5700	8900
>400－500	4	6	8	10	15	20	27	40	63	97	155	250	400	630	970	1550	2500	4000	6300	9700
>500－630			9	11	16	22	32	44	70	110	175	280	440	700	1100	1750	2800	4400	7000	11000
>630－800			10	13	18	25	36	50	80	125	200	320	500	800	1250	2000	3200	5000	8000	12500
>800－1000			11	15	21	28	40	56	90	140	230	360	560	900	1400	2300	3600	5600	9000	14000
>1000－1250			13	18	24	33	47	66	105	165	260	420	660	1050	1650	2600	4200	6600	10500	16500
>1250－1600			15	21	29	39	55	78	125	195	310	500	780	1250	1950	3100	5000	7800	12500	19500
>1600－2000			18	25	35	46	65	92	150	230	370	600	920	1500	2300	3700	6000	9200	15000	23000
>2000－2500			22	30	41	55	78	110	175	280	440	700	1100	1750	2800	4400	7000	11000	19500	28000
>2500－3150			26	36	50	68	96	135	210	330	540	860	1350	2100	3300	5400	8600	13500	21000	33000

11-4 基礎偏差位置與公差類別

在說明公差的圖解中，常以一水平線代表公差為零的所在，稱為零線。零線以上的偏差為正值，零線以下的偏差為負值。代表上限界尺度與下限界尺度二水平線間的距離，是為公差區間。公差區間中接近零線的偏差，亦即最接近標稱尺度之偏差，稱為基礎偏差(fundamental deviation)。

二個需套合在一起的零件，稱為配合件。就配合件配合的部位而言，在外側者稱為外件，通稱為孔；在內側者稱為內件，通稱為軸。國際間為便於確定二配合件間的的配合狀況，訂出 A、B、C、CD、D、E、EF、F、FG、G、H、J、Js、K、M、N、P、R、S、T、U、V、X、Y、Z、ZA、ZB、ZC 二十八類基礎偏差之位置。

以大楷拉丁字母標示孔之基礎偏差位置，A 至 ZC 則按基礎偏差由正至負依大小順序排列，偏差位置 H 之下偏差正好為 0；以小楷拉丁字母標示軸之基礎偏差位置，a 至 zc 則按基礎偏差由負至正依大小順序排列，偏差位置 h 之上偏差正好為 0(圖 11-3)。各公差等級軸或孔之基礎偏差均經計算後詳細列表，可查閱有關標準，茲摘錄部分如附錄二十八。

ISO 線性尺度公差之編碼系統即在標示公差類別(tolerance class)，公差類別是由基礎偏差位置之拉丁字母與公差等級之阿拉伯數字組合標示之，例如 E8、H7、P9、d7、f8、s6 等。

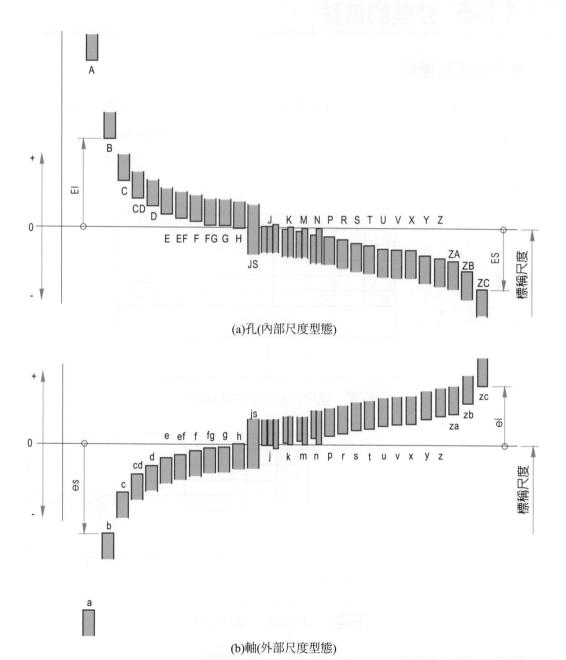

(a)孔(內部尺度型態)

(b)軸(外部尺度型態)

圖 11-3　孔與軸之偏差位置

11-5 公差的標註

一、通用公差的標註

工程圖上未註有公差的尺度，並不是表示這些尺度沒有公差，而是採用通用公差，此種公差是適用於圖上未註有公差之尺度。通用公差是標註在標題欄內(圖 11-4)，或另列表格置於標題欄附近(圖 11-5)，或記載於各作業工場的手冊中。通用公差常採用各種加工方法標準中所訂定之一般公差。

圖 11-4　通用公差標註在標題欄內

基本尺度	1~3	>3~6	>6~	) (	>50~80	>80~120
公　差	0.05	0.06	0.0		0.15	0.2

圖 11-5　另列表格之通用公差

二、專用公差的標註

對於二者需要配合的部位，必須定出適合其功能之公差，此種公差是專對某一尺度而言，在圖上與該尺度並列，是為該尺度專用之公差。

1. 以限界尺度標註：

上限界尺度寫在上層，下限界尺度寫在下層，小數點對齊(圖 11-6(a))。角度的標註方法與之類同(圖 11-6(b))。

(a)　　　　　(b)

圖 11-6　以限界尺度標註專用公差

2. 以上下偏差標註：

標稱尺度外再加上下偏差，上偏差寫在上層，下偏差寫在下層，與以限界尺度標註的方法相同(圖 11-7(a))。角度的標註方法與之類同(圖 11-7(b))。

上偏差為 0 或下偏差為 0 時，仍得加註 0，且 0 之前不得加註＋或－之符號(圖 11-7(c))。若上下偏差之絕對值相同時，則合為一層書寫(圖 11-7(d))。角度的標註方法與之類同(圖 11-7(e))。

圖 11-7　以上下偏差標註專用公差

3. 以公差類別標註：

標稱尺度外再加註公差類別(圖 11-8)。

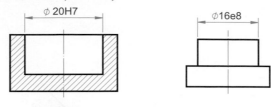

圖 11-8　以公差類別標註專用公差

4. 加註包絡符號Ⓔ

如有包絡的要求時，則在公差數字之後加註包絡符號Ⓔ。

11-6 配　合

標註公差的目的，是在控制產製物品應有的精度，以及獲得所需的配合，達到機件具有互換的特性。

有關配合之專有名詞，說明如下：

1. 間隙(clearance)：當軸之直徑小於孔的直徑時，孔與軸間之尺度差。其值為正數。

2. 最小間隙(minimum clearance)：在餘隙配合中，孔之下限界尺度與軸之上限界尺度之差。

3. 最大間隙(maximum clearance)：在餘隙或過渡配合中，孔之上限界尺度與軸之下限界尺度之差。

4. 干涉(interference)：當軸之直徑大於孔之直徑時，孔與軸間之尺度差，其值為負數。

5. 最小干涉(minimum interference)：在干涉配合中，孔之上限界尺度與軸的下限界尺度間之差。

6. 最大干涉(maximum interference)：在干涉或過渡配合中，孔之下限界尺度與軸的上限界尺度間之差。

7. 配合(fit)：一個外部尺度形態與一個內部尺度形態之間之組裝關係，孔與軸為同一類型式，例如都是圓形，或是方形。

8. 餘隙配合(clearance fit)：組裝時，孔與軸之間保有間隙的配合。也就是孔之下限界尺度大於或等於軸之上限界尺度。

(a)詳圖   (b)簡圖

圖 11-9   餘隙配合定義

9. 干涉配合(interference fit)：組裝時，孔與軸之間保有干涉之配合。也就是孔之上限界尺度小於或等於軸之下限界尺度。

(a)詳圖   (b)簡圖

圖 11-10   干涉配合定義

10. 過渡配合(transition fit)：組裝時，孔與軸之間保有間隙或干涉之配合。於過渡配合中，孔與軸之公差區間可能是完全或部分重疊，因此，是否存在間隙或干涉，需依孔及軸之實際尺度。

(a)詳圖   (b)簡圖

圖 11-11　過渡配合定義

11. 基孔制配合系統(hole-basis fit system)：孔之基礎偏差固定為零之配合系統，亦即下偏差為零。此配合制度之孔之下限界尺度是與標稱尺度相同。其所需的間隙或干涉是得自於軸之不同基礎偏差之組合。

圖 11-12　基孔制配合系統

12. 基軸制配合系統(shaft-basis fit system)：軸之基礎偏差固定為零之配合系統，亦即上偏差為零。此配合制度之軸之上限界尺度是與標稱尺度相同。其所需的間隙或干涉是得自於孔之不同基礎偏差之組合。

不同孔之公差區間 / 基軸之公差區間 / 標稱尺度 / 基軸h

圖 11-13 　基軸制配合系統

各種配合舉例如表 11-2。

表 11-2 　各種配合

以尺度 46 為例		
餘隙配合(H8/e7)	干涉配合(H7/s6)	過渡配合(H6/m6)
$+0.039$ H8　46　0	$+0.025$ H7　46　0	$+0.016$ H6　46　0
-0.050 e7　46-0.075	$+0.059$ s6　46$+0.043$	$+0.025$ m6　46$+0.009$
最大餘隙 46.039－45.925＝0.114 最小餘隙 46.000－45.950＝0.050	最大干涉 46.000－46.059＝－0.059 最小干涉 46.025－46.043＝－0.018	最大干涉 46.000－46.025＝－0.025 最大餘隙 46.016－46.009＝0.007

配合件的公差，可採用公差類別標註、公差類別加註限界尺度標註、上下偏差標註等(圖 11-14)。

圖 11-14　配合件公差標註方法

11-7　公差的選用

設計公差不是一件容易的事，需要數學、材料、力學、統計、工程等方面高深的學問，非一般人能從事，但選用公差不是一件難事，注意以下各項，必能選得合用的公差。

一、配合生產設備

各種生產之機具，性能各異，能產製物品的精度受到牽制。要運用性能差的機具產製高精度的物品，似乎不太可能；而性能好的機具，比較貴重，投資加大，又不一定能產製高精度的物品。所以在選用公差時，應先了解工廠內可以運用的機具，以及這些機具的能力範圍，確定能夠達到的精度，選出合用的公差，否則非工廠機具能力之所及，所選定之公差形同虛設，更浪費人力物力。

二、配合加工方法

　　各種加工方法所能達到的公差等級範圍不盡相同，專用公差可參考圖 11-15 所示，而通用公差則可查閱各種不同加工方法一般許可差之國家標準，加以選擇。

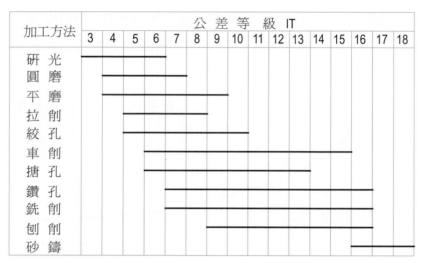

圖 11-15　各種加工方法能達到的公差等級

三、配合產製者的技能水準

　　負責產製的技術人員，其技能水準有高低不同。高精度的工作非一般技能水準者可以達成，目前固然已有精密自動機器可以代替人工，由此獲得高精度的產品，但操作、維護、保養這些機器的人，仍然需要高水準的技術人員。而每個技術人員的工作態度與工作習慣也不同，有人粗心大意，有人仔細謹慎，影響精度。新進人員的經驗不及舊有者，操作的生澀與熟練，不但影響工作速度，更影響精度。所以在選用公差時，要注意產製者的技能水準，以一般人能達到者為選用對象。

四、符合經濟原則

　　產製物品精度愈高，公差愈小，產製愈困難，耗費的時間愈多，需要的設備愈貴重，技術人員的技能水準要求愈高，成本相形提高。所以公差加大，則產製容易，廢品減少，工作效率因而提升，產量增加，成本降低。若將產品的精度分成高精度、一般精度、低精度來分析，由低精度進入一般精度，費用的提升速度緩慢，由一般精度進入高精度，費用的提升速度極快(圖 11-16)。因此選用一般精度與高精度交界附近的公差等級最為經濟，此時精度已不低，費用的支出並不很高。

圖 11-16　公差等級與產製費用的關係

五、先充分了解配合件間之功能

　　容差是指二配合件間之最小餘隙或最大干涉，亦即孔的下限界尺度與軸的上限界尺度間之差，也有人稱之謂裕度。容差的大小主宰配合件之功能，不是精度，所以在選用公差之前，應先了解配合件間之功能，由此決定容差的大小。容差由正值變至負值，配合由餘隙變至干涉。容差為正值時，容差等於最小餘隙；容差為負值時，容差等於最大干涉；容差的絕對值小於軸或的孔之公差，則為過渡配合。需要轉動或滑動的配合件，應有正容差，即二配合件間需有餘隙，以供潤滑或體積熱膨脹等之填充用。需要固定的配合件，應有負容差，即二配合件間需有干涉，負容差愈小，干涉愈大，結合固定愈牢固，但裝卸愈困難。

　　在配合制度方面，盡量採用基孔制配合，則孔徑劃一，變動軸之公差便可得到所需的配合，較為經濟，因孔之加工比軸難，又必須使用特殊刀具加工，尤其遇到較小之孔，無論加工或量測尺度更為困難。如有現成之軸桿，或一軸裝配多個孔件，各孔件配合的種類又不同時，才採用基軸制配合。

六、重視前人的經驗

經驗需要累積，要得到經驗需花費相當多的時間，尤其在公差的選用上，前人留下的經驗，價值非凡，應該重視。

在公差等級的運用上，認為 IT12 是目前一般設備和普通技術人員起碼可以達到的，而一般切削加工都先考慮 IT8，需要稍高精度時再改用較小的公差等級，但建議少採用 IT7 以上者，因為量測 IT7 以上之公差，需要相當精密的量具，量測前更須仔細校正，否則量測費時，量測結果又難於準確。同時普通工場中一般量具的精度都在 IT7 左右。其他各公差等級的適用場合如表 11-3 所示，配合之孔件與軸件均以採用相同公差等級為原則，而軸件加工較孔件容易，軸件可採較小一級者。

表 11-3　各公差等級的適用場合

IT	適用場合
01~4	精密量規
5~6	一般量規、精密之研磨、搪孔、車削、機件上裝軸承處
7	高級之搪孔、車削、絞孔、機件上轉動配合處
8~10	一般之車削、鑽孔、銑削、鉋削、機件上鬆動配合處
11~12	粗車削、鉋削、鑽孔
13~16	衝壓、拉軋、鍛造、機件上不需配合處
17~18	砂模鑄造

多搜集各種成品的公差資料，極有助於公差的選用，因為這些物品已經生產，對尺度上的公差必已下過功夫，作過研究，不會離譜太遠，所以能先參考現成資料，必能得到合理的結果。各種常用配合及其適用場合如表 11-4 所示。各種常用孔偏差和常用軸偏差見附錄二十八。

表 11-4　各種常用配合

	基孔制	基軸制	適用場合
餘隙配合	H11/c11 H10/d9 H8/d8	D10/h10 D10/h9	餘隙甚大，適用於建築機械、農業機械
	H9/e8 H8/e8 H7/e7	E9/h9	餘隙較大，適用於大型高速重荷軸承
	H7/f7	F8/h8 F8/h7	餘隙小，適用於導槽、滑塊、紡織機械
	H7/g6	G7/h6	餘隙極小，適用於輕荷機器主軸
	H10/h9 H8/h7 H7/h6		餘隙可能為零，配合件裝卸用手力即可，適用於不需轉動之機件
過渡配合	H8/k7 H7/k6	K8/h7	偶有極小之干涉，配合件裝卸需略施力，適用於裝鍵之軸輪
	H8/m7 H8/n7 H7/m6 H7/n6	M8/h7 N8/h7	有較小之干涉，配合件裝卸需施力，適用於油壓活塞、調速器、工具機塔輪
干涉配合	H8/p7 H7/p6 H7/r6		干涉小，配合件裝卸需略施大力，結合力尚可，適用於各種襯套
	H8/s7 H7/s6	S7/h6	干涉大，配合件裝卸需施很大力，結合力堅固，不易鬆脫，適用於鑄造齒輪、閥座

11-8　幾何公差

　　幾何公差係表示物體上一種幾何形態之外形或其所在位置之公差，此種公差是規定該形態或其位置必需界於一個公差區域內，稱為幾何公差區域。一般幾何公差區域就幾何形態之性質及公差之標註，可有下列各種情況：

1. 一個圓內之面積。

2. 兩同心圓間之面積。

3. 兩等距直線或曲線間之面積。

4. 一個圓柱體內之空間。

5. 兩同軸線圓柱面間之空間。

6. 兩等距平面或曲面間之空間。

7. 一個平行六面體內之空間。

形 態	公 差	公差性質	符 號
單一形態	形狀公差	真直度	──
		真平度	▱
		真圓度	○
		圓柱度	⌭
單一或相關形態		曲線輪廓度	⌒
		曲面輪廓度	⌓
相關形態	方向公差	平行度	∥
		垂直度	⊥
		傾斜度	∠
	定位公差	位置度	⌖
		同心度 同軸度	◎
		對稱度	═
	偏轉度公差	圓偏轉度	↗
		總偏轉度	⟋⟍

圖 11-17 幾何公差性質符號

種 類		符 號
公差形態之標示	直接	↓
	用字母	A ↓
基準之標示	直接	△ ▲
	用字母	A△ A▲
基準日標		φ3 A1
理論上正確尺度		60
延伸公差區域		Ⓟ
最大實體狀況		Ⓜ
包絡面		Ⓔ

圖 11-18 幾何公差附加之符號

幾何公差包括：

1. 形狀公差：包括真直度、真平度、真圓度、圓柱度、曲線輪廓度、曲面輪廓度等公差。

2. 方向公差：包括平行度、垂直度、傾斜度等公差。

3. 定位公差：包括位置度、同心度、同軸度、對稱度等公差。

4. 偏轉公差：包括圓偏轉度、總偏轉度等公差。

幾何公差符號包括幾何公差性質符號(圖 11-17)與附加之符號(圖 11-18)。

符號之大小與畫法如圖 11-19，圖中 h 為標註尺度數字之字高。

圖 11-19　幾何公差符號之大小與畫法

應用幾何公差時須注意以下各點：

1. 應用一般的長度或角度等公差時，無法達到管制某種幾何形態之目的，則需註明
    幾何公差。普通幾何公差均較一般長度或角度等公差為小，所以幾何公差與一般
    長度或角度等公差相抵觸時，以**幾何公差**為準。

2. 某一種幾何公差可自然限制第二種幾何公差，若此二種幾何公差區域相同時，則
    不必標註第二種幾何公差。若第二種幾何公差之區域較小時，則應標註。

3. 對於零件之功能及互換性沒有嚴格要求時，不應使用幾何公差。有嚴格要求時，
    在使用幾何公差後，製造者可不求形狀與位置之絕對準確，反而更為省時省力。

11-9　幾何公差的標註

一、公差框格與引線

　　幾何公差是用長方形框格和引線表出，框格和引線都以細實線繪製，框格高為標註尺
度數字字高 h 的二倍(圖 11-20)，長度隨需要而定，自左起第一格填入幾何公差性質符號，
第二格填入幾何公差數值，表示直徑者應在公差數值前加註直徑符號，需要註出基準者，
則在第三格填入基準之代號。需要註明有關之註解，則寫在框格上方。對同一部位有一個
以上之幾何公差，則可將框格上下疊置之(圖 11-21)。

圖 11-20　框格大小　　　　圖 11-21　幾何公差框格之填寫

用一端帶有箭頭之引線，將幾何公差框格與管制之形態相連。

若將引線的箭頭指在該形態之輪廓線或其延長線上，不對準尺度線時，是管制該形態之表面(圖 11-22)。

若將引線的箭頭指在該形態之輪廓線或其延長線上，對準尺度線時，是管制該形態之中心軸線或中心平面(圖 11-23)。

若將引線的箭頭指在中心軸線或中心平面上時，是管制所有形態之共同中心軸線或中心平面(圖 11-24)。

圖 11-22　管制該形態之表面　　　　圖 11-23　管制該形態之中心軸線或中心平面

圖 11-24　管制所有形態之共同中心軸線或中心平面

二、基準形態

基準形態是指一個基準面或一條基準線，各種幾何公差均以該面或該線為基準。自基準面或基準線引出之引線，在引出處用一個塗黑之正三角形或空心之正三角形表明。

　　基準三角形之底邊位於該形態之輪廓線或其延長線上，引線不對準尺度線時，是以該形態之輪廓線或表面為基準(圖 11-25)。

　　基準三角形之底邊位於該形態之輪廓線或其延長線上，引線對準尺度線時，是以該形態之中心軸線或中心平面為基準(圖 11-26)。

　　基準三角形之底邊位於該形態之中心軸線或中心平面上時，是以所有形態之共同中心軸線或中心平面為基準(圖 11-27)。

圖 11-25　以該形態之輪廓線或表面為基準

圖 11-26　以該形態之中心軸線或中心平面為基準

圖 11-27　以所有形態之共同中心軸線或中心平面為基準

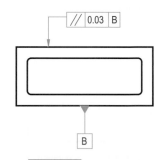

圖 11-28　使用基準框格

　　如果基準離開幾何公差的框格很遠，不便以引線直接連接時，則使用基準框格，在基準框格以及幾何公差框格之最右一格內，分別填入一個大楷拉丁字母之基準代號，以識別基準面或基準線(圖 11-28)。

　　若有二個或二個以上基準合為一個共同基準時，在公差框格內的基準代號間以一短劃相連(圖 11-29)；若多個基準有其優先次序時，則自左至右分格填入，以位於左者為優先(圖 11-30)，無先後次序時，不必分別填入(圖 11-31)。

◎ | ⌀0.05 | A－B

⌖ | ⌀0.02 | A | C | B

圖 11-29　二個以上之基準合為一共同之基準　　圖 11-30　多個基準有優先次序

⌖ | ⌀0.01 | A　B　C

圖 11-31　多個基準無優先次序

三、在電腦上標註幾何公差

在電腦上標註幾何公差，應先將尺度標註工具列中之指線，設定爲幾何公差管制形態之引線(表 11-5)。

表 11-5　將指線設定為標註幾何公差之引線

再由標註尺度工具列中之幾何公差，選擇所需幾何公差性質符號、直徑符號，鍵入幾何公差數值、基準代號等(表 11-6)。

表 11-6　選擇幾何公差性質符號等

如需標註基準框格，則將尺度標註工具列中之指線，設定為基準框格之引線，再在尺度標註工具列中之幾何公差，鍵入基準代號(表 11-7)，則得如圖 11-32 所示。

表 11-7　將指線設定為基準框格之引線

圖 11-32　標註幾何公差

11-10　理論上正確尺度

　　視圖上標註的尺度，在尺度數字外加框格者，表示此尺度為理論上正確尺度，屬於理想尺度，絕對正確，此等尺度上不允許有任何公差，而實際尺度只能在所賦予的幾何公差範圍內變動(圖 11-33)。

圖 11-33　理論上正確尺度

11-11　幾何公差區域的標註

　　幾何公差引線之箭頭必須垂直於物體之幾何形態，其所指之方向，即為公差數值限定之公差區域的寬度，公差數值前有直徑符號者，則為其直徑。

　　幾何公差適用於該形態之全長，全部面積或體積，否則應加註明，若公差數值限於一定長度內，例如圖 11-34a 中，表示該平面與基準面 B 之平行度誤差在該平面上任一方向 100 單位長度內不得超過 0.01 單位。在圖 11-34b 中，表示整個平面的平行度誤差為 0.1，且在任一方向 100 單位長度內之平行度誤差不得超過 0.05 單位。在圖 11-34c 中，則表示該平面的平行度誤差僅在指定的範圍內。

圖 11-34　幾何公差範圍的限定

　　而幾何形態在公差區域內可取任何形狀或方位，如須加以限制，應另行註明於框格上方(圖 11-35)。

圖 11-35　對幾何形態之限制　　圖 11-36　相同的個別公差區域

多個分開的形態，具有相同的公差區域，可如圖 11-36 所示的二種方法中擇一標註。

多個分開的形態，管制在一個共有的公差區域下，則此公差區域是為多個分開形態的共同公差區域，可如圖 11-37 所示的二種方法中擇一標註。

圖 11-37　共同公差區域

幾何公差中之方向公差或定位公差，其公差區域有時不是指該形態本身，而是指該形態向外延伸部分，此時圖中用假想線畫出延伸部分，並在延伸尺度前加註符號 ⓟ，幾何公差數值後也要加註符號 ⓟ (圖 11-38)。

圖 11-38　延伸公差區域

位置度公差可以坐標的 X、Y 軸方向定出矩形或正方形的公差區域，也可以圓形定出公差區域。一般圓形公差區域與其內接正方形公差區域相比較，圓形公差區域要大出 57%(圖 11-39)。

圓形面積為 $3.1416 \times \left(\dfrac{1}{2}\right)^2 = 0.7854$

正方形面積為 $\left(\dfrac{\sqrt{2}}{2}\right)^2 = 0.5$

圖 11-39　圓形與其內接正方形公差區域之比較

11-12　最大實體原理

若有孔件與軸件配合，孔之尺度在最小限界，軸之尺度在最大限界，則孔件或軸件各處於保有最多材料狀況之下，此狀況即謂之最大實體狀況，常以其英文 Maximum Material Condition 之縮寫 MMC 稱之，處於最大實體狀況下之尺度，稱為最大實體尺度，常以其英文 Maximum Material Size 之縮寫 MMS 稱之。反之，孔之尺度在最大限界，軸之尺度在最小限界，則孔件或軸件各處於保有最少材料狀況之下，此狀況即謂之最小實體狀況，常以其英文 Least Material Condition 之縮寫 LMC 稱之，處於最小實體狀況下之尺度，稱為最小實體尺度，常以其英文 Least Material Size 之縮寫 LMS 稱之。

兩配合件在加工完成後，能否順利組合，決定於配合部位之實際尺度，以及該部位形態之幾何偏差。當兩配合件各在其最大實體狀況時，兩配合件存在於最不利之極限，即當軸在上限界尺度；孔在下限界尺度，則形態之幾何偏差局限於最小範圍，如果兩配合件或其中之一實際尺度遠離其最大實體狀況時，則形態之幾何偏差即幾何公差可超越原定之範圍，也不致影響兩配合件應有的組合狀態與功能，此時之幾何公差具有變動性，此即最大實體原理之所在。應用此原理時，應加註最大實體狀況之符號 Ⓜ 表明。

最大實體原理應用於真直度公差，例如圖 11-40 中的零件，中間一段圓柱之直徑公差為 0.3，上限界尺度為 φ 16.00，下限界尺度為 φ 15.7，中心軸線之真直度公差為 φ 0.5，適用於最大實體狀況。則標註幾何公差之中間一段圓柱的形態，其須介於直徑為 16.5 (16＋0.5＝16.5)具有正確功效的圓柱體內，當形態處於最大實體狀況時，即其直徑為 16 時，其中心軸線須保持在直徑為 0.5 的圓柱體內(圖 11-41)；當形態處於最小實體狀況時，即其直徑為 15.7 時，其中心軸線則須保持在直徑為 0.8 的圓柱體內(圖 11-42)，真直度幾何公差因形態遠離最大實體狀況，而由 0.5 增至 0.8(0.5＋0.3＝0.8)。

圖 11-40 最大實體原理應用於真直度公差

圖 11-41 公差區域為直徑 0.5 的圓柱體

圖 11-42 公差區域增為直徑 0.8 的圓柱體

　　最大實體原理應用於垂直度公差，例如圖 11-43 中的零件，中央圓孔之直徑公差為 0.15，上限界尺度為 ϕ46.15，下限界尺度為 ϕ46.00，中心軸線之垂直度公差為 ϕ0.07，適用於最大實體狀況。則中央圓孔須外切於直徑 45.93(46.00－0.07＝45.93)具有正確功效的圓柱體，當形態處於最大實體狀況時，即孔徑為 46.00 時，其中心軸線須保持在直徑為 0.07 的圓柱體內(圖 11-44)；當形態處於最小實體狀況時，即其孔徑為 46.15 時，則其中心軸線須保持在直徑為 0.22 的圓柱體內(圖 11-45)，垂直度幾何公差因形態遠離最大實體狀況，而由 0.07 增至 0.22(0.07＋0.15＝0.22)。

圖 11-43　最大實體原理應用於垂直度公差

圖 11-44　公差區域為直徑 0.07 的圓柱體

圖 11-45　公差區域增為直徑 0.22 的圓柱體

　　最大實體原理應用於位置度公差，例如圖 11-46 中的零件，四個圓孔位於理論上正確尺度 30 與 26 的正確位置上，其直徑公差為 0.05，上限界尺度為 φ8.09，下限界尺度為 φ8.04，各圓孔中心軸線之位置度公差為 φ0.04，適用於最大實體狀況。則每個圓孔須外切於直徑 8(8.04－0.04＝8)具有正確功效的圓柱體，當形態處於最大實體狀況時，即孔徑為 8.04 時，其中心軸線須保持在直徑為 0.04 的圓柱體內(圖 11-47)；當形態處於最小實體狀況時，即其孔徑為 8.09 時，則其中心軸線須保持在直徑為 0.09 的圓柱體內(圖 11-48)，位置度幾何公差因形態遠離最大實體狀況，而由 0.04 增至 0.09(0.04＋0.05＝0.09)。依據表 11-8，各個圓孔之中心軸線偏離理論上正確位置之偏差量，即位置度公差與形態間之關係如圖 11-49 所示。

圖 11-46　最大實體原理應用於位置度公差

圖 11-47　公差區域為直徑 0.04 的圓柱體

圖 11-48　公差區域增為直徑 0.09 的圓柱體

表 11-8　孔徑與位置度公差

孔徑	位置度公差
8.04MMS	0.04
8.05	0.05
8.06	0.06
8.07	0.07
8.08	0.08
8.09LMS	0.09

圖 11-49　位置度公差與形態尺度間之關係

11-13 幾何公差範例

名稱	公差標註	公差區域	說明
真直度	表面上一元線之真直度 ─ 0.03	0.03	圓柱體表面上任一元線須介於兩相距0.03之平行線之間
真直度	旋轉體中心軸線之真直度 ─ ∅ 0.04	∅ 0.04	兩圓柱部分全部軸線須在一直徑為0.04之圓柱形區域內
真平度	▱ 0.05	0.05	平面須介於兩相距0.05之平行平面之間
真圓度	○ 0.01	0.01	任一與軸線正交之斷面上，其周圍須介於同平面相距0.01之兩同心圓間
圓柱度	⌖ 0.02	0.02	圓柱之表面須介於兩共軸線而相距0.02之圓柱面之間
曲線輪廓度	⌒ 0.2　39 42 40 36 29 24 21　30　28　20　6x 20 =120　155	真確輪廓曲線　∅0.2　30　39 42 40 36 29 24 21　28　6個為20之間距	實際輪廓曲線須介於兩曲線之間,此兩曲線乃以真確輪廓曲線上之各點為圓心以公差0.2為直徑所作之多個小圓之兩包絡線

名稱	公差標註	公差區域	說明
曲面輪廓度	△ 0.02	真確輪廓曲面 S∅0.02	實際輪廓曲面須介於兩曲面間,此兩曲面乃以真確輪廓曲面上之各點為球心,以公差數值為直徑所作多個小球之兩包絡面
平行度	平行於基準線 // 0.1 A A	0.1	上圓柱面之軸線須在直立面上介於與基準軸線平行而相距 0.1 之兩平行線間
	平行於基準面 // 0.03	0.03	上表面須介於與基準面平行而相距0.03 之兩平面之間
垂直度	垂直於基準線 ⊥ 0.04 A A	0.04	垂直孔之軸線須在直立面上介於與基準軸線垂直而相距 0.04 之兩平行線間
	垂直於基準面 ⊥ 0.05	0.05	右方平面須介於與基準面垂直且相距 0.05 之兩平面間

名稱	公 差 標 註	公 差 區 域	說　明
傾斜度	傾斜於基準線		斜孔之軸線須在包含基準軸線之直立面上且介於與基準軸線成 60°而相距 0.07 之兩平行線間
	傾斜於基準面		傾斜面須介於與基準面成39°且相距 0.03 之兩平行平面之間
位置度	點之位置		交點須在一直徑為 0.2 之圓內，此圓之圓心即在該交點之理論上正確位置
	線之位置		孔之軸線須在一直徑為 0.04 之圓柱形公差區域內，此圓柱之軸線即在孔軸線之理論上正確位置
	面之位置		傾斜表面須介於兩相距 0.06 之平行平面之間，此兩平行平面係對稱且位於一依據基準線 A 與 B 為理論上正確位置之平面兩側

名 稱	公 差 標 註	公 差 區 域	說 　 明
同心度	點之同心度　Ⓐ　◎ ⌀0.01 Ⓐ	⌀0.01	外圓之中心須在一直徑為0.01而與基準圓 A 同心之小圓內
	線之同心度　◎ ⌀0.03 Ⓐ　Ⓐ	⌀0.03	右方圓柱之軸線須在一圓柱形公差區域內，此圓柱之直徑為0.03，其軸線與左方基準軸線 A 重合
對稱度	線之對稱度　≡ 0.04 A-B　Ⓐ　Ⓑ	0.04	孔之軸線須介於兩平行平面之間，該兩平面相距0.04 且對稱於兩基準槽之公有中心面
	面之對稱度　≡ 0.03	0.03	右方槽之中心面須介於兩平行平面之間，該兩平面相距0.03 且對稱於基準面
圓偏轉度	↗ 0.2 A-B　Ⓐ　Ⓑ	0.2　圍繞基準軸線 A-B 旋轉	沿圓柱面上之任何一點所量得與基準軸線垂直方向之偏轉量不得超過0.2 此公差不限定該圓柱面之真直度
總偏轉度	↗↗ 0.2 A-B　Ⓐ　Ⓑ	0.2　圍繞基準軸線 A-B 旋轉	圓柱部分與測定器間作軸向相對移動時，於圓柱面上任意點之徑向偏轉量不得超過0.2 測定器或機件應置於基準軸線之正確位置，沿著理論正確輪廓線作相對移動

✐ 本章習題 ✐

一、基礎題型

1. 尺度 $20 \begin{smallmatrix} +0.03 \\ -0.01 \end{smallmatrix}$，其公差是多少？

2. 尺度 $20 \begin{smallmatrix} -0.04 \\ -0.08 \end{smallmatrix}$，其公差是多少？

3. 二配合件孔為 $35 \begin{smallmatrix} +0.3 \\ +0.1 \end{smallmatrix}$，軸為 $35 \begin{smallmatrix} -0.1 \\ -0.2 \end{smallmatrix}$，其最小餘隙為多少？

4. 二配合件孔為 $42 \begin{smallmatrix} -0.2 \\ -0.6 \end{smallmatrix}$，軸為 $42 \begin{smallmatrix} +0.3 \\ +0.1 \end{smallmatrix}$，其最大干涉為多少？

5. 一圓柱直徑為 20，其專用公差為 g7，以上下偏差標註其公差，則此尺度應寫成？

6. 一圓孔直徑為 25，其專用公差為 H6，以限界尺度標註其公差，則此尺度應寫成？

7. 工件尺度 ϕ 20.125，改以上下偏差標註其公差？

8. 工件尺度 $30 \begin{smallmatrix} +0.6 \\ -0.2 \end{smallmatrix}$，改以限界尺度標註其公差？

9. 工件尺度 45mm，給予單向公差 0.05，以上下偏差標註其公差，則此尺度應寫成？

10. 工件尺度 60mm，給予雙向公差 0.2，以上下偏差標註其公差，則此尺度應寫成？

二、進階題型

1. | �░ | 0.03 | 用文字說明其內容？

2. | // | 0.05 | A | 用文字說明其內容？

3. | ⊥ | ϕ 0.02 | B | 用文字說明其內容？

4. | ◎ | ϕ 0.06 | A | 用文字說明其內容？

5. | ⊕ | ϕ 0.04 Ⓜ | B Ⓜ | 用文字說明其內容？

6. 圖中軸件與孔件配合，其尺度如表所示，將應有的數值填入下方空格內：

	A	+0.072 12+0.065	+0.01 29　0	24.885 24.670	40.000 39.935	30e8	27n7	150h6	80d9
	B	+0.005 12　0	+0.06 29　0	25.020 25.000	40.150 40.105	30H7	27H8	150P7	80H10
A	標稱尺度								
	上偏差								
	下偏差								
	公差								
	上限界尺度								
	下限界尺度								
B	標稱尺度								
	上偏差								
	下偏差								
	公差								
	上限界尺度								
	下限界尺度								
A 與 B 之配合種類									
最大餘隙									
最小餘隙									
最大干涉									
最小干涉									

Chapter

12

表面符號

　　機件表面之組織結構稱為表面織構，用來表示機件表面織構的符號稱為表面織構符號，簡稱表面符號。

　　機件之表面織構，影響機件之性能及機件相對運動之順滑與磨損之能耐度。因此，製造時，對機件表面織構之各項要求，在圖面上均須以共通之表面符號表出。

　　工業愈進步，對機件產品表面的精密度要求愈高，而用來測定機件表面粗糙程度的儀器精密度也愈高，對機件表面織構的註寫，也須依測定儀器之進步更加詳細。ISO 對表面符號的註寫，已作大幅度的修訂，而我國國家標準亦隨之修改，但產業界對機件表面織構之測定，大都仍沿用舊有儀器，對機件表面符號之標註也未及更新。本書有鑑於此，特將最新表面符號與舊有者分別敘述，期能知新通舊，以為辨識選擇遵循。特別提醒，因同一符號在新舊標準中有不同意義，故標註時，新舊表面符號不宜混合使用。

12-1 表面輪廓線

一、表面輪廓線

　　要評估機件表面的粗糙程度，須先擷取此機件表面的上下起伏狀況。為分析取得資料，可在此機件表面上，選取一個適當方向，在此方向上取一垂直於機件表面的虛擬平面，使其與機件表面相交，則機件表面與此平面相交所得之曲線即稱為表面輪廓線(圖 12-1)。利用此輪廓線，可作為分析表面狀況之依據。

平面

表面輪廓線

圖 12-1　表面輪廓線

　　表面輪廓線可利用儀器取得，一具現代典型的表面粗糙度測量儀器，基本上，包含一個可伸縮的測頭，一個可支撐測頭及機件的軌道，再一個用以處理所得數據的處理器。當測頭在機件表面上選定的一個方向滑動，依表面的上下起伏取得數據，再由處理器產生一可見的上下起伏曲線，此曲線即為表面輪廓線。

　　機件表面呈現粗糙狀況的來源大約可分為二：

1. 因機件本身材質或使用之切割工具、磨光工具等，所產生之粗糙結果，此部分稱為粗糙度成分。

2. 因機器之震動、測量儀器測頭或軌道移動不精確或機件固定太緊太鬆等，所造成之粗糙結果，此部分稱為波狀成分。

　　這兩種不同成分，呈現在輪廓線濾波器上，具有不同的波長。粗糙度成分之波長較短，波狀成分之波長較長。由於輪廓線濾波器可以將輪廓線分成短波部分及長波部分，且可選擇僅傳輸短波部分或長波部分。因此，選定短波部分及長波部分的分界點，即可利用輪廓線濾波器，取得需要的輪廓線短波部分或長波部分的傳輸結果。

　　此處，決定短波部分及長波部分的分界點即稱為該輪廓線截止點。

　　早期使用的輪廓線濾波器是類比型，如 2RC、2RCPC 等，其偏離性較大，現為配合電腦或微處理機都採用數位型，如高斯輪廓線濾波器，其偏離性較小，也是目前如 ISO 等標準機構推薦使用的濾波器。

二、基本輪廓線、粗糙度輪廓線及波狀輪廓線

　　此三種輪廓線均由表面輪廓線經不同之濾波器獲得，為表面符號標註之依據基礎。

1. 基本輪廓線

　　基本輪廓線是由表面輪廓線，經波長為 λs 之長波高斯輪廓線濾波器過濾掉其短波成分而得。

2. 粗糙度輪廓線

粗糙度輪廓線是由表面輪廓線經過波長為 λs 之長波高斯輪廓線濾波器，過濾其較短成分，再經波長為 λc 之短波高斯輪廓線濾波器，過濾掉較長成分而得。

此處，由 λs 到 λc 之區間稱為粗糙度輪廓線之傳輸波域。

3. 波狀輪廓線

波狀輪廓線是由表面輪廓線經波長為 λc 之長波高斯輪廓線濾波器過濾掉較短成分，再經波長為 λf 之短波高斯輪廓線濾波器，過濾掉長波成分而得。

此處，由 λc 到 λf 之區間稱為波狀輪廓線之傳輸波域。

以下為輪廓線形成之流程(圖 12-2)。

圖 12-2　輪廓線形成之流程

在儀器處理上，基本輪廓線是取五倍的 λc 值為全部長度，每個 λc 值長度再分為 100 或 300 等分。取表面輪廓線在全部長度範圍內各分點之值，做最小平方法之直線擬合，然後，在各分點上，將表面輪廓線在此擬合直線上或下之長度取為各分點之新值，則此新值可形成另一輪廓線，此輪廓線即為基本輪廓線(圖 12-3)。此項處理可移除機件表面傾斜之因素。此處，等分後之長度即為 λs 之值。

圖 12-3　基本輪廓線之產生

　　如將波狀輪廓線與基本輪廓線顯示於同一平面座標上，則基本輪廓線可視為站在波狀輪廓線上的曲線(圖 12-4)。

圖 12-4　波狀輪廓線與基本輪廓線顯示於同一平面座標上

再將基本輪廓線高於或低於波狀輪廓線部分，註記於原座標點處，則形成一新的輪廓線，此輪廓線即為粗糙度輪廓線(圖 12-5)。

圖 12-5　粗糙度輪廓線

簡言之，如不計其他因素，基本輪廓線含有粗糙度輪廓線及波狀輪廓線二成分，如將波狀輪廓線成分過濾，則會留下粗糙度輪廓線成分。

λs，λc，λf 之關係如圖 12-6。截止點 λc 之值視所取機件表面性質而定，一般使用的標準值有 0.08 mm，0.25 mm，0.8 mm，2.5 mm 及 8 mm 等。λs 與 λc 值的關係見表 12-1，λf 值在標準中未見界定。

圖 12-6　λs，λc，λf 之關係及各輪廓線對應波長之傳輸率
圖中紅色為粗糙度輪廓線，綠色為波狀輪廓線

表 12-1　λs 及 λc 之關係

λc(mm)	0.08	0.25	0.8	2.5	8.0
$\lambda c : \lambda s$	30	100	300	300	300

12-2 輪廓線之相關名詞與常用參數

一、相關名詞

1. 座標系統：取笛卡爾右手直角座標系統，以各輪廓線之平均線作 X 軸，高度標於 Z 軸，Y 軸則顯示在實際表面方向。

2. 評估長度 ln： 為實際用於評估表面粗糙程度之長度，根據 λc 輪廓線濾波器截止點之值而定，通常取為截止點之值的五倍，如無法取得，最少也要有三倍。

3. 量測長度：為取得機件表面資料數據之長度。量測長度為配合濾波器之使用，均應長於評估長度。一般處理上，量測長度取為截止點之值的七倍長，評估長度則取其中間的五個長度。

4. 取樣長度：在 X 軸方向做描述輪廓線特性使用之長度。

   (1) 基本輪廓線之取樣長度 lp：設為評估長度 ln。

   (2) 粗糙度輪廓線之取樣長度 lr：設為 λc。

   (3) 波狀輪廓線之取樣長度 lw：設為 λf。

二、常用參數

1. 以輪廓線區分，有基本輪廓線參數、粗糙度輪廓線參數及波狀輪廓線參數，基本輪廓線之參數均以「P」開始；粗糙度輪廓線之參數均以「R」開始；波狀輪廓線之參數均以「W」開始。

2. 以性質區分有振幅參數、間隔參數、混合參數、曲線參數及相關參數等。

因輪廓線常用參數之數量甚多，特將其列表於後(表 12-2)，以備參用。有關各參數名詞之解釋部分，將表述於附錄二十九中，供讀者參考。

表 12-2　輪廓線常用參數

		基本輪廓線	粗糙度輪廓線	波狀輪廓線	參數名稱
振幅參數	峰谷值	Pp	Rp	Wp	最大輪廓線波峰高度
		Pv	Rv	Wv	最大輪廓線波谷深度
		Pz	Rz	Wz	最大輪廓線高度
		Pc	Rc	Wc	輪廓線元素之平均高度
		Pt	Rt	Wt	輪廓線總高度
	平均值	Pa	Ra	Wa	輪廓線振幅之算術平均
		Pq	Rq	Wq	輪廓線振幅之均方根
		Psk	Rsk	Wsk	輪廓線振幅之不對稱性
		Pku	Rku	Wku	輪廓線振幅之陡峭度
間隔參數		PSm	RSm	WSm	輪廓線元素之平均寬度
混合參數		PΔq	RΔq	WΔq	輪廓線斜率之均方根
曲線參數		Pmr(c)	Rmr(c)	Wmr(c)	輪廓線材料比
		Pδc	Rδc	Wδc	輪廓線水準高度差
		Pmr	Rmr	Wmr	相對材料比

表中 Rz 之定義與舊有標準不同。

　　為方便在電腦或處理器上使用，ISO 機構特別提出，表中一些特殊符號如 λ、Δ、δ 等，可依次以英文字母 L、d、d 代替。

12-3　最新表面符號之組成

　　在圖面上表達機件表面織構各項要求之表面符號，其基本符號為一不等邊之 V 字形。對於必須去屑加工之表面，在報告或合約書中寫為 MRR(Material required removed)，在圖面上則在基本符號上加一短橫線，自基本符號較短邊之末端畫起，圍成一等邊三角形(圖 12-7)。對於不得到去屑加工之表面，在報告或合約書中寫為 NMR(No material removed)，在圖面上則在基本符號上加一圓，與 V 字形之兩邊相切，圓之最高點與較短邊之末端對齊(圖 12-8)。

如果不限定可否去屑加工之表面，由加工者自由選擇任何加工方法，在報告或合約書中寫為 APA(Any process allowed)，在圖面上則在基本符號上不加短橫線或小圓(圖 12-9)。

圖 12-7 必須去屑加工之表面

圖 12-8 不得去屑加工之表面

圖 12-9 不限定可否去屑加工之表面

自基本符號較長邊之末端起，畫一水平線用以標註對表面符號各項要求，其註寫位置如圖 12-10，實際應用時，其中除表面參數外，其他各項目如非必要，均可省略標註。

圖 12-10 對表面織構各項要求之註寫位置

12-4 表面參數之標註

表面織構參數簡稱表面參數，表面輪廓所產生之參數稱為輪廓線參數(見表 12-2)，標註時，其名稱與其相關數值間，應留有二個空白，以避免誤讀(圖 12-11)。

圖 12-11 表面參數名稱與其相關數值間，應留有二個空白

12-5　傳輸波域之標註

　　傳輸波域是指輪廓線經濾波器所使用的波長範圍，如粗糙度輪廓線是用 λs 濾波器及 λc 濾波器所得到的，故其傳輸波域即為 λs 到 λc。在評估表面織構時，如果採用原設定的範圍，在標註時可省略，否則就須加以標註。標註時短的波長在前，長的波長在後，中間以連字元號「–」分開之，並寫於參數名稱之前，且用斜線加以區隔，如圖 12-12 中 0.008 mm 為短的波長，4 mm 為長的波長。若僅註明單項時，連字元號亦不能省略。如圖 12-13 僅標短的波長，圖 12-14 僅標長的波長。

圖 12-12　短的波長為 0.008 mm 長的波長為 4 mm

圖 12-13　短的波長為 0.008 mm

圖 12-14　長的波長為 0.8 mm

12-6　評估長度之標註

　　一般設定 R 輪廓線參數之評估長度(ln)都為取樣長度(lr)的五倍，也就是 ln = 5 lr 不必註明，如果不採用設定的評估長度，則必須在表面參數名稱之後，註明評估長度為取樣長度之倍數，如 Rp3、Rz3 等，即表示評估長度為取樣長度的三倍。如果是 P 輪廓線參數，其預設的評估長度即為測量之全長，而 W 輪廓線參數目前則無預設評估長度，標註時，均須註明評估長度為取樣長度之倍數(圖 12-15)。

圖 12-15　W 輪廓參數評估長度為取樣長度之 3 倍數

12-7　限界之標註

一般對表面織構要求的限界都有 16%增減之預設值，在符號上是不加註明的，如果在表面參數後加註 max，則表示為最大限界(圖 12-16)。表面參數若有上下限界之分時，則在上限表面參數前加註「U」；在下限表面參數前加註「L」(圖 12-17)，若上下表面參數相同時則不必註明「U」或「L」(圖 12-18)。

圖 12-16　最大限界　　　圖 12-17　註明「U」或「L」　　　圖 12-18　省略「U」或「L」

12-8　濾波器之標註

標準濾波器是採數位型的高斯(Gaussian)濾波器，早期使用的標準濾波器是 2RC 濾波器，為方便許多公司轉型期間可標註濾波器型態為 2RC，如為 Gaussian 則可省略不標。

12-9　加工或表面處理方法之標註

機件表面如有必要指定加工或處理方法時，則在表面符號的橫線上方，橫書加工方法代字或其處理方法(圖 12-19)。各種加工方法之代字見表 12-3，各種加工方法較適宜之取樣長度見表 12-4。

圖 12-19　標註加工方法代字或表面處理方法

表 12-3　加工方法之代字

項目	加 工 方 法	代字	項目	加 工 方 法	代字
1	車削 (Turning)	車	19	鑄造 (Casting)	鑄
2	銑削 (Milling)	銑	20	鍛造 (Forging)	鍛
3	刨削 (Planing, shaping)	刨	21	落鎚鍛造 (Drop Forging)	落鍛
4	搪孔 (Boring)	搪	22	壓鑄 (Die Casting)	壓鑄
5	鑽孔 (Drilling)	鑽	23	超光製 (Super Finsihing)	超光
6	鉸孔 (Reaming)	鉸	24	鋸切 (Sawing)	鋸
7	攻螺紋 (Tapping)	攻	25	焰割 (Flame Cutting)	焰割
8	拉削 (Broaching)	拉	26	擠製 (Extruding)	擠
9	輪磨 (Grinding)	輪磨	27	壓光 (Burnishing)	壓光
10	搪光 (Honing)	搪光	28	抽製 (Drawing)	抽製
11	研光 (Lapping)	研光	29	衝製 (Blanking)	衝製
12	拋光 (Polishing)	拋光	30	衝孔 (Piercing)	衝孔
13	擦光 (Buffing)	擦光	31	放電加工 (E.D.M)	放電
14	砂光 (Sanding)	砂光	32	電化加工 (E.C.M)	電化
15	滾筒磨光 (Tumbling)	滾磨	33	化學銑 (C. Milling)	化銑
16	鋼絲刷光 (Brushing)	鋼刷	34	化學切削 (C. Machining)	化削
17	銼削 (Filing)	銼	35	雷射加工 (Laser)	雷射
18	刮削 (Scraping)	刮	36	電化磨光 (E.C.G)	電化磨

表 12-4　最適宜之取樣長度

加工方法	取樣長度(mm)				
	0.08	0.25	0.8	2.5	8.0
銑　　削			●	●	●
搪　　孔			●	●	●
車　　削			●	●	
輪　　磨		●	●	●	
刨削（牛頭刨床）			●	●	●
刨削（龍門刨床）				●	●
鉸　　孔			●	●	
拉　　削			●		
鑽石刀搪孔		●	●		
鑽石刀車削		●	●		
搪　　光	●	●	●		
研　　光	●	●	●		
超　　光	●	●	●		
擦　　光	●	●	●		
拋　　光	●	●	●		
砂　　光			●	●	
放 電 加 工			●	●	
抽　　製			●	●	
擠　　製			●	●	

當表面加工時，其狀況條件之設定，可依據粗糙度之取樣長度，來選定一些常用參數，如 Ra，Rz，RSm……之值，為方便起見，特依據粗糙度之取樣長度列出 Ra，Rz，RSm 之參考值於表 12-5，供讀者參考。

表 12-5　Ra，Rz，RSm 配合 λc 之取值表

表面情況	取樣長度 λc＝lr(mm)	評估長度 Ln(mm)	Ra(μm)	Rz(μm)	RSm(mm)
超光面	0.08	0.40	0.006…0.02	0.025…0.1	0.013…0.04
	0.25	1.25	0.02…0.1	0.1…0.5	0.04…0.13
精切面	0.8	4.00	0.1…2.0	0.5…10.0	0.13…0.4
細切面	2.5	12.5	2.00…10.0	10.0…50.0	0.4…1.3
粗切面	8.0	40.0	10.0…80.0	50.0…200.0	1.3…4.0

12-10　表面紋理之標註

機件表面因加工造成之刀痕等紋理，有必要指定時，如圖 12-20 所示，所使用之符號如表 12-6 所示，如無必要，則不必註明。

$$\text{銑}$$
$$\sqrt{}\quad\text{Ra } 0.7$$
$$\nabla\ \perp\text{Rz1 } 3.1$$

12-20　表面紋理符號之加註

表 12-6　表面紋理符號

符 號	說　　　明	圖　　　例
＝	刀痕方向與其所指加工面之邊緣平行	
⊥	刀痕方向與其所指加工面之邊緣垂直	
X	刀痕方向與其所指加工面之邊緣成兩方向傾斜交叉	
M	刀痕成多方向交叉或無一定方向	
C	刀痕成同心圓狀	
R	刀痕成放射狀	
P	表面紋理成凸起之細粒狀	

12-11　加工裕度之標註

在一張多重加工之圖面，才會出現加工裕度之標註，例如顯示鑄件或鍛件的胚料以及機械加工前後形狀的圖面上，加註裕度是加在切削加工符號之左側，如圖 12-21 所示。

圖 12-21　加工裕度為 3 mm

12-12　在視圖上標註表面符號

一、標註方向

在視圖上標註表面符號之方向以朝上及朝左為原則，若表面傾斜方向或地位不利時，則將表面符號標註於指線上如圖 12-22 所示。

圖 12-22　表面符號標註方向

二、標註位置

表面符號以標註在機件各表面之邊視圖或極限線上為原則,同一機件上不同表面之表面符號,可分別標註在不同視圖上,但不可重複或遺漏(圖 12-23)。

圖 12-23　表面符號標註位置

在不影響視圖之清晰,可將表面符號標註在尺度線上(圖 12-24)或幾何公差方框上方(圖 12-25)。

圖 12-24　表面符號標註在尺度線上　　　圖 12-25　表面符號標註在幾何公差方框上方

三、標註合用表面符號

二個或二個以上之表面上,其表面符號完全相同,可用一指線分出二個或二個以上之指示端,分別指在各表面上或其延長線上,而其相同之表面符號僅標註一個於指線上,稱為合用之表面符號(圖 12-26)。

圖 12-26　合用之表面符號

四、標註公用表面符號

　　機件上所有各面之表面符號完全相同時可將其表面符號標註於機件之視圖外，作為公用之表面符號件號，例如編號為 5 之零件，將公用表面符號標註在件號之右側(圖 12-27)。

圖 12-27　公用表面符號之標註(一)

　　同一機件上除少數表面外，其大部分表面符號均相同時，可將相同之表面符號標註於視圖外件號之右側，作為公用表面符號，而少數例外之表面符號仍分別標註在各面之邊視圖或極限線上並在公用表面符號之右側加畫一個有括弧之基本符號，代表視圖上所標註之各個表面符號，如圖 12-28 所示。

圖 12-28　公用表面符號之標註(二)

五、表面符號之全周表示法

　　如圖 12-29 所示之機件，在機件呈現邊視圖的各面上，如表面符號都相同時，可選其任一表面的邊視圖上，標註其應有之表面符號，並在表面符號之 V 形長邊與水平線的交點上，加畫一小圓表示為全周之意，圖 12-29 左方視圖中之全周，是指呈現邊視圖之六面，用立體圖說明如圖 12-29 之右方。

圖 12-29　表面符號全周表示法

六、使用代號標註表面符號

為簡化視圖上表面符號之標註，可用代號分別標註，而將各代號與其所代表之實際表面符號並列於視圖外之適當位置(圖 12-30 與圖 12-31)。

圖 12-30　使用代號標註表面符號(一)

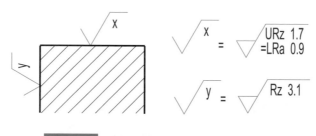

圖 12-31　使用代號標註表面符號(二)

七、標註表面處理面上之表面符號

機件之表面需表面處理之範圍，用粗的一點鏈線表出，此線平行表面之邊視圖，且相距約 1 mm。處理前之表面符號標註在原來之邊視圖上，處理後之表面符號標註在粗鏈線上(圖 12-32)。

圖 12-32　標註表面處理面上之表面符號

12-13　表面符號之畫法與大小

表面符號之畫法與大小如圖 12-33 所示，圖中 h 代表視圖上標註尺度數字之字高，H 則視需要而定，與註寫之項目等長，除文字外，線條均為細實線。

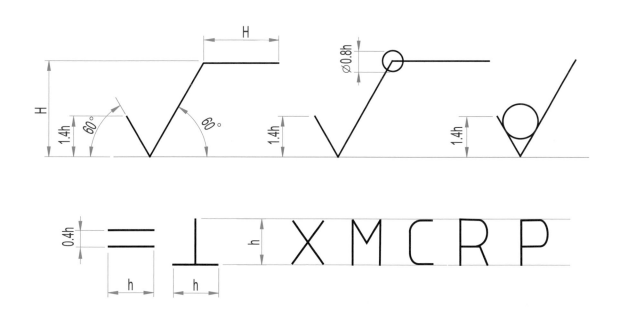

圖 12-33　表面符號之畫法與大小

12-14 表面符號標註範例

範 例	符 號	說 明
1	$\sqrt{}$ Ra 0.7	必須去除材料，單邊上限界規格，預設傳輸波域，粗糙度參數 Ra，輪廓線振幅之算術平均 0.7 μm，評估長度為 5 倍取樣長度(預設值)，16%之增減限界(預設值)。
2	$\sqrt{}$ Rz 0.4	不得去除材料，單邊上限界規格，預設傳輸波域，粗糙度參數 Rz，最大高度 0.4 μm，評估長度為 5 倍取樣長度(預設值)，16%之增減限界(預設值)。
3	$\sqrt{}$ Rzmax 0.2	必須去除材料，單邊上限界規格，預設傳輸波域，粗糙度參數 Rz，最大高度 0.2 μm，評估長度為 5 倍取樣長度(預設值)，最大限界。
4	$\sqrt{}$ 0.008-0.8/Ra 3.2	必須去除材料，單邊上限界規格，傳輸波域短的波長 0.008 mm，長的波長 0.8 mm，粗糙度參數 Ra，輪廓線振幅之算術平均 3.2 μm，評估長度為 5 倍取樣長度(預設值)，16%之增減限界(預設值)。
5	$\sqrt{}$ -0.8/Ra3 3.2	必須去除材料，單邊上限界規格，傳輸波域長的波長 0.8 mm，粗糙度參數 Ra，輪廓線振幅之算術平均 3.2 μm，評估長度為 3 倍取樣長度，16%之增減限界(預設值)。
6	$\sqrt{}$ U Ramax 3.2 L Ra 0.8	不得去除材料，雙邊上下限界規格，兩限界傳輸波域均為預設值，上限界：粗糙度參數 Ra，輪廓線振幅之算術平均 3.2 μm，評估長度為 5 倍取樣長度(預設值)，最大限界；下限界：粗糙度參數 Ra，輪廓線振幅之算術平均 0.8 μm，評估長度為 5 倍取樣長度(預設值)，16%之增減限界(預設值)。
7	$\sqrt{}$ 0.8-25/Wz3 10	必須去除材料，單邊上限界規格，傳輸波域短的波長 0.8 mm，長的波長 25 mm，波狀參數 Wz，最大高度 10 μm，評估長度為 3 倍取樣長度，16%之增減限界(預設值)。
8	$\sqrt{}$ 0.008-/Pt max 25	必須去除材料，單邊上限界規格，傳輸波域短的波長 0.008 mm，基本參數 Pt，輪廓線總高度 25 μm，評估長度等於工件之全長(預設值)，最大限界。

12-15　舊有表面符號

因為最新表面符號之標註在可否去屑加工、加工或表面處理方法、表面紋理、加工裕度上以及符號之畫法與大小等均沿用舊有表面符號之標示,甚至在視圖上,僅公用表面符號標註不同。因此本節僅將其不同之部分敘述於後。

舊有表面符號之組成及各項加註項目之位置如圖 12-34。

1.切削加工符號。
2.表面粗糙度。
3.加工方法代號。
4.基準長度。
5.刀痕方向或紋理符號。
6.加工裕度。

圖 12-34　各項目加註位置

在實際應用時,各加註項目,非必要者可不加註,但如僅有基本符號,而無任何加註,則無意義,因此不可單獨使用基本符號。

一、表面粗糙度值

表面粗糙度值有中心線平均粗糙度 Ra、最大粗糙度 Rmax 和十點平均粗糙度 Rz(此處 Rz 之定義與最新標準中 Rz 之定義不同)等三種表示法,其單位均為μm。

我國國家標準採用"中心線平均粗糙度"。數值之後不加單位,如表 12-7 所示。

Ra 數值中優先選用光胚面的有 100,粗切面的有 50、25、12.5,細切面的有 6.3、3.2,精切面的有 1.6、0.80、0.40、0.20,超光面的有 0.100、0.050、0.025 以及 0.012。

表 12-7　中心線平均粗糙度值

表面情況	基準長度 （mm）	說　　明	表 面 粗 糙 度 Ra（μm）
超 光 面	0.08	以超光製加工方法，加工所得之表面，其加工面光滑如鏡面。	0.010 0.012 0.016 0.020
	0.25		0.020 0.025 0.032 0.040 0.050 0.063 0.080 0.100
精 切 面	0.8	經一次或多次精密車、銑、磨、搪光、研光、擦光、拋光或刮、鉸、搪等有屑切削加工法所得之表面，幾乎無法以觸覺或視覺分辨出加工之刀痕，故較細切面光滑。	0.125 0.160 0.20 0.25 0.32 0.40 0.50 0.63 0.80 1.00 1.25 1.60 2.0
細 切 面	2.5	經一次或多次較精細車、銑、刨、磨、鑽、搪、鉸或銼等有屑切削加工所得之表面，以觸覺試之，似甚光滑，但由視覺仍可分辨出有模糊之刀痕，故較粗切面光滑。	2.5 3.2 4.0 5.0 6.3 8.0 10.0
粗 切 面	8	經一次或多次粗車、銑、刨、磨、鑽、搪或銼等有屑切削加工所得之表面，能以觸覺及視覺分辨出殘留有明顯刀痕。	12.5 16.0 20 25 32 40 50 63 80
光 胚 面	25 或 25 以上	一般鑄造、鍛造、壓鑄、輥軋、氣焰或電弧切割等無屑加工法所得之表面，必要時尚可整修毛頭，惟其黑皮胚料仍可保留。	100 125

二、粗糙度寫法

1. 最大限界：係用一數值表示表面粗糙度之最大限界(圖 12-35)。

圖 12-35　表面粗糙度最大限界

2. 上下限界：係用兩數值並列表示表面粗糙度之最大最小限界(圖 12-36)。

圖 12-36　表面粗糙度上下限界

三、基準長度

　　表面粗糙度曲線並非等間距之規則曲線，故在測量粗糙度值時，需規定在曲線上截取一定長度而測量之，所規定之測量長度，即稱為基準長度。基準長度共有六種如表 12-8 所示，單位為 mm，其中 0.8 為最常用之基準長度，稱為標準基準長度。基準長度與加工精度有關，即加工愈精細者，採用愈小之基準長度；加工愈粗糙者，則採用愈大之基準長度，各種加工方法最適宜之基準長度可比照表 12-4 所示最適宜之取樣長度。但在測量中心線平均粗糙度值時，為求準確起見，常以二至三倍之基準長度為實際的測量長度。

表 12-8　基準長度(mm)

0.08	0.25	0.8	2.5	8	25

四、基準長度寫法

基準長度之單位為 mm，書寫位置必須與表面粗糙度對齊(圖 12-37a)。如表面粗糙度為上下限界，而兩限界之基準長度相同時，對正表面粗糙度兩限界之中間僅寫一次即可(圖 12-37b)。一般常用之基準長度如表 12-8 所示。如採用表 12-7 中所示之基準長度均省略不寫(圖 12-37c)，否則必須予以註明。

| (a) | (b) | (c) |

圖 12-37　基準長度寫法

五、在視圖上公用表面符號之標註

表面符號在同一機件各表面完全相同時，可將其表面符號標註於視圖外件號之右側，稱公用之表面符號，如圖 12-38 中之 $\frac{6.3}{\bigtriangledown}$，「3」為零件之件號。同一機件上除少數表面外，其大部分表面符號均相同時，可將相同之表面符號標註於視圖外件號之右側，而少數例外之表面符號仍分別標註在各視圖內之相關表面上，並在件號右側依其表面粗糙度之粗細，由粗至細順序標註於後，並在其兩端加註括弧(圖 12-38)。

圖 12-38　公用表面符號之標註

本章習題

一、基礎題型

簡答題

1. 說明表面符號之意義。

2. 何謂表面輪廓線？

3. 何謂截止點？

4. 何謂「λc」,「λs」其關係如何？

5. 最新表面符號上可加註之項目有哪些？

6. 何謂傳輸波域？粗糙度輪廓線之傳輸波域與波狀輪廓線之傳輸波域有何不同？

7. 何謂取樣長度，評估長度？其單位各為何？

8. 一般取樣長度與評估長度之關係如何？

9. 在參數中以「P」,「R」,「W」, 代表的意義為何？

10. 「Ra」,「Rz」,「RSm」是代表輪廓線何種參數？

11. 分別說明符號 ⩘ 、⩗ 、√ 之意義。

12. 標註表面符號時，何時才須加註加工方法？

13. 說明表面符號中加工裕度之意義。

14. 表面符號標註方向之原則如何？試以圖例說明。

15. 物面經表面處理之表面符號如何標註？試以圖例說明。

16. 表面符號應如何標註於視圖上？試以圖例說明。

17. 表面符號應如何標註於圓柱面、圓錐面或圓孔內壁上？試以圖例說明。

18 同一機件各表面之表面符號完全相同時，應如何標註？試以圖例說明。

19. 什麼是合用表面符號？並以圖例表明之。

20. 什麼是公用表面符號？最新表面符號與舊有表面符號有何不同？請以圖例說明之。

二、進階題型

(一) 請抄繪「劃線針」各零件之零件圖。

10

比例：2:1

箕圈	線徑	1
	平均直徑	6
	外徑	7
總圈數		12
座圈數		2
旋向		右
自由長度		24
兩端形狀		並攏後磨平

12

Ra 18

5

Ra 11

9

Ra 11

8

Ra 11

6

Ra 11

(二) 請抄繪「手搖砂輪座」各零件之零件圖。

9

Ra 6.3

Rz 400

Rz 400

3

100

Ø14

8

Rz 400

10

Ø5

16

5

18

3

Ø24

3

Rz 400

90°

Ø12

5

Ra 6.3

112

24

16

2

Ø16e9

18

12

M10

Ø14e8

6P9

Ø16e9

Ø22h8

0
19-0.2

12

11

Ra 6.3

100

3

Ø4

Ø8

裝配入件 10 與件 9 後鉚合

	大齒輪	小齒輪
齒數	56	8
模數	2	
壓力角	20°	
齒制	標準	
節圓直徑	112	16
中心距離	64	

6 √ Ra 6.3

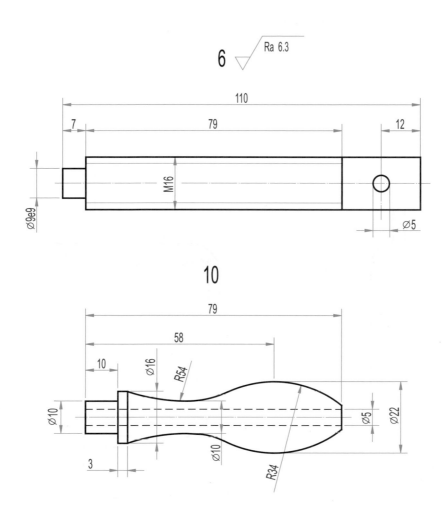

10

(三) 下圖為泵體之二視圖，請選用最理想之視圖，依圖示尺度，以 1：1 之比例繪製之，
並標註其尺度及表面符號。

(四) 下圖為一鑄造件，A 面為細切面，底面為粗切面，請以最佳視圖表示，並標註其尺度及表面符號。

(五) 下圖為一鑄造件，A 面為細切面，B 面為精切面，底面為粗切面，請以最佳視圖表示，並標註其尺度及表面符號。

Chapter

13

螺紋及結件

13-1 螺　紋

　　一點繞圓柱面或圓錐面旋轉，並順圓柱或圓錐軸線方向前進所得的軌跡，稱為**螺旋線**。若在圓柱面或圓錐面上按螺旋線刻出凹凸的紋路，便是螺紋。有螺紋的零件可於機件裝配時作為固定用，亦可作為動力、運動的傳達、尺度之測量以及機件間相關位置之調整。

圖 13-1　螺紋

1. 螺峰：螺紋凸起之最高處，例如外螺紋上離圓柱或圓錐軸線之最遠處(圖 13-1)。

2. 螺根：螺紋凹下之最低處，例如外螺紋上離圓柱或圓錐軸線之最近處。

3. 大徑：螺紋最大處之直徑，亦稱標稱直徑。

4. 小徑：螺紋最小處之直徑，亦稱根徑。

5. 節徑：螺紋之牙寬與牙間空隙相等處之直徑。

6. 螺紋深度：螺峰與螺根間之垂直距離，亦即螺紋大徑與小徑差之半之距離，簡稱螺紋深。

7. 螺紋角：螺紋兩側面間之夾角，稱為螺紋角。

8. 直螺紋：在圓柱面上所做的螺紋，稱為直螺紋，為一般常用之螺紋。

9. 斜螺紋：在圓錐面上所做的螺紋，稱為斜螺紋。

10. 外螺紋：在圓柱體或圓錐體之外表面所做之螺紋，稱為外螺紋，例如螺釘或螺桿上之螺紋。

11. 內螺紋：在圓柱形或圓錐形之孔壁上所做之螺紋，稱爲**內螺紋**，例如螺帽上的螺紋。有內螺紋的孔，常稱之謂**螺孔**。沒有內螺紋的一般孔，則稱之謂**光孔**。

12. 右螺紋：自軸線端觀之，螺紋紋路依**順時針**方向圍繞前進者，或由側面看，螺紋紋路順右手大拇指傾斜者，稱爲**右螺紋**(圖 13-2)，爲一般常用之螺紋。

圖 13-2　右螺紋

13. 左螺紋：自軸線端觀之，螺紋紋路依**逆時針**方向圍繞前進者，或由側面看，螺紋紋路順左手大拇指傾斜者，稱爲**左螺紋**(圖 13-3)。

圖 13-3　左螺紋

14. 螺距：螺紋上相鄰兩同位點間，平行於軸線方向之距離，常用 P 代表。

15. 導程：當螺紋旋轉一週，沿軸線方向前進或後退之距離，常用 L 代表(圖 13-4)。

16. 導程角 α：垂直於螺紋之軸線作一平面，該平面與螺旋線之切線所夾之角，稱爲導程角，與螺旋角互爲餘角(圖 13-5)。

17. 螺旋角 β：螺紋切線與包含切點及螺紋軸線之立面所夾之角，稱爲螺旋角。

圖 13-4　導程

圖 13-5　導程角與螺旋角

18. 單紋螺紋：依一根螺旋線製成之螺紋，稱為單紋螺紋，其導程等於螺距(圖 13-6)。

19. 複紋螺紋：依二根或二根以上之螺旋線製成之螺紋，稱為複紋螺紋，其導程為螺距之倍數。圖 13-7 是依二根螺旋線製成之螺紋為雙紋螺紋，其導程等於螺距之二倍，圖 13-8 是依三根螺旋線製成之螺紋為三紋螺紋，其導程等於螺距之三倍。用複紋螺紋可得較大之進程，而不必有較大之螺距。

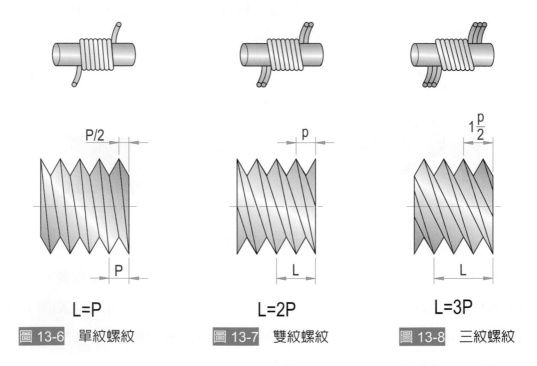

L=P

圖 13-6　單紋螺紋

L=2P

圖 13-7　雙紋螺紋

L=3P

圖 13-8　三紋螺紋

13-2 螺紋形式

螺紋因應用的目的不同，其形式亦有所不同，根據軸向斷面形狀而予以標準化的形式可分為下列數種(圖 13-9)。

尖 V 形　　　　　　美國標準　　　　　美英加統一 ,ISO 公制

英制韋氏　　　　　　　方　　　　　　　愛克姆

公制梯形　　　　　圓　　　　淺圓（愛迪生）　　鋸齒形（砲閂）

圖 13-9　螺紋形式

1. 尖 V 形螺紋：此種螺紋之螺峰與螺根均為 60°尖 V 形，因其尖端易於損傷，根部則易斷裂，實際應用較少。

2. 美國標準螺紋：是由尖 V 形螺紋改變而來，將螺峰與螺根均削平，故不易磨損，並使根部強度增高，第二次世界大戰以前，在美國普遍被採用。

3. 英美加統一螺紋：係由美國、加拿大、英國三國在第二次世界大戰時共同協商而定之標準螺紋，其以美國標準螺紋為基礎，除將其螺峰削平或成圓弧形外，還將螺根做成圓弧形。此種螺紋在 1948 年取代了美國標準螺紋。

4. ISO 公制螺紋：國際標準組織為求劃一全世界之 V 形螺紋標準，制定了 ISO 公制螺紋與 ISO 英制螺紋各一種，其形狀與英美加統一螺紋相似，僅螺紋深度略大些。此種螺紋為大多數國家所採用，亦為所有螺紋中最常用之螺紋。

5. 英制韋氏螺紋：螺紋角為 55°，螺峰與螺根均採用圓弧形，可增加強度，現已甚少採用。

6. 方螺紋：此種螺紋之牙寬與螺紋深度相等而呈正方形，因其上所受之力幾乎全部平行於螺旋之軸線，故用以傳送動力時，不致有分力作用於內螺紋上，可免螺帽之易於破裂。但因製作較困難，且能承受之剪力較差，故常將其側面修有 3° 之傾斜度，現已漸被愛克姆螺紋所取代。

7. 愛克姆螺紋：為英制之梯形螺紋，漸取代方形螺紋，因其較堅固而且製造上比較方便，其螺紋角為 29°。

8. 公制梯形螺紋：其形狀如愛克姆螺紋，而螺紋角為 30°。

9. 圓螺紋：當螺紋需要鑄製時，不易鑄出 V 形螺紋，故採用螺峰、螺根均為圓弧之圓螺紋。玻璃瓶瓶口即採用此種螺紋。

10. 淺圓螺紋：當螺紋需輾於金屬片上時，則需採用此種螺紋。因螺紋深度較圓螺紋為淺，故稱為淺圓螺紋，金屬製瓶蓋即採用此種螺紋。又因電燈泡頭上亦採用此種螺紋，故又稱之為愛迪生螺紋。

11. 鋸齒形螺紋：此種螺紋用以傳送單方向之動力，形狀如鋸齒，有方螺紋之效率及 V 形螺紋之強度，火砲之砲閂多用此種螺紋，以承受巨大之後座力，故又稱之為砲閂螺紋。

13-3 螺紋畫法

以正投影方式來繪製螺紋，所得形狀如圖 13-1 所示，此種圖，繪起來不易又費時，只有在廣告圖或展示圖中才使用，在工作圖中是不被採用的。美國國家標準協會(American National Standards Institute,簡稱 ANSI)是用直線代替螺旋線表示螺峰與螺根之正規符號表示法或以虛線表示之簡化符號表示法來表示，如圖 13-10。

正規符號　　　　　　　　簡化符號

圖 13-10　美國國家標準螺紋之表示法

　　美國國家標準螺紋之表示法繪製時仍嫌不易，因此國際標準組織(ISO)即採用如圖 13-11、13-12、13-13 之習用表示法來表示。在習用表示法中，不論任何螺紋形式，單螺紋或複螺紋，均以同一表示方法來表示。繪製時螺紋深度也不考慮其真實大小，而是用較接近且便於度量繪製的數值，此些數值是依螺紋大徑繪製時的大小來決定，如螺紋大徑為 6，但比例為 2：1 時，螺紋大徑的大小須畫為 12，其螺紋深度繪製時則採 1。表 13-1 即為提供參考之數值，但製造時則須參閱機械設計與製造之相關手冊。我國國家標準為配合 ISO 標準亦採此畫法。

表 13-1　繪製螺紋深度之習用數值

大徑	3-6	8-16	20-40	40 以上
螺紋深度	0.5	1	1.5	2

一、外螺紋畫法(圖 13-11)

1. 畫出螺紋的大徑與螺紋長。

2. 由表 13-1 中查出螺紋深度之值，畫出螺紋深及小徑。

3. 用 45°三角板畫去角部分。

4. 在前視圖中螺紋大徑、去角部分及螺紋長之範圍線均以粗實線表示之，螺紋小徑則以細實線表示之。在端視圖中，表示螺紋大徑之圓用粗實線，表示螺紋小徑之缺口圓則用細實線，缺口約四分之一個圓，缺口可在任何方位，一端少許超出中心線，另一端稍許不及中心線，如有去角，不畫去角圓，而缺口圓依舊。

　　外螺紋一般是不予剖切的，但有時為配合其他形狀，必須加以剖切時，其畫法則如圖 13-12 所示。

圖 13-11　外螺紋畫法

圖 13-12　外螺紋剖視畫法

二、內螺紋畫法

　　內螺紋畫法類似外螺紋畫法，不過繪製時需注意孔徑及孔深。孔徑通常都畫成等於螺紋之小徑。在前視之剖視圖中，螺紋小徑、去角部分及螺紋長之範圍線均用粗實線表示之。注意剖面線應畫到螺紋小徑。在端視圖中，表示螺紋小徑之圓用粗實線，表示螺紋大徑之缺口圓則用細實線，其畫法如同外螺紋，亦可省畫去角(圖 13-13)。在前視圖中不剖視時，則螺紋部分全以虛線畫出(圖 13-14)。

圖 13-13　內螺紋剖視時之畫法

圖 13-14　內螺紋不剖視時之畫法

三、內外螺紋組合畫法

內外螺紋組合時，只須注意內螺紋被外螺紋掩蓋處畫外螺紋，其餘部分仍依內螺紋畫法畫之(圖 13-15)。

圖 13-15　內外螺紋組合畫法

四、螺紋內嵌畫法

螺紋內嵌係指一工件本身含有一個外螺紋與一個內螺紋，將此工件嵌入另一有內螺紋之工件內，即謂之螺紋內嵌。在剖視圖中，除須將所鑽的孔表示出來外，內嵌件之外螺紋只須畫出其大徑粗實線，內螺紋則依照前述畫法，畫出細實線之大徑與粗實線之小徑，惟須注意剖面線之畫法，見圖 13-16 所示。

圖 13-16　螺紋內嵌畫法

圖 13-17　含有螺紋內嵌之螺紋組合畫法

五、含有螺紋內嵌之螺紋組合畫法

在組合圖中，螺紋內嵌後之內外螺紋組合，在螺紋內嵌之內螺紋中，內螺紋被外螺紋掩蓋處只畫外螺紋即可，見圖 13-17 所示。

13-4 螺紋之符號與級別

我國國家標準對於常用螺紋之符號規定如表 13-2。螺紋之級別則是以螺紋的螺距與大徑的配合來分類，公制螺紋僅有粗級與細級之分。在標註時，凡粗級者不必標註螺距，細級者則必標註其螺距，故標註中未標註螺距時，例如 M20，即表示其為公制 V 形螺紋粗級，如標成 M20×2 即表示該螺紋為公制 V 形螺紋細級，螺距為 2 mm。常用螺紋符號見表 13-2，其餘請見附錄三。

表 13-2　常用螺紋符號

螺紋形式	螺紋名稱	螺紋符號	螺紋標註例
V 形螺紋 (三角形螺紋)	公制粗螺紋	M	M8
	公制細螺紋		M8×1
	木螺釘螺紋	WS	WS4
	推拔管螺紋	R	R 1/2
	自攻螺釘螺紋	TS	TS3.5
梯形螺紋	公制梯形螺紋	Tr	Tr40×7
	公制短梯形螺紋	Trs	Trs48×8
鋸齒形螺紋	公制鋸齒形螺紋	Bu	Bu40×7
圓頂螺紋	圓螺紋	Rd	Rd40×5

13-5 螺紋標註法

螺紋之標註法是由螺紋方向、螺紋線數、螺紋符號、螺紋大徑、螺距、螺紋公差之順序排列標註之。

1. 螺紋方向：即表明右螺紋或左螺紋，凡左螺紋則須標註 "L"，如為右螺紋則標註 "R"，但須省略不標。

2. 螺紋線數：即表明螺紋為單紋螺紋或複紋螺紋，凡是單紋螺紋不必標註其線數，如為雙紋螺紋則須註明 2N；如為三紋螺紋則須註明 3N 等。

3. 螺紋符號：即表明螺紋之形式，參考表 13-2，符號之字高粗細與標註尺度之數字相同。

4. 螺距：公制螺紋中，螺紋之級數僅有粗、細之分(附錄一、二)，凡是粗級之螺紋，則螺距省去不標，凡標註者皆屬細級。

5. 螺紋公差：包括節徑及大徑或小徑之公差。大楷字母表示內螺紋，小楷字母表外螺紋。若選用之節徑公差與大徑或小徑公差相同時，只標註其中之一即可，不必重複。

　　螺紋標註之位置以標註於非圓形之視圖上原則，螺紋長度一律以其有效長度標註之 (圖 13-18)。

圖 13-18　螺紋標註法

13-6　螺栓與螺帽

　　凡用於防止機件之相互轉動，或用以結合或固定機件的零件，稱為結件。螺栓與螺帽、有頭螺釘、小螺釘、固定螺釘、鍵、銷等即為常用之結件。因工業之高度發展，一些常用結件，均由專業化工廠依據國家標準或其他權威性標準之規定，大量製造，讓使用者可自市面上購得，成為標準零件。在製圖時，可不必畫出標準零件之詳細工作圖，僅於零件清單或零件表上註明其種類與規格即可；但在組合圖中，必需畫出，才能表示出其裝配位置。本章以下各節將介紹常用標準零件之種類、畫法及其規格之標註。

　　螺栓之一端有頭，一端有螺紋，穿過兩機件之光孔，在螺紋端旋上螺帽，用以夾住兩機件(圖 13-19)。圖中螺栓與機件間之間隙，可畫出或不畫出，畫出時，可將其間隙畫成 1 mm 左右。

圖 13-19　螺栓與螺帽

市面上有螺栓與螺帽之模板,繪製時如能採用模板,可省時又省力。如無模板欲畫螺栓及螺帽時,須知其標稱直徑及長度,至於其他詳細尺度,可從相關標準中查得,但查得的尺度並不用於繪製,而是按標稱直徑為螺紋之大徑 D,計算得其他部分繪製用之尺度,圖 13-20 是螺栓螺帽之前視圖與側視圖之畫法,對邊距離 W=1.5D、螺栓頭高 H=0.7D、螺帽厚 T=0.8D。一般都只用前視圖之畫法,因側視圖之畫法中六角螺栓及螺帽易與方頭螺栓及螺帽混淆。

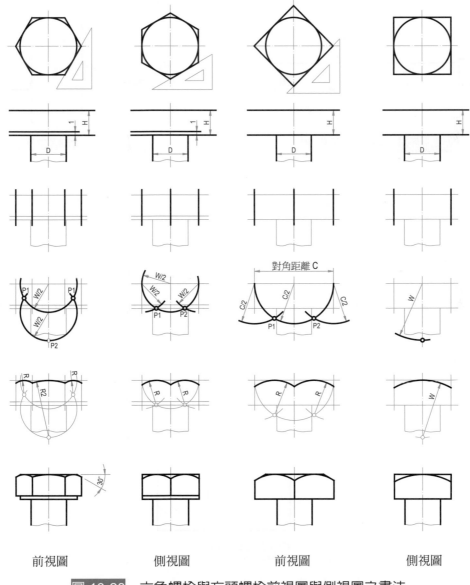

| 前視圖 | 側視圖 | 前視圖 | 側視圖 |

圖 13-20　六角螺栓與方頭螺栓前視圖與側視圖之畫法

　　若為標準之螺栓與螺帽，在零件清單或零件表上只須標明螺栓頭型、螺紋規格及螺栓長度(不連頭部)即可。例如六角螺栓 M10×40、六角螺帽 M10(見附錄四)。

　　若所需之螺栓螺帽為非標準螺栓螺帽時，則須畫出其詳細之工作圖，以便依圖製造(圖 13-21，13-22)。

圖 13-21　螺栓之工作圖　　　　　圖 13-22　螺帽之工作圖

13-7　螺　椿

　　螺椿是兩端都有螺紋的一種結件，常用於裝拆之處。使用時，應先將螺椿一端旋入一零件之螺孔中，再將另一有光孔之零件套入，然後旋緊螺帽固定，如此裝卸時，將較不易損傷到內螺紋(圖 13-23)。使用螺椿時，切記一零件之孔為螺孔，另一件必須是光孔。

圖 13-23　螺椿

螺樁之畫法與外螺紋畫法相同(圖 13-24)，惟其兩端中，旋入螺孔的一端是為去角端，另一端則呈圓形者居多，亦有去角者。而螺樁長係指圓頭端螺紋之長度加上沒有螺紋部分之長度。螺樁之規格標註為：名稱、螺紋×長度。例如螺樁 M16×65。

k 約 1～3 mm

旋入軟金屬　t=2.5d

旋入鑄鐵　　t=1.25d

旋入鋼料　　t=d

d		M3	M4	M5	M6	M8	M10	M12	M16	M20	M24	M30
						M8 × 1	M10×1.25	M12×1.25	M16 × 1.5	M20 × 1.5	M24 × 2	M30 × 2
s	(1)	12	14	16	18	22	26	30	38	46	54	66
	(2)	18	20	22	24	28	32	36	44	52	60	72
	(3)						45	49	57	65	73	85
L		18~30	20~40	22~50	25~60	30~80	35~100	40~120	50~160	60~200	70~200	80~300

圖 13-24　螺樁之畫法

13-8　有頭螺釘

若螺栓單獨使用，不用螺帽，而以其有螺紋之一端直接旋入機件之螺孔中，即稱之謂有頭螺釘。使用時，旋入之機件之孔為螺孔，而另一件定為光孔。有頭螺釘頭部形狀多數為六角形，亦有平頭、圓頭、椽頭、六角承窩(或稱內六角頭)等形狀。繪製時，依圖 13-25 所示螺紋大徑 D，計算得其他部分繪製用之尺度。製造時，所需詳細尺度，則應從相關標準或機械設計與製造手冊查得(見附錄五、六、七)。

平頭　　　　　　圓頭　　　　　橡頭　　　　　六角承窩

六角頭

圖 13-25　有頭螺釘之畫法

　　有頭螺釘之規格標註，除須加註螺釘頭名稱外，其他同螺紋之標註。有頭螺釘在組合圖中(圖 13-26)，須注意螺孔之深度，應較螺釘頂端加深三至四個螺距，而螺釘上螺紋開始之部位亦應較螺孔之口為高，方能將機件鎖緊。圓頭螺釘 M12×35 其中「35」表示長度 L。

規格標註：圓頭螺釘 M12 × 35

圖 13-26　在組合圖中之有頭螺釘及其規格標註

13-9 小螺釘

　　小螺釘的形狀與有頭螺釘相同，僅尺度較小而已，凡螺紋大徑小於 8 mm 者，即稱為小螺釘。小螺釘的畫法及規格標註與有頭螺釘相同，惟螺釘頂端不必畫出去角(圖 13-27)。

平頭　　　　圓頭　　　　扁圓頭　　　　橡頭

圖 13-27　常用小螺釘之形狀

　　我國國家標準對於有頭螺釘及小螺釘規定的一般表示法及其簡易表示法如圖 13-28 所示，一般表示法用於工作圖中，簡易表示法則大都用於設計圖。

13-10　固定螺釘

　　固定螺釘是用於作用力較小之處，如在軸上固定小型齒輪、皮帶輪與軸同時迴轉或防止軸向滑動等。此種螺釘大都不帶頭部，圓柱全長皆切製螺紋，向外一端刻有起子槽或內六角等，以便旋動螺釘。也有方頭之固定螺釘，唯使用時須注意其安全。另固定螺釘壓緊軸之一端，稱為尖端，隨需要之不同而有不同之形狀。固定螺釘之畫法亦依螺紋大徑 D，計算得其他部分繪製用之尺度(圖 13-29)。製造時，所需詳細尺度，則應從相關標準或機械設計與製造手冊查得(見附錄八)。

　　固定螺釘之規格標註，除須標明螺紋及長度外，另須加註固定螺釘名稱以及頂端形狀，例如方頭去角端固定螺釘 M6×10。

名 稱	一 般 表 示 法	簡 易 表 示 法
六角頭螺釘		
方頭螺釘		
圓頭螺釘		
十字穴埋頭螺釘		
六角承窩螺釘		
六角螺帽		

圖 13-28　螺釘螺帽之一般表示法及簡易表示法

去角端　　　扁圓端　　　短柱端　　　錐端　　　杯端

方頭固定螺釘

圖 13-29　固定螺釘之形狀及畫法

13-11　木螺釘

用於旋入木材以固定機件之螺釘，稱爲木螺釘。一般均爲鐵製，螺紋屬斜螺紋，常用的有埋頭、扁圓頭、圓頭等數種。其畫法是以標稱直徑 D，計算得其他部分繪製用之尺度(圖 13-30)。製造時，所需詳細尺度，則應從相關標準中查得(見附錄九)。

埋頭　　　　　　圓頭　　　　　　扁圓頭

圖 13-30　木螺釘之畫法

木螺釘之規格標註為：木螺釘種類、直徑×長度。例如：圓頭木螺釘 2.4×10

13-12　自攻螺釘

圖 13-31 為目前市面上可購買得到的一些自攻螺釘。這些螺釘在畫法上都以有頭螺釘或小螺釘來代替，而在零件清單或零件表上註明其規格或製造廠商之編號即可。

圖 13-31　自攻螺釘

13-13　墊　圈

螺栓頭或螺帽下面所墊之環片，謂之墊圈。墊圈可分平墊圈與彈簧墊圈兩大類，而平墊圈又有平型與去角型之分；彈簧墊圈也有平型與彎出型之分(圖 13-32)。墊圈的規格標註為：墊圈種類、標稱直徑、類型。例如：平墊圈 ϕ 12 去角型。繪製時請參考附錄十。

圖 13-32　墊圈種類

13-14　扣　環

　　具有彈性之開口環圈，嵌在軸溝內之外扣環(圖 13-33)與嵌在輪殼孔內之內扣環 (13-34)，用以防止相關機件之軸向移動。一般用鋼片製造，亦有用鋼絲製造者。扣環之規格標註為：扣環種類、軸徑或孔徑×厚度。例如：內扣環 30×1.2。繪製時請參考附錄十一、十二。

圖 13-33　外扣環　　　　　　　　　　　　圖 13-34　內扣環

13-15　鍵

　　欲將圓盤、齒輪或曲柄等固定於軸上，以防止其發生相對轉動時，常用鍵以達此目的。在軸上製成鍵座，在輪轂內製成鍵槽。鍵之一部分裝於鍵座，另一部分露出軸外而與轂之鍵槽相嵌合，使三者合成一體，便無相對轉動之發生(圖 13-35)。

鍵槽

鍵座

鍵

圖 13-35　鍵、鍵槽、鍵座

　　常用鍵的種類有方鍵、平鍵、斜鍵、帶頭鍵、圓頭平鍵以及半圓鍵等(圖 13-36)繪製時請參考附錄十三。

圖 13-36　鍵之種類與畫法

1.　方鍵及平鍵：鍵之表面平坦而無斜度，其斷面呈正方形者為方鍵，斷面呈長方形者為平鍵。使用時一半裝於軸之鍵座內，另一半裝於轂之鍵槽內。其規格標註為：鍵之種類、寬×高×長。例如：方鍵 5×5×20、平鍵 16×10×50。

2.　斜鍵：當機件傳動負荷甚輕時，不在軸上製出槽形鍵座，即可使用斜鍵。斜鍵表面製有 1：100 之斜度，故謂之斜鍵。其規格標註為：鍵之種類、寬×高(斜面較高之一邊)×長。例如：斜鍵 12×8×50。

3.　帶頭鍵：是在斜鍵的一端具有頗大之凸起頭部，以便於安裝時敲入及拆卸時橇出之用。其規格標註為：鍵之種類、寬×高×長。例如：帶頭鍵 16×10×70。

4. 圓頭平鍵：鍵之表面平坦而無斜度，其斷面形狀呈長方形，但其兩端全為半圓形者，稱為圓頭平鍵。其規格標註為：鍵之種類、寬×高×長。例如：圓頭平鍵 16×10×50。

5. 半圓鍵：是一種呈半圓形片狀之鍵，因此其鍵座亦呈半圓形，需用銑刀銑出。其規格標註為：鍵之種類、寬×高。例如：半圓鍵 6×9。

13-16　銷

一般小型之細長棒插入他件之孔中者，均稱為銷。用以組合兩機件，防止滑落或保持相對位置。常用之銷有圓銷、斜銷、開口銷及彈簧銷等(見附錄十四)。

1. 平行銷：又稱為圓銷，有三種不同的外形(圖 13-37)。在使用上須與孔的大小配合，所以在尺度上須加註公差。其規格標註為：銷之種類、直徑、公差×長度。例如：平行銷 ϕ 4m6×20。

圖 13-37　平行銷

2. 斜銷：為錐度甚小之圓錐形銷，常用以定位，使兩機件拆卸後重新裝合時，仍能保持其原有之位相對位置，有時亦作為軸端之鍵用，稱為銷鍵。斜銷是以其較小端之直徑 d 為標稱直徑(圖 13-38)。其規格標註為：銷之種類、直徑×長度。例如：斜銷 ϕ 3×30。

圖 13-38　斜銷

3. 開口銷：一般都用低碳鋼或黃銅製成，其兩腳的末端長度不等，以便使用時把尾部分開，防止脫落。開口銷是以其桿部之直徑 d 為標稱直徑(圖 13-39)。其規格標註為：銷之種類、直徑×長度(L)，例如開口銷 ϕ5×40 繪製時請參考附錄資料。

圖 13-39　開口銷

4. 彈簧銷：凡銷的直徑大小具有彈性者，稱為彈簧銷。使用時插入較小之孔中，藉彈性而膨脹緊塞孔內，不易鬆動。常用者有三種：一種是空心圓管形，外側切有長縫，稱為管形彈簧銷，簡稱管銷。而用鋼片捲成渦旋形狀者，稱為捲製彈簧銷，簡稱捲銷。另一種外側擠壓成三個 V 形槽者，稱為 V 形槽彈簧銷，簡稱槽銷。槽銷的形狀有多種，如圖 13-40 所示。彈簧銷是以其較小一端之直徑為其標稱直徑。其規格標註為：銷之種類、直徑×長度。例如：圓柱形槽銷 ϕ10×24，繪製時請參考附錄資料。

圖 13-40　彈簧銷

13-17　栓槽軸與轂

栓槽軸與轂之作用與鍵銷相似，使轉動軸的輪與軸成為一體，作為動力傳遞的結件。當機件需承受極大的扭力時，為傳遞軸與裝在軸上的輪之轉距，一般常用的鍵或銷已不能負荷，所以在軸與輪轂上，切割出多個栓槽，使之互相嵌合，此軸即稱為栓槽軸，此轂即稱為栓槽轂。栓槽軸或轂之標稱尺度皆指小徑。

栓槽軸與轂隨槽或齒的形狀分成直線型與漸開線型兩種，槽或齒數依直徑之增大而增加，常用的有 6、8、10 等。直線型者，齒之兩側線互相平行，漸開線型者，齒之兩側為漸開線。

一、栓槽軸與轂之表示法

栓槽軸：在前視圖中表示槽底之線須用細實線，表示槽頂及有效長度之線均用粗實線，不完全槽部分可省略之。前視圖剖視時，表示槽底之線改用粗實線，剖面線畫至槽底線為止；端視圖中，外圓用粗實線內圓用細實線，如圖 13-41 所示，漸開線型者以細鏈線畫出節線或節圓，如圖 13-42 所示。

圖 13-41　直線型栓槽軸畫法　　圖 13-42　漸開線型栓槽軸畫法

栓槽轂：在前視圖中，表示槽底及槽頂之線均用虛線，前視圖剖視時，表示槽底及槽頂之線均用粗實線，剖面線畫至槽底線為止。端視圖中，外圓用細實線，內圓用粗實線，如圖 13-43 所示。漸開線型者，以細鏈線畫出節線或節圓，如圖 13-44 所示。

圖 13-43　直線型栓槽轂畫法　　　　圖 13-44　漸開線型栓槽殼畫法

栓槽軸及轂組合：其表示法如圖 13-45 與 13-46 所示。

圖 13-45　直線型栓槽軸及轂組合畫法

圖 13-46　漸開線型栓槽軸及轂組合畫法

二、栓槽軸與轂之標註

栓槽軸與轂之標稱：用文字或符號，如圖 13-47 所示。符號之高度和線條粗細與標註尺度之數字相同，符號各部分大小如圖 13-48 所示。

文　　字	符　號
直線型栓槽軸或轂	⌐⌐
漸開線型栓槽軸或轂	∧

圖 13-47　栓槽軸與轂標註所用之文字與符號

圖 13-48　栓槽軸與轂符號大小

栓槽軸與轂之尺度標註：以指線指在非圓視圖中之槽頂線上為原則。直線型者為：槽數×標稱尺度×大徑，如圖 13-49 所示。漸開線型者為：標稱尺度×齒數×模數，如圖 13-50 所示。

圖 13-49　直線型栓槽軸之尺度標註　　　圖 13-50　漸開線型栓槽轂之尺度標註

13-18　鉚　釘

鉚釘是普遍應用在板金或鋼架等工作上作永久性接合的一種結件，所以二工件若用鉚釘接合後，是不預備再將之拆開者。鉚釘的種類很多，就其製作的材料分：有熟鐵鉚釘、軟鋼鉚釘、鋁鉚釘等多種；就其頭部的形狀分：有圓頭鉚釘、平頂埋頭鉚釘、扁圓頭埋頭

鉚釘、平頂錐頭鉚釘、平頭鉚釘等多種(圖 13-51)。鉚釘是以其桿部的直徑 d 為其標稱直徑(簡稱鉚釘直徑)。鉚釘的規格標註為：鉚釘的種類、標稱直徑×長度(L)。

圖 13-51　鉚釘的種類與長度

　　運用鉚釘接合，選擇合適大小的鉚釘是非常重要的事，這與鉚釘的材質及需承受的力量有關，在重要的工程上，有賴工程師們詳加計算後決定，在普通的情形下，鉚釘直徑至少應等於接合金屬一片之厚度，而鉚釘長度 L 約為鉚釘直徑 d 與扣距 F 之和，若需鉚成圓頭或平頂錐頭，應略加長(圖 13-52)。

圖 13-52　鉚釘扣距與鉚釘應有之長度

圖 13-53　鉚釘的邊距與節距

　　鉚釘在工件上的位置也要慎重考慮，離開工件邊緣的距離(邊距 E)至少應為鉚釘直徑的兩倍，鉚釘與鉚釘間的距離(節距 P)至少應為鉚釘直徑的三倍(圖 13-53)。鉚釘中心所在之直線，平行材料縱直方向者，稱為鉚釘規線。兩規線間或規線與材料側面間的距離，稱為鉚釘規距 g，至少應為鉚釘直徑的二倍。規距 g 愈大，節距 P 應愈小(圖 13-54)。

圖 13-54　鉚釘規距

| | | 直 孔 | 單 邊 錐 坑 孔 | | 兩邊錐坑孔 |
			近邊錐坑	遠邊錐坑	
垂直孔軸線	工廠鑽鉚釘孔				
	現場鑽鉚釘孔				
平行孔軸線	工廠鑽鉚釘孔				
	現場鑽鉚釘孔				

圖 13-55　鉚釘孔符號

　　鉚釘接合有工廠鉚接與現場鉚接之分，工廠鉚接是指工件在工廠鑽鉚釘孔，並在工廠內完成鉚接者；現場鉚接是指工件在工廠鑽鉚釘孔後，運至工地現場，在現場完成鉚接者，或指工件運至工地現場後，在現場鑽鉚釘孔，再完成鉚接者。工作圖中，遇到許多鉚釘時，為節省繪製時間，鉚釘孔或鉚釘都用符號表示。鉚釘孔符號分為工廠鑽鉚釘孔與現場鑽鉚釘孔兩類(圖 13-55)。鉚釘符號則分為工廠鉚接與現場鉚接兩類，現場鉚接又分為工廠鑽鉚釘孔與現場鑽鉚釘孔兩類(圖 13-56)。符號各部分的大小及畫法如圖 13-57 所示，都以粗實線繪製，圖中 d 為鉚釘直徑，在縮小的視圖中，d 的大小可不必按比例繪製，一般都略加放大。

圖 13-56　鉚釘符號

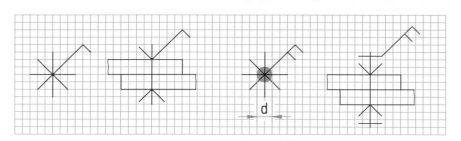

圖 13-57　鉚釘孔符號及鉚釘符號的畫法

　　鉚釘孔的直徑應略大於鉚釘的直徑，常用於鋼架結構上的鉚釘直徑及其鉚釘孔直徑如表 13-3 所示。此處所指鉚釘孔直徑是與鉚釘桿部配合處之直徑，如採用埋頭鉚釘時，鉚釘孔端應做成錐坑，其大小應與鉚釘頭配合。

表 13-3　常用鉚釘直徑及其鉚釘孔直徑(單位 mm)

鉚釘直徑	8	10	12	14	16	18	20	22	24	27	30	33	36
鉚釘孔直徑	8.4	11	13	13	17	19	21	23	23	28	31	34	37

　　使用鉚釘孔符號或鉚釘符號時，鉚釘孔或鉚釘位置尺度的標註方法與一般尺度同，但尺度界線與符號間應留空隙。鉚釘孔或鉚釘的個數用指線表明，鉚釘孔的直徑或鉚釘規格接寫在個數之後。例如採用直徑為 16 mm 的鉚釘，根據表 13-3，其鉚釘孔直徑應為 17 mm，則十個直徑為 17 mm 的鉚釘孔，其表示方法如圖 13-58 所示。而圖 13-59 中，是表示採用二十二個直徑為 8 mm、長為 30 mm 的圓頭鉚釘。

圖 13-58　鉚釘孔個數及其直徑的表示法

22 圓頭鉚釘 ⌀8x30

圖 13-59　鉚釘個數及規格的表示法

✐ 本章習題 ✐

一、基礎題型

1. 繪製 M30 六角螺栓長 75 與六角螺帽一組。

2. 繪製 M16 長 35 之圓柱頭螺釘及 M12 長 25 之圓頭螺釘。

3. 繪製 M24 長 80 之六角承窩螺釘。

4. 設有兩鋁金屬件(大小自行設計)欲以螺樁 M16×65 將其結合，試繪出其視圖。

5. 有一軸其直徑為 30，試繪製其外扣環。

6. 有一孔徑為 28，是繪製其內扣環。

7. 試繪方頭去角端固定螺釘 M12×20 之兩視圖。

8. 試抄繪 P13-16 圖 13-26 之組合圖，並補繪俯視圖(物體形狀自行設計)。

9. 試有一 5×7.5 半圓鍵，裝置於 φ16 之軸上，試畫出其兩視圖。

10. 試繪 φ6×30 斜銷之單視圖，並標註其尺度。

二、進階題型

(一) 繪製 φ5 長 63 之開口銷。

(二) 如圖示中心線之位置，用 M8 埋頭螺釘將 1、2 兩件結合；用 M8 普通六角螺栓及
螺帽將 1、2、3 三件結合，(螺釘及螺栓長度自行判斷)；試以 1：1 之比例畫出件 1、
2、3 之零件視圖及組合視圖。

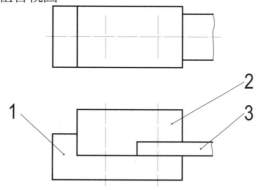

(三) 設有一直線型栓槽軸(長度自行設計)，其標註尺度為 26，大徑為 30，槽數為 6，
試畫出其視圖，並標註尺度。

(四) 設有一漸開線型栓槽轂(大小自行設計)其標稱尺度為 28，齒數為 12，模數為 2，
試畫出其視圖，並標註其尺度。

(五) 以 2：1 之比例畫出下圖中平行夾之左螺桿、右螺桿、左牙夾及右牙夾之視圖並標註
其尺度(含合理的公差配合與表面符號)。

(六) 以適當之比例畫出下列各物體應有之視圖，並標註其尺度。

(含合理的公差配合與表面符號)

1.

2.

3.

4.

5.

未註明之圓角為 R3

未註明圓角為 R3

6.

7.

X (1:1)

8.

Chapter

14

齒輪、彈簧、
凸輪、軸承

14-1 概　述

在機器上，齒輪、彈簧、凸輪、軸承等為常用之機械零件，在電腦上繪製齒輪和彈簧的工作圖，可以本章以下各節中所介紹的習用表示法，先行繪製成標準圖存檔，需用時取出，填上應有的尺度即可。凸輪則需按機件所欲達到的運動，進行設計後，繪製其工作圖。軸承中之滾動軸承，構造相當複雜，種類亦多，但已由專業工廠大量生產，屬標準機件，不必繪製其零件圖，只需在組合圖中以習用表示法表出即可。

14-2 齒　輪

齒輪呈圓柱形或截圓錐形。外緣有若干凸起的「齒」，成對使用，以甲輪之齒嵌入乙輪上兩齒之間隙中，二輪之輪齒互相嚙合。甲輪旋轉時，其齒推動乙輪之齒而傳遞動力或變更轉速。每分鐘轉數之比等於其齒數之反比。

齒輪本身可以鑄製、鍛製、熔接製，輪齒則多由切削製成。其轂(包含軸孔、鍵槽)、輪緣及輻之繪製方法與其他機件相同。

齒輪的種類很多(圖 14-1)，茲分述如下：

一、依齒輪之主動軸和從動軸相互位置的不同分

1. 兩軸平行之齒輪：如正齒輪、螺旋齒輪、人字齒輪等。正齒輪又依節圓直徑之不同，又可分成外齒輪、齒條、內齒輪等。
2. 兩軸相交之齒輪：如斜齒輪(又稱傘齒輪)、螺旋斜齒輪及蝸線斜齒輪。
3. 兩軸既不平行又不相交之齒輪：例如蝸桿及蝸輪、螺輪及戟齒輪等。

二、依輪齒齒廓面的元線分

1. 輪齒齒廓面元線為**直線**，在圓柱形齒輪上，與軸之中心線平行者是為**正齒輪**；與軸之中心線不平行者是為**螺旋齒輪**。

外齒輪　　　　　　　內齒輪　　　　　　　齒條

螺旋齒輪　　　　　　人字齒輪　　　　　　人字齒輪

直齒斜齒輪　　　　　螺旋斜齒輪　　　　　蝸桿及蝸輪

蝸線斜齒輪　　　　　戟齒輪　　　　　　　螺輪

圖 14-1　齒輪的種類

2. 輪齒齒廓面元線為**直線**，在圓錐形齒輪上，與軸之中心線相交者是為**直齒斜齒輪**；與軸之中心線不相交者是為**螺旋斜齒輪**。

3. 輪齒齒廓面元線為**折線**，在圓柱形齒輪上是為**人字齒輪**；在圓錐形齒輪上則很少使用。

4. 輪齒齒廓面元線為**弧線**，在圓錐形齒輪上是為**蝸線斜齒輪**、**戟齒輪**、**螺輪**等。

14-3 齒輪各部位名稱

1. **節面**：兩相嚙合之齒輪，可假想為兩個滾動接觸之圓柱面或圓錐面，這兩個假想面，稱為**節面**。因節面為圓柱面或圓錐面，因此有節圓柱面、節圓錐面之稱(圖14-2)。

節圓柱面　　節圓錐面

圖 14-2 節面

2. **節圓**：圓柱齒輪之節圓柱面與垂直於齒輪軸線之割面所生之截線，或斜齒輪之節圓錐面與背錐面之交線，皆為一圓，謂之節圓(圖 14-3)。

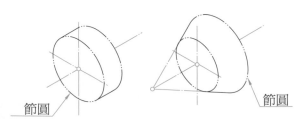

節圓　　　　節圓

圖 14-3 節圓

3. 節圓直徑：節圓之直徑，簡稱**節徑**。節圓及其直徑常用 D_P 代表。

4. 節點：兩相嚙合之齒輪運轉時，輪齒在節圓上相接觸之點，稱為節點。亦即兩齒輪之節圓相切之點(圖 14-4)。

節點

圖 14-4　節點

5. 模數：是表示公制齒輪上齒大小之數字，即公制齒輪上每一個齒在節圓直徑上可分攤得之長度，以 m 代表之。模數大的齒輪，其齒深及齒厚均較大；模數小的齒輪，其齒深及齒厚皆較小，圓柱齒輪之常用法面模數列於表 14-1，表中無括弧之模數優先使用。

表 14-1　圓柱齒輪之常用法面模數

0.1	(0.35)	0.6	(0.9)	2	(3.25)	5	8	(14)	25	(45)
(0.15)	0.4	(0.65)	1	(2.25)	(3.5)	(5.5)	(9)	16	(28)	50
0.2	(0.45)	(0.7)	1.25	2.5	(3.75)	6	10	(18)	32	(55)
(0.25)	0.5	(0.75)	1.5	(2.75)	4	(6.5)	(11)	20	(36)	60
0.3	(0.55)	0.8	(1.75)	3	(4.5)	(7)	12	(22)	40	(70)

6. 齒頂面：輪齒頂部之面，謂之齒頂面。若為圓柱齒輪，則為其最大之圓柱面(圖 14-5)。

圖 14-5　齒之各部位名稱

7. 齒頂圓：所有齒之外端界限圓，即齒輪之外徑所在。齒頂圓及其直徑常用 D_a 代表。

8. 齒冠：齒輪節圓半徑與齒頂圓半徑之差，常用 a 代表。

9. 齒底圓：為齒底之界限圓，齒底圓及其直徑常用 D_b 代表。

10. 齒根：齒輪節圓半徑與齒底圓半徑之差，常用 b 代表。

11. 齒深：為齒之徑向高度，故又稱齒高，即等於齒冠與齒根之和，常用 h 代表。

12. 工作齒深：齒輪一齒能伸進其配合齒輪之齒間的最大深度，常用 h_w 代表。

13. 周節：為沿齒輪節圓(或齒條節線上)，由一齒之一點至相鄰齒對應點之弧長(或線長)。常用 P_C 代表。

14. 齒厚：輪齒之厚度，乃齒之兩側齒廓曲線與節圓之交點，兩交點間節圓弧之長，稱為弧齒厚，常以 T 代表。弧齒厚所對之弦長，稱為弦齒厚，常以 T_C 代表。

15. 弦齒冠：齒頂圓與弦齒厚間之徑向距離，常以 a_c 代表(圖 14-6)。

圖 14-6　弦齒冠　　　　　　　　圖 14-7　頂隙

16. 頂隙：齒頂圓與其相嚙合齒輪之齒底圓間之徑向距離，稱爲頂隙，常以 c 代表 (圖 14-7)。

17. 齒廓面：嚙合運轉之兩齒輪係以輪齒接觸推動。兩輪上互相接觸之一對輪齒其嚙合面，稱爲齒廓面(圖 14-8)，其邊視圖稱爲齒廓。齒廓爲一特定之曲線，稱爲齒廓曲線。

圖 14-8　齒廓面　　　　　　　　　　圖 14-9　齒間寬

18. 齒間寬：相鄰兩齒中間之空間，稱爲齒間。齒間最下方之面，稱爲齒間底面 (圖 14-5)。齒間沿節圓上之弧長，稱爲齒間寬(圖 14-9)。理論上齒間寬與弧齒厚相等。

19. 背隙：嚙合齒輪傳動時，齒與齒接觸，中間應留有油膜，以備齒之熱膨脹等，常使齒間寬略大於弧齒厚，則兩者的差稱爲背隙。

20. 齒交線：齒廓面與節圓柱面或節圓錐面之交線(圖 14-10)。

圖 14-10　齒交線、齒冠面與齒根面　　　　圖 14-11　齒寬

21. 齒根面：齒廓面在齒交線以內部分，即齒根部分之曲面。

22. 齒冠面：齒廓面在齒交線以外部分，即齒冠部分之曲面。

23. 齒寬：爲齒輪軸線平面內齒之寬度，亦稱齒面寬，常用 F 代表。斜齒輪之齒寬，則在節圓錐面上量得者(圖 14-11)。

24. 壓力線：經過節點作兩嚙合齒輪齒廓曲線之公共法線，則此公共法線稱為壓力線，亦稱作用線。

25. 壓力角：齒輪之齒廓曲線上一點之切線，與自該點作徑向直線間所夾之銳角，稱為壓力角 α (圖 14-12)。當此點取於齒廓曲線在節圓上之點時，此壓力角稱為該齒輪之壓力角。亦即兩嚙合齒輪節圓公切線與壓力線間所夾之銳角。

26. 基圓：一直線與一圓相切，繞此圓作無摩擦滾轉，直線上某定點之軌跡為一漸開線，而此圓則稱為此漸開線之基圓(圖 14-13)，基圓及其直徑常用 D_C 代表之。基圓直徑有時比齒底圓直徑大，有時比齒底圓直徑小，但是一定比節圓直徑小 $(D_C<D_P)$。因為 $\cos\alpha$ 一定小於 1。在齒輪製圖上，基圓僅於齒廓曲線之近似畫法時用之。

27. 齒制：輪齒為漸開線之齒輪，按齒制分為標準齒輪和移位齒輪兩種：標準齒輪是用基準齒條或滾齒刀，使其基準節線與所製齒輪之節圓相切製成。移位齒輪是將一對嚙合齒輪中的大齒輪之齒根伸長，齒冠縮短，齒厚減小；小齒輪之齒根縮短，齒冠伸長，齒厚加大，切削其輪齒時必須將基準齒條或滾齒刀移位，使其基準節線與所製齒輪之節圓不相切，如此的一對齒輪，在使用時可減少干涉現象的發生。

圖 14-12　齒輪之壓力角

圖 14-13　基圓

14-4 齒廓曲線

　　齒廓曲線並不是圓弧，而是漸開線或擺線。齒廓曲線屬於漸開線者，都使用於一般機械上，因爲這樣的齒輪比較容易製造，而且安裝時兩軸之中心距離不必十分準確，稍有誤差，亦不致影響其性能。齒廓曲線屬於擺線者，都使用於鐘表等計測儀器上，因爲這樣的齒輪製造不易，但齒冠面、齒根面的磨損均勻，沒有干涉問題的困擾。

　　繪製齒廓曲線，十分繁雜，製造齒輪時，只要選用正確的工具，齒廓曲線自然形成，故在齒輪之工作圖上，都不需畫出齒廓曲線。只有對於轉速較低之大型齒輪，其輪齒可以鑄成，爲方便製作木模，供給一個實大尺度之齒廓，此時才要畫出齒廓曲線，又因砂模鑄件之尺度不可能十分精確，所以都用近似畫法來畫齒廓曲線。

　　漸開線之齒廓曲線近似畫法有很多種，其中最方便而常用的畫法有下列二種，分述於後：

第一種近似畫法的步驟如下：

1. 設齒輪之模數爲 9，齒數爲 16，壓力角爲 20°，計算出齒頂圓 D_a=162、節圓 D_p=144、基圓 D_c=135.32、齒底圓 D_b=123.186 等之直徑，畫出各圓，其共同圓心爲 o (圖 14-14(a)圖中 o 點未出現)。

2. 在節圓上定出弧齒厚 ab。

3. 由點 b 作基圓的切線 bs，切點爲 s。

4. 以 a 爲圓心，R=bs 爲半徑畫圓弧，交線段 bs 於 c。

5. 以 c 爲圓心，R=bs 爲半徑畫圓弧，必經過點 a，交齒頂圓於 d，交基圓於 e。

6. 點 e 與圓心 o 連線，與齒底圓 D_b 相交，相交處以模數之 1/5 爲半徑，作小圓角，即得漸開線近似齒廓曲線之左半部分。運用鏡射(Mirror)指令得過 b 之對稱部分，爲整個輪齒(圖 14-14(b))。

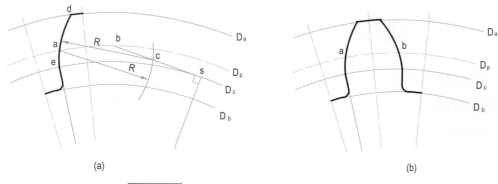

(a)

(b)

圖 14-14　漸開線齒廓曲線近似畫法(一)

第二種近似畫法的步驟如下(圖 14-15)：

1. 設齒輪之模數為 6，齒數為 16，壓力角為 20°，計算出齒頂圓 D_a=108、節圓 D_p=96、基圓 D_c=90.21、齒底圓 D_b=82.12 等之直徑，畫出各圓，其共同圓心為 o，節圓之半徑為 R=48。

2. 以 R/2 為半徑，過節圓上任一點畫圓弧 DE。

3. 以圓弧 DE 與節圓之切點為圓心，以 R/4 為半徑，畫圓弧 DF，與圓弧 DE 相交於點 f。

4. 以 o 為圓心，經過點 f 畫圓弧 DG。

5. 在圓弧 DG 上的一點為圓心，以 R/4 為半徑畫圓弧，交齒頂圓於 d，交基圓於 e。

6. 點 e 與圓心 o 連線，與齒底圓 D_b 相交，相交處以模數之 1/5 為半徑，作小圓角，即得漸開線近似齒廓曲線之左半部分。如有需要可運用陣列(Array)指令得整個齒輪(圖 14-15(c)為縮小之圖示)。

圖 14-15　漸開線齒廓曲線近似畫法(二)

14-5　正齒輪

　　齒廓曲線的近似畫法，雖然比較省事，但對切削工作並無助益，所以工作圖上都不畫齒廓曲線，而以習用表示法畫出。

　　正齒輪各部位的計算公式如表 14-2 所示：

表 14-2　正齒輪各部位計算公式

名　稱	符　號	計　算　公　式
節圓直徑	D_p	$D_p=mN$
模數	m	
齒數	N	
齒冠	a	標準齒 $a=m$、短齒 $a=0.8m$、細齒 $a=1.2m$
齒頂圓直徑	D_a	$D_a=D_p+2a=(mN)+2m=(N+2)m$
齒根	b	$b=(1.157\sim2.5)m$　短齒 $b=m$
齒底圓齒徑	D_b	$D_b=D_p-2b$
齒深	h	$h=a+b$
工作齒深	h_w	$h_w=2a=2m$
頂隙	c	$c=b-a$
周節	P_c	$P_c=m\pi=\pi D_p/N$
弧齒厚	T	$T=P_c/2=m\pi/2=1.57m$
弦齒厚	T_c	$T_c=D_p\sin(90°/N)$
弦齒冠	a_c	$2a_c=D_a-D_p\cos(90°/N)$
壓力角	α	$\alpha=20°$ 或 $14.5°$。
基圓	D_c	$D_c=D_p\cos\alpha$
齒寬	F	

　　齒輪的習用表示法中，都使其軸線與 V 面平行，得其前視圖；軸線與 P 面垂直得其側視圖。前視圖多畫成剖視圖，但輪齒部分不加以剖視，在節圓之位置，以細鏈線畫出節面線。在側視圖中，不必畫出齒廓曲線，所以不表出輪齒之齒形及齒數，僅以粗實線畫出齒頂圓，以細鏈線畫出節圓。如圖面位置有限，側視圖更可使用局部視圖，只表出軸孔部分及鍵槽之形狀及大小，許多製作輪齒之數據，以及有關齒輪裝配及檢查等必要事項，必須另列一表在圖旁註明。表中列有之尺度，視圖上可不再加以標註。有「*」記號者，其數值由設計者提供，如無數據，繪圖者可免填。

　　正齒輪又有外齒輪、內齒輪、齒弧、齒條之分。一般稱正齒輪是指外齒輪而言。

1.　外齒輪：外齒輪之習用表示法如圖 14-16 所示。

齒數	40
模數	4
壓力角	20°
齒制	標準
* 移位係數	
* 跨齒數	
* 跨齒距	
節圓直徑	160
嚙合齒輪件號	
嚙合齒輪齒數	30
中心距離	

圖 14-16　外齒輪之習用表示法

2.　內齒輪：又名環齒輪，輪齒位於孔內，其齒頂圓直徑小於節圓直徑。其習用表示法與前述正齒輪完全相同(圖 14-17)。

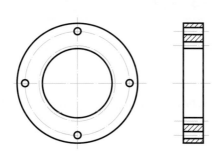

齒數	28
模數	3
壓力角	20°
齒制	標準
* 移位係數	
* 跨齒數	
* 跨齒距	
節圓直徑	84
嚙合齒輪件號	
嚙合齒輪齒數	14
中心距離	

圖 14-17　內齒輪之習用表示法

3.　齒弧：輪之外徑並非一完整的圓，或輪之外緣僅一部分切成齒者，稱為齒弧。最好在弧之一端以近似畫法畫出二個「齒間」，以免誤解(圖 14-18)。

齒數	10
模數	16
壓力角	20°
齒制	標準
* 移位係數	
節圓直徑	592
齒深	34.513
嚙合齒輪件號	
嚙合齒輪齒數	

圖 14-18　齒弧之習用表示法

4. 齒條：漸開線齒條，其齒廓為一簡單梯形，故在齒之端面視圖上至少畫兩個「齒間」(圖 14-19)。必要時可在一旁另繪一個齒間之放大圖，以便標註其兩邊之夾角(為壓力角 α 之兩倍)、齒深及各小圓角等之尺度。

齒數	10
模數	16
壓力角	20°
齒制	標準
* 移位係數	
周節	50.266
齒深	34.513
嚙合齒輪件號	
嚙合齒輪齒數	

圖 14-19　齒條之習用表示法

14-6　螺旋齒輪與人字齒輪

螺旋齒輪之外形也是圓柱形。其齒之方向不與輪之軸線平行而傾斜一角度，即螺旋角之所在。螺旋齒輪之模數、周節等，分為輪面(軸向)及法面(齒直角方向)兩種，大小不同。法面模數以 m_n 代表，為切齒刀具之模數，輪面模數為 m，法面周節為 P_{cn}，螺旋角為 θ。若用片銑刀切製時，表中須再加註「法面虛齒數」一欄。螺旋齒輪輪面各部位之計算公式同正齒輪，法面各部位之計算公式如表 14-3 所示。

表 14-3　螺旋齒輪各部位之計算公式

名　稱	符　號	計　算　公　式
法面虛節圓直徑	D_n	$D_n = D_P / \cos^2 \theta$
法面模數	m_n	$m_n = m\cos \theta$
法面虛齒數	N_n	$N_n = N / \cos^3 \theta$
齒冠	a	$a = m_n = m\cos \theta$
齒頂圓直徑	D_a	$D_a = D_p + 2a = D_p + 2m_n$
齒根	b	$b = (1.157\sim2) m_n$
齒底圓直徑	D_b	$D_b = D_p - 2b$
齒深	h	$h = a + b$

表 14-3　螺旋齒輪各部位之計算公式(續)

名　　稱	符　號	計　算　公　式
工作齒深	h_w	$h_w=2a=2m_n$
頂隙	c	$c=b-a$
法面周節	P_{cn}	$P_{cn}=P_C\cos\theta=\pi m_n$
導程	L	
螺旋角	θ	$\tan\theta=\pi D_p/L$
法面壓力角	α_n	$\tan\alpha_n=\tan\alpha\cos\theta$

　　螺旋齒輪之習用表示法中，前視圖多畫成半剖視圖，在未剖切之一半上，自中心線起加畫等距離之平行細斜線三條，其與中心線之夾角約等於螺旋角，用以表示螺旋之旋向。在附表中，除必須加註螺旋角之度數及旋向(左旋或右旋)外，可加註「導程」、「弦齒冠」、「弦齒厚」等項目(圖 14-20)。

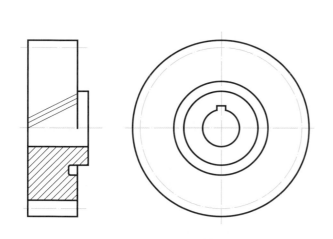

齒數	19
法面模數	4
法面壓力角	20°
齒制	標準
＊ 移位係數	
＊ 跨齒數	
＊ 跨齒距	
節圓直徑	85.024
旋向	左
螺旋角	26°42′
＊ 弦齒厚	
＊ 弦齒冠	
＊ 導程	
嚙合齒輪件號	
嚙合齒輪齒數	
中心距離	

圖 14-20　螺旋齒輪之習用表示法

　　人字齒輪如同兩個方向相反之螺旋齒輪合成，須在半剖的前視圖中未剖切的一半上，自中心線起加畫人字形等距離之平行細斜線三條(圖 14-21)。兩相嚙合之螺旋齒輪，螺旋角相同，旋向相反，嚙合時，因逐漸嚙合，可減少噪音，並可耐高速運轉，但軸向會產生推力，若採用人字齒輪，可抵消此種推力。

齒數	92
法面模數	10
法面壓力角	20°
齒制	標準
* 移位係數	
* 跨齒數	
* 跨齒距	
節圓直徑	1015.108
旋向	
螺旋角	25°
* 弦齒厚	
* 弦齒冠	
* 導程	
嚙合齒輪件號	
嚙合齒輪齒數	
中心距離	

圖 14-21 人字齒輪之習用表示法

14-7 斜齒輪

斜齒輪(又名傘齒輪)的節面、齒頂面、齒間底面均為圓錐面，所以輪齒在兩端面上尺度大小不同。大的一端面，亦為一錐面，稱為背錐面。一般背錐面上的元線與相交之節錐線成直角。斜齒輪輪齒之大小，均以背錐面上者為測量計算之依據。

斜齒輪上有一些部位的專有名稱如下(圖 14-22)：

1. 節圓錐角：節面上的元線稱為節錐線。節錐線與軸線間的夾角，稱為節圓錐角，以 γ 表示。

2. 節錐半徑：節錐線上自節圓錐面頂點至背錐面間的長度，又稱為圓錐距離，以 R_{PC} 表示。

3. 齒頂角：齒頂面上元線與軸線間的夾角，以 γ_O 表示。

4. 齒底角：齒間底面上元線與軸線間的夾角，以 γ_R 表示。

5. 齒冠角：齒頂面上元線與節錐線間的夾角，以 ω 表示。

6. 齒根角：齒間底面上元線與節錐線間的夾角，以 δ 表示。

7. 背錐角：背錐面上元線與軸線間夾角，以 γ_B 表示。

8. 背錐半徑：背錐面上元線自背錐面頂點至節面間的長度，又稱為背錐距離，以 R_{BC} 表示。

9. 齒頂圓直徑：齒頂面與背錐面交線圓之直徑，以 D_O 表示。

10. 裝配距離：節圓錐面頂點至齒輪底面間之距離，以 S 表示。

圖 14-22　斜齒輪

　　斜齒輪各部位之計算公式(表 14-4)，除與其特有之各種角度有關者外，大部分與正齒輪相同。斜齒輪之習用表示法中，其側視圖，輪齒部分僅繪出齒頂圓與節圓即可，其他各線皆省略不畫(圖 14-23)。

表 14-4　斜齒輪各部位計算公式

名　稱	符　號	計　算　公　式
節圓錐角	γ	$\tan \gamma$ = 本齒輪齒數/嚙合齒輪齒數 　　　 = 本齒輪節圓直徑/嚙合齒輪節圓直徑
節錐半徑	R_{PC}	$R_{PC} = D_P/2\sin \gamma$
齒頂角	γ_O	$\gamma_O = \gamma + \omega$
齒底角	γ_R	$\gamma_R = \gamma - \delta$
齒冠角	ω	$\tan\omega = a/R_{PC}$
齒根角	δ	$\tan\delta = b/R_{PC}$
背錐角	γ_B	$\gamma_B = 90° - \gamma$
背錐半徑	R_{BC}	$R_{BC} = D_P/2\sin \gamma_B$

表 14-4　斜齒輪各部位計算公式(續)

名　　稱	符　號	計　算　公　式
齒頂圓直徑	D_O	$D_O = D_P + 2a\cos\gamma$
齒寬	F	宜小於 $R_{PC}/3$

齒數	24
模數	5
壓力角	14.5°
齒制	標準
節圓直徑	120
節錐半徑	108.186
節圓錐角	$33^\circ41'$
齒冠角	$2^\circ39'$
齒頂角	$36^\circ20'$
* 弦齒厚	
* 弦齒冠	
嚙合齒輪件號	
嚙合齒輪齒數	36
軸間角	90°

圖 14-23　斜齒輪之習用表示法

14-8　蝸輪及蝸桿

　　蝸輪之特點，其齒頂面為反翹之環形面，所以在剖視之前視圖中，齒頂線、齒底線及節面線皆為圓弧。此數圓弧具有一共同之圓心，即為蝸桿中心軸線之端視圖。蝸輪蝸桿輪齒之大小，常以與輪齒成直角之剖面上所顯示者為計算之依據，此剖面即屬法面，所以有法面模數、法面壓力角之稱。蝸輪蝸桿有一些部位的專有名稱如下(圖 14-24)：

1. 蝸輪節圓直徑：蝸輪節面線最小處之直徑，以 D_p 表示。

2. 喉徑：蝸輪齒頂圓最小處之直徑，以 D_t 表示。

3. 蝸輪外徑：蝸輪最大處之直徑，以 D_o 表示。

4. 中心距離：蝸輪蝸桿中心軸線間之距離，以 C 表示。

5. 蝸輪齒面寬角：在 60° 至 80° 間比較理想，以 β 表示。

6. 蝸桿螺紋數：即螺紋之線數，以 n 表示。

7. 蝸桿導程角：等於蝸輪螺旋角，以 θ 表示。

8. 蝸桿螺距：又稱軸向節距，等於蝸輪周節，以 P_c 表示。

9. 蝸桿外徑：蝸桿最大處之直徑，以 d_o 表示。

10. 蝸桿節圓直徑：以 d_p 表示。

11. 喉半徑：以 R_t 表示。

12. 節圓喉半徑：以 R_p 表示。

13. 齒底喉半徑：以 R_r 表示。

14. 法面模數：以 m_n 表示。

圖 14-24　蝸桿與蝸輪

蝸輪與蝸桿各部位之計算公式如表 14-5 所示，其他則與正齒輪同。

表 14-5　蝸輪與蝸桿各部位計算公式

名　　稱	符號	計　算　公　式
蝸輪齒數	N	
蝸輪節圓直徑	D_p	$D_p = mN = 2C - d_p$
蝸輪喉徑	D_t	$D_t = D_p + 2a$
蝸輪外徑	D_o	$D_o = 2C - 2R_t \cos(\beta/2)$
中心距離	C	$C = (D_p + d_p)/2$
蝸輪齒面寬角	β	在 $60°$ 至 $80°$ 間比較理想
蝸輪齒寬	F	$F \fallingdotseq 0.8\, d_p$　n 大時採小些
蝸桿螺紋線數	n	單紋 $n=1$　雙紋 $n=2$
蝸桿導程角 蝸輪螺旋角	θ	$\tan\theta = nm/d_p$
蝸桿導程	L	$L = nm\pi = nP_c$
蝸桿節圓直徑	d_p	$d_p = d_o - 2a = nP_c/\pi\tan\theta$
蝸桿外徑	d_o	$d_o = d_p + 2a$
喉半徑	R_t	$R_t = (d_p/2) - a = (d_o/2) - 2a$
節圓喉半徑	R_p	$R_p = d_p/2$
齒底喉半徑	R_r	$R_r = (d_p/2) + b$
法面模數	m_n	$m_n = m\cos\theta$
法面壓力角	α_n	$\tan\alpha_n = \tan\alpha\cos\theta$
蝸桿螺距 蝸輪周節	P_c	$P_c = m\pi$
蝸輪輪轂長	A	$A \fallingdotseq F + 0.5D$
蝸輪轂徑	D_s	$D_s \fallingdotseq 2D$
蝸輪輪幅厚	S	$S \fallingdotseq 0.6\, P_c$
蝸輪軸徑	D	$D \fallingdotseq P_c + 20$
蝸輪輪緣半徑	R	$R \fallingdotseq 2.2\, P_c + 14$
蝸桿齒面長	G	$G \fallingdotseq 4.5\, P_c$
蝸桿轂長	E	$E \fallingdotseq G + 2\, P_c$
蝸桿轂徑	d_c	$d_c \fallingdotseq 1.664\, P_c + 25$
蝸桿軸徑	d	$d \fallingdotseq P_c + 16$

蝸桿之形狀極似一梯形螺紋之螺桿，其習用表示法亦與螺桿相似。前視圖不加以剖切，而要加畫節面線和三條平行等距傾斜細實線，以表示旋向(圖 14-25)。蝸輪的習用表示法應畫成如圖 14-26 所示。

　　蝸桿與蝸輪之兩軸互相垂直，但不相交，兩者之接觸面較大，故其負載及抗滑動均提高，噪音低，具高速比，用於減速裝置。

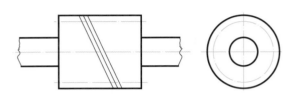

模數	4
法面模數	3.98
法面壓力角	20°
螺距	12.566
螺紋數	單螺紋
旋向	右
節圓直徑	40
導程角	5°42'38"
＊ 齒厚	
＊ 齒冠	
嚙合齒輪件號	
嚙合齒輪齒數	30
中心距離	80

圖 14-25　蝸桿之習用表示法

模數		4
法面模數		3.98
法面壓力角		20°
周節		12.566
齒數		30
節圓直徑		120
嚙合蝸桿	螺紋數	單螺紋
	旋向	右
	節圓直徑	40
	導程角	5°42'38"
	螺距	12.566
＊ 弦齒厚		
＊ 弦齒冠		
嚙合齒輪件號		
中心距離		80

圖 14-26　蝸輪之習用表示法

14-9　齒輪組合之習用表示法

　　在嚙合之齒輪組合圖中，每個齒輪仍依前述表示法畫出，但在側視圖中，嚙合處不考慮某一齒輪之齒為他一齒輪之齒所隱蔽，換言之，即兩個齒輪之齒頂圓或齒頂線均用粗實線畫出。在前視圖中，嚙合處則須考慮某一齒輪之齒為他一齒輪之齒所隱蔽(表 14-6)。

表 14-6　齒輪組合習用表示法

名　稱	習 用 表 示 法
正齒輪組合	
斜齒輪組合	
正齒輪與齒條之組合	
蝸輪與蝸桿之組合	

14-10 彈　簧

1. 彈簧之作用

彈簧是利用材料彈性的機件。所謂彈性，就是「受力變形，力去復原」。

彈簧在機械上的用途甚為廣泛。大約言之，可分為吸收震動、儲蓄能量和測量力或重量三種。

彈簧的形狀有許多種，有些細節無法用圖形表示，必須列表註明。

2. 彈簧的種類

依形狀之不同，彈簧可以分為以下各類

(1) 片簧：為狹長之薄鋼片所製成。其縱方向亦可彎曲成各種形狀。片簧所承受之外力為彎曲作用。可以將許多片疊合使用(叫做疊板彈簧)；也可以一片單獨使用(叫做單片彈簧)(圖 14-27)。

一端彎曲之單片彈簧　　　單片彈簧　　　汽車用疊板彈簧

圖 14-27　片簧

(2) 片簧之變化：鐘表或玩具所用的彈簧叫渦卷彈簧(又名動力彈簧或發條彈簧)。可以看成許多弧形的片簧首尾相接而成。其弧之半徑逐漸加大或縮小而呈渦旋曲線形狀。又有一種皿簧，形狀如一圓錐形之墊圈，亦可視為片簧之變化(由許多個兩端寬窄不同之片簧並聯而成者)。皿簧之強度甚大，且常以許多片重疊使用(謂之皿簧柱)。渦卷彈簧及皿簧之形狀如圖 14-28 所示。

渦卷彈簧　　　　　皿簧

圖 14-28　渦卷彈簧與皿簧

(3) 螺旋彈簧：以鋼線(亦可使用其他材料，例如黃銅、塑膠......等)纏繞成螺旋形者。因其受力之不同，分為拉伸彈簧簡稱拉簧、壓縮彈簧簡稱壓簧及扭轉彈簧簡稱扭簧三種(圖 14-29)。壓簧又有兩種不同之外形：圓柱形或圓錐形。

壓簧　　　　　　　拉簧　　　　　　　扭簧

圖 14-29　螺旋彈簧

(4) 環簧(圖 14-30)：此簧強度特大，故一般機械上甚少使用。

(5) 棒簧(圖 14-31)：棒之斷面多為圓形，也有方形或其他形狀者。

圖 14-30　環簧　　　　　　　圖 14-31　棒簧　　　　　　　圖 14-32　橡膠彈簧

(6) 橡膠彈簧：用硬橡膠製成，多黏合於金屬板上使用。其疲勞強度特佳。形狀多為圓柱形或中空之圓柱形(圖 14-32)。

3. 彈簧的表示法

　　繪製彈簧很少依據真正的投影，目前大家習用的表示法有二種：一種是一般表示法、另一種是簡易表示法。這二種表示法，除疊板彈簧外，都是以沒有負荷的狀態為依據。簡易表示法只能應用在非剖視之組合圖中，或用在表明彈簧負載與變位關係之線圖中。而彈簧之尺度在工作圖中都用表格列出，表中有「*」記號者，其數值由設計者提供，如無數據，繪圖者可免填。

4. 彈簧之負載與變位

物體上使用彈簧，主要運用其受力變形之特性，故其負載之大小與變位之關係極為重要，應在彈簧的工作圖中加以表明。變位為長度時，都用一個直角三角形之線圖表明，二股分別代表變位與負載，則變位為長度之彈簧其彈簧常數 k＝負載(kgf)/變位(mm)。

例如壓縮彈簧的安裝負載為 15.6 kgf 時，長度變為 70 mm、最大負載為 39 kgf 時，長度變為 55 mm(圖 14-33)，則壓縮彈簧常數

k＝(39－15.6)kgf/(70－55)mm＝1.56 kgf/mm

自由長度應為 80 mm(70＋15.6/1.56＝80)

圖 14-33　壓縮彈簧之負載與變位　　　圖 14-34　扭轉彈簧之負載與變位

扭轉彈簧之變位為角度時，則用一個彎曲的楔形表明，其彈簧常數

k_T＝負載×臂長(kgf · mm) / 扭角(rad)

例如扭轉彈簧的臂長為 30mm，安裝時的負載為 2kgf，扭角為 $\dfrac{\pi}{4}$ (圖 14-34)，則

k_T＝(2×30×4)kgf · mm/π ＝240 kgf · mm/π

故負載為 2.67kgf 時，扭角為 $\dfrac{\pi}{3}$，負載為 3.2kgf 時，扭角為 $\dfrac{2\pi}{5}$

14-11　螺旋彈簧之表示法

螺旋彈簧之螺旋部分應畫成螺旋線，但因螺旋線繪製費時，習慣上用一組傾斜之直線代替之。為節省繪製時間，在一般表示法中，可僅畫兩端各二、三圈，中段用細鏈線連接之，在電腦上可先繪妥一端，另一端用複製(Copy)和旋轉(Rotate)指令得之。

1. 壓縮彈簧之表示法

壓縮彈簧之端部分為(1)敞口(2)部分磨平(3)並攏(4)並攏後磨平四種，各種不同端部的繪製方法略有不同，設壓縮彈簧的線徑為 d，平均直徑為 D，自由長度為 L，有效圈數為 C，則繪製一般表示法時用的螺距 P=L/C(圖 14-35)。

圖 14-35　壓縮彈簧端部之畫法

繪製壓縮彈簧的工作圖,端部要在圖中畫出,並在表格中填寫清楚(圖 14-36)。

材 料		SUP4
線 徑		4
簧 圈	平均直徑	26
	外徑	30
	內徑	22±0.4
總圈數		10
座圈數		2
旋向		右
自由長度		80
兩端形狀		並攏後磨平
* 安 裝	負荷	15.6kgf ±10%
	長度	70
* 最 大	負荷	39kgf
	負荷長度	55
彈簧常數		1.56 kgf/mm

圖 14-36　壓縮彈簧之工作圖

繪製簡易表示法時,不能只畫出兩端,應全部畫出。即將自由長度按有效圈數(等於總圈數減去座圈數)等分,以粗實線畫出各圈。並攏端則加畫一豎線表示座圈。圖 14-37 中是設有效圈數為 7 繪製者。

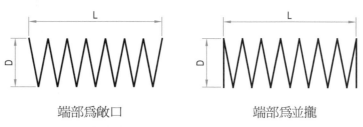

端部為敞口　　　　　　　　　端部為並攏

圖 14-37　壓縮彈簧之簡易表示法

2. 拉伸彈簧之表示法

拉伸彈簧之表示法如圖 14-38 所示。

	一般表示法		簡易表示法
圓柱形拉伸彈簧			
鼓形拉伸彈簧			

圖 14-38　拉伸彈簧之表示法

圖 14-39　拉伸彈簧之端部

拉伸彈簧之兩端具有各種形狀之掛釣，圖 14-39 中僅略舉數種。繪製拉伸彈簧之工作圖，如圖 14-40 所示，掛釣部分應按實際投影畫出，並在圖中標註其尺度。

材　料		SWO
線　徑		2.6
簧　圈	平均直徑	18.4
	外徑	21±0.3
總圈數		12
旋向		右
自由長度		65
* 初張力		4kgf
* 最大使用	長度	87
	長度張力	17.3kgf
* 試驗負荷		22.5kgf
* 試驗負荷長度		95
彈簧常數		0.61kgf/mm

圖 14-40　拉伸彈簧之工作圖

3. 扭轉彈簧之表示法

扭轉彈簧之表示法如圖 14-41 所示。

圖 14-41　扭轉彈簧之表示法

14-12　片簧之表示法

簡單的片簧可以以下所示之方法表示，在片簧之工作圖中尺度標註應與一般物體相同，遇到比較複雜的片簧，更應根據真正的投影，加繪局部詳圖予以補充。

一、皿簧之表示法

皿簧及皿簧柱之表示法如圖 14-42 所示。

圖 14-42　皿簧及皿簧柱之表示法

二、渦卷彈簧之表示法

常用的渦卷彈簧有筍形彈簧、發條彈簧等。筍形彈簧的表示法如圖 14-43 所示。發條彈簧的表示法如圖 14-44 所示。

圖 14-43　筍形彈簧之表示法

圖 14-44　發條彈簧之表示法

三、疊板彈簧之表示法如圖 14-45，其工作圖如圖 14-46。

	一般表示法	簡易表示法
板片疊板彈簧		
環首疊板彈簧		
環箍疊板彈簧		
環首附環箍疊板彈簧		

圖 14-45 疊板彈簧之表示法

圖 14-46 疊板彈簧之工作圖

件號	展開之長度	厚度	寬度	材料
1	1424			
2	980	6	60	SUP9
3	690			
4	355			

件號	名　　稱	數量	材　料
5	M20 六角螺栓	1	S45C
6	M20 六角螺帽	1	S20C
7	大環箍	1	SS34
8	小環箍	2	SS34

	負載 kgf	高度 mm	跨距 mm
無 負 載 時	0	112	
常用負載時	230	6±6	1152
試驗負載時	510		

14-13 凸 輪

　　凸輪的種類很多，主要的可分為平面凸輪和圓柱形凸輪兩大類(圖 14-47)。在目前倡導工業生產自動化的情況下，許多自動的機器上要用到凸輪的地方很多，凸輪之軸以等角速度回轉，可使從動件作一定形式之另一種運動，所以可依各機件需要達到的運動，從事凸輪的設計，以行控制。

平面凸輪　　　　　　　　圓柱形凸輪

圖 14-47　凸輪

　　平面凸輪又稱板形凸輪，此種凸輪之從動件，其運動平面均垂直於凸輪之軸線。而從動件的前端有尖端、小輪子或平面者(圖 14-48)。呈小輪子者，用時可減少磨擦，適合於高速且需傳遞較大力量的場合；呈尖端或平面者，適用於慢速的場合，其表面應作加強硬度的處理，以求耐用。至於從動件之運動有：

1. 按運動類別分：有直線運動和搖擺運動二種(圖 14-49)。

2. 按運動方向分：有徑向與偏置二種。即從動件運動類別屬直線運動時，運動方向穿過凸輪之軸線者為徑向(圖 14-48)；不穿過凸輪之軸線者為偏置(圖 14-49 右)。

3. 按運動方式分：有往復運動與間歇運動二種。所謂間歇運動，即在凸輪一次回轉中，從動件有一次或數次呈靜止狀況之運動(圖 14-50)，而在圖 14-48 與 14-49 中之各種平面凸輪，其運動方式均屬往復運動者。

4. 按運動速度分：有等速運動、等加(減)速運動、簡諧運動和擺線運動等多種。

尖端　　　小輪子　　　平面
圖 14-48　從動件前端

搖擺運動　　　直線運動
圖 14-49　從動件運動

圖 14-50　從動件作間歇運動

圖 14-51　等速位移線圖

　　圓柱形凸輪之從動件，其運動平面必包含凸輪之軸線，而從動件的前端多為小輪子者，極少為尖端或平面者，至於從動件之運動則與平面凸輪相同。

　　凸輪上最重要的部分是平面凸輪的邊緣形狀或圓柱形凸輪的溝槽形狀，是須經由從動件的位移線圖求出。凸輪上其他部分之畫法，與一般機件完全相同。位移線圖是在表明凸輪之軸作等角速度回轉時，從動件位移量變化狀況的一種圖表。通常以橫坐標表示凸輪軸之回轉角度，縱坐標表示從動件之實際位移量。表出位移量變化狀況的線稱為位移線。

　　若從動件已設定為直線往復等速運動，最大位移量為 40 mm，繪製其位移線圖 (圖 14-51)，先在橫坐標上自原點起取適當長為凸輪回轉角度 0°至 180°，然後將之等分，今等分為八，再在縱坐標上自原點起取長度 40 mm，亦等分為八，定出標度，則當凸輪回轉一單位角度時，從動件位移量亦為一單位，而定出位移線上各點，連出位移線，此位移線必為一直線。在實際應用中，為減輕行程中上下兩端之瞬間加減速無限大而生之震動，常將兩端以總位移量之 1/2～1/3 為半徑修正為圓弧曲線，以求緩衝，是為修正等速運動，所得之位移線如圖 14-52。

圖 14-52　修正等速位移線圖

　　若從動件已設定為直線往復等加(減)速運動，其最大位移量為 50 mm。因等加(減)速度運動從動件之位移量與時間平方成比例，即依 1、4、9、16、25......之倍數增減，所以繪製其位移線圖(圖 14-53)，在縱坐標上自原點起取長度 50 mm，再依 1、3、5、7、9.....9、7、5、3、1 之比例定出標度，其他畫法與前述相同，所得之位移線必為曲線。

　　若從動件已設定為直線往復簡諧運動，最大位移量為 30 mm。因簡諧運動從動件之位移量為凸輪回轉角度的正弦值，所以繪製其位移線圖(圖 14-54)，在縱坐標上自原點起取長度 30 mm，再以此長度為直徑畫出半圓周，將此半圓周按橫坐標的等分數等分，經各等分點作水平線移至縱坐標上得其標度，其他畫法與前述相同，所得之位移線必為一正弦曲線。

圖 14-53　等加(減)速位移線圖

圖 14-54　簡諧位移線圖

　　若從動件已設定為直線往復擺線運動，擺線之滾圓直徑為 20 mm，其最大位移量為滾圓之周長(20π)mm，因擺線運動從動件之位移量由滾圓上一定點在直線上滾動之位置而定，所以繪製其位移線圖(圖 14-55)，在縱坐標上自原點起取滾圓之周長(20π)mm，按橫坐標之等分數等分，定出擺線上定點之位置，由此繪水平線移至縱坐標上得其標度，其他畫法與前述相同，所得之位移線必為一 S 形曲線。

圖 14-55　擺線位移圖　　　　圖 14-56　凸輪各部位名稱

14-14　凸輪各部位名稱

1. 工作曲線：即凸輪之周緣。

2. 理論曲線：亦稱節曲線，當凸輪轉動時，從動件前方尖端或平面接觸點或小輪子之中心點所經過之軌跡。

3. 基圓：以凸輪軸為中心，至工作曲線最短距離為半徑之圓。

4. 主圓：以凸輪軸為中心，至理論曲線最短距離為半徑之圓，所以主圓與基圓半徑之差，等於從動件小輪子之半徑。若從動作的前端為尖端，則主圓與基圓重合。

5. 壓力角：經過從動件軸線與理論曲線之交點，作從動件軸線之垂線與理論曲線之切線所夾之角，稱為凸輪之壓力角(圖 14-56)。壓力角之大小，影響從動件運動之難易。

14-15　凸輪之繪製

一、徑向平面凸輪之繪製

繪製徑向平面凸輪的邊緣形狀，其步驟如下：

1. 先根據已設定從動件之運動，畫出位移線圖，若如圖 14-54 所示者。

2. 根據已知條件畫出凸輪軸心位置 A，及從動件之所在與其運動範圍 B 至 C (圖 14-57(a))。

3. 設從動件之前端為尖端，則凸輪軸心至從動件尖端的最短距離為 A 至 B。故以 A 為圓心，AB 為半徑，畫出基圓(圖 14-57(b))。

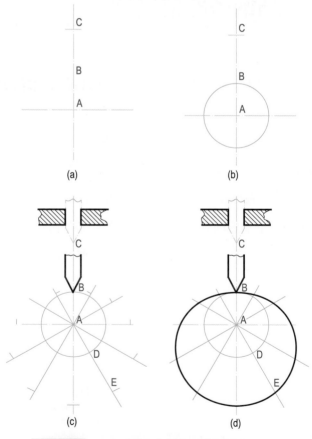

圖 14-57　繪製徑向平面凸輪的邊緣形狀

4. 將基圓自 B 起十二等分，經過各等分點連出半徑線並延長之，自基圓之圓周起，按位移線圖上對應之位移量，在各半徑線之延長線上順次度量，例如 ED = ed (圖 14-57(c))。

5. 用光滑曲線連接度量所得各點，即得此平面凸輪的邊緣形狀，即凸輪之工作曲線 (圖 14-57(d))。

若從動件之前端為一小輪子，則以前述步驟 4 中度量所得之點為圓心，畫出代表小輪子之小圓，然後作此等小圓之包絡線，即得此平面凸輪的邊緣形狀，即凸輪之工作曲線(圖 14-58)。

圖 14-58　從動件前端為一小輪時

二、偏置平面凸輪之繪製

繪製偏置平面凸輪的邊緣形狀，其步驟如下(圖 14-59)：

1. 先根據已設定從動件之運動，畫出位移線圖，若如圖 14-54 所示者。

2. 根據已知條件畫出凸輪軸心位置 A，及從動件之所在與其運動範圍 B 至 C。

3. 設從動件之前端為尖端，則凸輪軸心至從動件尖端的最短距離為 A 至 B。

4. 根據位移線圖上的各距離移至 BC 間，例如 Bt=ed 等。

5. 自直線 AB 起，將中心角 A 等分為十二。

6. 以 A 為圓心，A 點至 BC 上各點為半徑，順次畫弧至各分角線上，相交得.....f、g.....m、n.....等點。

7. 度量....ff'=nn'=rr'、gg'=mm'=ss'.....等。

8. 經過 B、d'、e'.....n'、o'、p'、B 作封閉曲線即得。

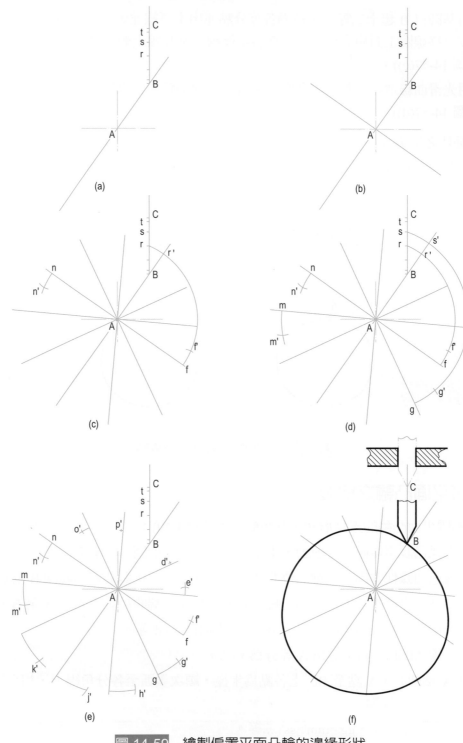

圖 14-59　繪製偏置平面凸輪的邊緣形狀

三、圓柱形凸輪之繪製

設圓柱形凸輪之圓柱直徑 80 mm，高度 90 mm，最大位移量 45 mm，從動件小輪子之直徑 10 mm，其運動在 0°~210° 以簡諧運動上升，210°~300° 以等減速運動下降，300°~360° 為靜止，回起始點。凸輪順時鐘方向旋轉，溝槽深度為 8mm。繪製的步驟如下(圖 14-60)：

1. 畫出圓柱之前視圖與俯視圖，並畫出圓柱面外面向上之展開圖。

2. 將展開圖按運動角度區分，根據最大位移量畫出從動件小輪子中心之運動範圍。

圖 14-60　圓柱形凸輪之繪製(一)

3. 各區分依從動件之運動，畫出位移線圖，確定從動件之運動路徑，即得圓柱形凸輪之理論曲線。

4. 以運動路徑為小輪子之圓心所在，畫出多個代表小輪子之圓。

5. 畫出小輪子各圓之二包絡線。

6. 將包絡線投影至前視圖，得圓柱形凸輪之工作曲線，並繪妥溝槽應有之形狀 (圖 14-61)

圖 14-61　圓柱形凸輪之繪製(二)

14-16　軸　承

　　軸承是另一種常用的機械零件。因其構造之不同，分為滑動軸承及滾動軸承兩大類。滑動軸承雖有各種形式，其繪製方法，與一般機械相同。滾動軸承為二圓環，一個緊套在軸頸上，另一個緊塞於軸承殼內，兩環之間置有若干滾動件，用以改變軸與殼間之滑動摩擦，使成為滾動摩擦。此項滾動件分為滾珠、滾子，滾針三種，滾子又有滾柱、滾錐、滾鼓之分。又軸承因受力情況之不同，分為徑向軸承及止推軸承兩類。

表 14-7　各種常用滾動軸承的型式及其系號

型		式	示意圖	軸承系號	尺度系號
徑向滾珠軸承	深溝滾珠軸承	單列 無滾珠填入槽		60 62 63 64 68 69	10 02 03 04 18 19
	斜角滾珠軸承	單列 不可分離型		70 72 73 74	10 02 03 04
	自動對位滾珠軸承	雙列 外環軌道為球面		12 13 22 23	02 03 22 23
徑向滾柱軸承	單列 內環雙凸緣	外環單凸緣		NF2 NF3 NF4	02 03 04
	單列 內環雙凸緣	外環無凸緣		N2 N3 N4	02 03 04
	單列 內環單凸緣	外環雙凸緣		NJ2 NJ22 NJ3 NJ23 NJ4	02 22 03 23 04
	單列 內環無凸緣	外環雙凸緣		NU10 NU2 NU22 NU3 NU23 NU4	10 02 22 03 23 04
	雙列 內環有凸緣	外環無凸緣		NN30	30

表 14-7　各種常用滾動軸承的型式及其系號(續)

型	式		示意圖	軸承系號	尺度系號
徑向滾錐軸承	單列 分離型			320 302 322 303 323 329	20 02 22 03 23 29
徑向自動對位滾鼓軸承	雙列 外環軌道爲球面			230 231 222 232 213 223	30 31 22 32 03 23
徑向滾針軸承	單列 內環無凸緣 外環有凸緣			NA49	49
	單列 無內環 外環有凸緣			RNA49	49
止推滾珠軸承	深溝 單列單層 平面座形			511 512 513 514	11 12 13 14
	單列雙層 平面座形			522 523 524	22 23 24
止推滾鼓軸承	單列 自動對位 外環軌道爲球面			292 293 294	92 93 94

　　滾動軸承之精度要求特高，故皆由專業工廠製造。且其各種型式及尺度均編有代號
(表 14-7)。設計製圖者依照負荷、轉速等之情況選定合用之軸承號碼，並依軸承之尺度定
軸頸之直徑與長度及軸承殼之孔徑。

　　一般軸承都視為標準零件，不需繪製零件圖，代表各種軸承的一般表示法適用於組合圖(圖 14-62)，其中 B 表示徑向軸承之寬度，H 表示止推軸承之高度，D 表示外環外徑，d 表示內環內徑，均可在各有關軸承之標準中查出。

軸承名稱	一般表示法	簡易表示法
滾珠軸承		
滾子軸承		
滾針軸承		
止推軸承		

圖 14-62　滾動軸承的習用表示法

本章習題

一、基礎題型

選擇題

( ) 1. 齒輪齒頂圓半徑與節圓半徑之差，是為 (A)齒寬 (B)齒根 (C)齒厚 (D)齒冠。

( ) 2. 齒輪之齒數與模數之乘積等於 (A)徑節 (B)齒寬 (C)節圓直徑 (D)周節。

( ) 3. 齒輪齒冠與齒根之和，等於 (A)齒寬 (B)齒厚 (C)齒深 (D)頂隙。

( ) 4. 兩軸相交，用齒輪傳動，應採用
(A)蝸桿蝸輪 (B)斜齒輪 (C)正齒輪 (D)螺旋齒輪。

( ) 5. 蝸輪齒頂圓最小處之直徑，是為蝸輪的
(A)外徑 (B)喉徑 (C)節圓直徑(D)虛直徑。

( ) 6. 斜齒輪齒頂面上元線與節錐線間的夾角，是為
(A)齒冠角 (B)齒頂角 (C)齒根角 (D)節圓錐角。

( ) 7. 斜齒輪軸線與節錐線間的夾角，是為
(A)齒冠角 (B)齒頂角 (C)齒底角 (D)節圓錐角。

( ) 8. 公制齒輪上，每一個齒在節圓直徑上分攤得之長度，是為
(A)齒厚 (B)模數 (C)周節 (D)齒深。

( ) 9. 圓柱形齒輪輪齒齒廓面元線為直線且與軸之中心線平行者，是為
(A)斜齒輪 (B)戟齒輪 (C)正齒輪 (D)螺旋齒輪。

( ) 10.正齒輪齒頂圓與其相嚙合齒輪齒底圓間之徑向距離，稱為
(A)頂隙 (B)齒寬 (C)齒厚 (D)齒深。

( ) 11.齒輪的周節等於 (A)模數 $\times \pi$ (B)齒數 $\times \pi$ (C)齒深 $\times \pi$ (D)齒冠 $\times \pi$。

( ) 12.用於鐘表等計測儀上齒輪之齒廓曲線都採用
(A)雙曲線 (B)擺線 (C)螺旋線 (D)蝸線。

( ) 13.物體上使用彈簧，主要是運用彈簧_____的特性
(A)減少摩擦 (B)增強支持 (C)變更速度 (D)受力變形。

( ) 14.能儲蓄能量之機械零件，是　(A)彈簧　(B)螺釘　(C)軸承　(D)扣環。

( ) 15.用以控制運動形式之機件，是　(A)軸承　(B)彈簧　(C)螺釘　(D)凸輪。

( ) 16.板形凸輪從動件之運動平面必與凸輪之軸線

　　　(A)垂直　(B)平行　(C)傾斜　(D)沒有一定的關係。

( ) 17.圓柱形凸輪從動件之運動平面必與凸輪之軸線

　　　(A)垂直　(B)在同一平面　(C)傾斜　(D)沒有一定的關係。

( ) 18.當凸輪轉動時，從動件之小輪子中心點所經過之軌跡，是為

　　　(A)工作曲線　(B)自由曲線　(C)理論曲線　(D)複曲線。

( ) 19.止推軸承之主要受力方向與軸

　　　(A)垂直　(B)平行　(C)傾斜　(D)沒有一定的關係。

( ) 20.徑向軸承之主要受力方向與軸

　　　(A)垂直　(B)平行　(C)傾斜　(D)沒有一定的關係。

二、進階題型

(一) 計算題

1. 一正齒輪之齒數為 20，模數為 6，壓力角為 14.5°，試計算其節圓直徑與周節。

2. 一正齒輪之模數為 3，節圓直徑為 66mm，試計算其齒頂圓直徑、齒數及齒深。

3. 一左旋之螺旋齒輪，其齒數為 36，法面模數為 3，螺旋角為 25°，試計算其節圓直徑及法面周節。

4. 一斜齒輪之模數為 4，齒數為 30，與其嚙合之斜齒輪齒數為 24，二者之軸間角為 90°，試計算其節圓直徑、節圓錐角及節錐半徑。

5. 一對直齒斜齒輪，軸間角為 90°，模數為 7，壓力角為 20°，其中一斜齒輪之齒數為 45，節圓錐角為 68°12'，試計算其齒冠角、齒頂角，以及與其嚙合之斜齒輪齒數。

6. 一對嚙合之蝸桿與蝸輪，蝸輪之模數為 5，齒數為 40，齒面寬角為 60°，而蝸桿為單紋，其節圓直徑為 40 mm，試計算蝸桿之導程角及其外徑。

7. 一對嚙合之蝸桿與蝸輪，其中心距離為 100 mm，模數為 4，蝸桿為雙紋，導程角為 11°18'36"，試計算蝸桿與蝸輪之節圓直徑，以及蝸輪之周節與齒數。

8. 一對嚙合之蝸桿與蝸輪，模數為 8，蝸桿為單紋，其節圓直徑為 80 mm，試計算蝸桿之導程角、外徑及螺距。

(二) 繪圖題

1. 試說明軸承「6308」中「63」及「08」所代表之意義，並畫出其視圖。

2. 軸承 1210 是代表何種軸承？其尺度系號是多少？並畫出其視圖。

3. 軸承之軸承系號為 N2，尺度系號為 02，標稱號碼為 N209，試問此軸承為何種軸承，並畫出其視圖。

4. 有一軸承之標稱號碼為 NN30 12K，試畫出其視圖。

5. 有一止推軸承，其標稱號碼為 511 15，試畫出其視圖。

6. 有一壓縮彈簧的線徑為 6 mm，平均直徑 42 mm，自由長度 70 mm，總圈數為 8，座圈數為 2，右旋，兩端並攏後磨平，試畫出其工作圖。

7. 有一徑向板形凸輪，最大位移量為 32 mm，從動件前端為一 $\phi 7$ 之小輪子，主圓 $\phi 32$，0°至 180°為簡諧運動上升，180°至 210°為靜止，210°至 330°為等加減速下降，330°至 0°為靜止，試畫出此凸輪之邊線曲線。

Chapter

15

工作圖

15-1　工作圖之定義

工作圖係供機件製造或結構之營建所需之全部資料，無需再作其他說明。一組工作圖應包括下列各項：

(一)　每部分形狀之全圖---形狀之描述。

(二)　每部分之尺度數字---大小之描述。

(三)　註解說明---公有或專用註解。以規定材料、熱處理、加工製造等之細節。

(四)　每張圖上之描述性標題。

(五)　各部分關係之描述---組合。

(六)　零件表或材料單。

大量生產則需另製工作程序圖以描述製造之步驟，及特殊工具、鑽模、夾具與量規等之應用及類別，由工具設計部門自工作圖及程序圖之資料特別設計製圖，以供製造及使用。

15-2　工作圖之形成

設計新機器或結構，其程序乃由構想、規畫、計算及繪圖四項進行而完成最後所需之圖樣。

1. 將原有觀念、規畫及發明繪製草圖若干。

2. 計算證明所設計之機械或結構之適宜性及實用性。

3. 由決定之草圖及計算而繪製設計圖，用鉛筆及儀器準確畫出，盡可能使用實大比例表示各零件形狀及位置，訂定主要尺度，註明材料、熱處理、加工、餘隙或干涉配合等一般之規範及繪製各零件圖時所需之資料。

4. 由設計圖及註解說明繪製各零件圖，包含描述形狀及大小所需之視圖及標註必要之尺度與註解等。

5. 繪製各零件裝配之組合圖。

6. 編訂零件表或材料單，完成全部工作圖。

15-3 工作圖之圖示方式

(一)組合圖

組合圖又稱爲裝配圖或總圖，依要求裝成之機器或結構之圖。用以表示各部分之相對位置及其間關係，而表示時視需要而決定視圖數量之多少及視圖之表現方式，是外形圖或爲剖視圖等(圖 15-1)。

6	活　　　塞	1	S30C	
5	橡　皮　墊	1	橡　皮	
4	固　定　螺　帽	1	S30C	
3	接　合　口	1	S30C	
2	皮　管　接　頭	1	S30C	
1	球　形　頂	1	S30C	
件　號	名　　　稱	數　量	材　料	備　　註

繪圖		國立臺灣師範大學	
校核			
審定		工業教育學系	
	日期 姓名		
比例 2:1		打氣接合器	2000161

圖 15-1　組合圖

組合圖可以表示整個機器全長尺度及中心間或各零件間之距離，作爲固定各部分之關係，有關描述零件形狀之隱藏線則予以省略。

組合圖常將各部分零件編出件號，此種件號以細實線繪製之件號線連入該零件內，並於該零件內之一端加一小黑點，亦可在件號數字外加繪細實線圓，件號數字之字高爲標註

尺度數字字高之二倍，件號線不宜繪成水平或直立，不宜與視圖的輪廓線平行或垂直，且各件號必須成在同一水平線或直立線上，如圖 15-1 之各件號呈一水平線；圖 15-22 則同時呈一水平線及一直立線。件號必須與零件圖、零件表或材料單中之零件件號相同，如此才能使組合圖與零件圖配合。

組合圖有時可從零件圖上之尺度來繪製，以校核零件圖之正確。

組合圖有以下各種：

1. 設計圖

係初步設計，藉以正確規畫、創造與發明(圖 15-2)。

圖 15-2　設計圖

2. 部分組合圖

部分組合圖係用來表示一部分相關零件組合狀態之圖，用以表示複雜機械之裝配，為組合圖之一部分，如車床組合圖內有車頭、尾座、齒輪箱、刀座及床台等各部分組合圖(圖 15-3)。

圖 15-3　部分組合圖

3. 輪廓組合圖

　　輪廓組合圖係提供機器或結構之大致外形，僅具有主要尺度，但安裝設備所需資料亦常由其供給，故又稱裝置圖。若將其用於目錄中或其他說明用途時，亦可省略尺度(圖 15-4)。

圖 15-4　輪廓組合圖

4. 組合工作圖

　　組合工作圖係在一圖上供給機械或結構所需之全部資料，除繪製所需之視圖外，另加尺度註解及說明，件號、零件表等均須一一表示，不需另繪零件之工作圖。此種工作圖不僅可為組合圖，亦可作為零件圖(圖 15-5)。

5	墊　　圈	1	SS41	⌀5購買
4	蝶 形 螺 帽	1	S25C	M5購買
3	螺　　桿	1	S45C	
2	夾　　鉗	1	SK7	
1	夾 鉗 柄	1	SK7	
件 號	名　　稱	數 量	材 料	備　註

國立臺灣師範大學
工業教育學系

手 持 夾 鉗　　63104

圖 15-5 組合工作圖

5. 線圖

　　係表示如何裝配設備之組合圖，凡安裝、布線、管路、電路等多用線圖繪出(圖 15-6)，而且也常有以立體線圖表示(圖 15-7)。

圖 15-6　電路圖

圖 15-7　管路圖

(二)零件圖

　　零件圖係單一零件之圖，將其形狀、尺度及結構作完備而準確之描述，使製造工作者能簡單而直接瞭解，依圖製造。包括零件之形狀、大小、材料、加工、需要之工作場所、遵守之準確限度、所需製造件數等，其描述力求精確詳細，乃為製造該零件之依據。零件圖原則上一張圖紙僅繪一零件，可選擇合適大小之圖紙，使用與保管均為便利。零件件號寫在該零件視圖之上方，件號數字字高為尺度數字字高的二倍，一般常用 5 mm(圖 15-8(a))。

圖 15-8　(a)零件圖

　　目前產業界常利用 3D 實體圖轉換為 2D 平面工作圖之圖示，其圖示如圖 15-8(b)，供讀者參考。

圖 15-8　(b)零件圖

(三)列表圖

列表圖係用於同一形狀而尺度大小各異之物體上,在一圖之尺度線上註入參考字母或符號,圖上附一表列示機器或零件之各級大小尺度數字。列表圖可為組合圖或零件圖。其利可減少繪製圖樣,其弊可能誤讀表格(圖15-9)。

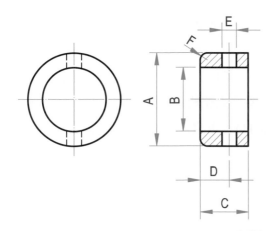

尺度\類別	(1)	(2)	(3)	(4)	(5)	(6)
A	78	72	66	60	54	48
B	70	64	58	52	48	42
C	20	18	16	14	12	10
D	10	9	8	7	6	5
E	6	6	5	5	4	4
F	3	3	2	2	1	1

圖 15-9　列表圖

(四)標準圖

標準圖係將圖複印製成,尺度數字待需用時再依零件大小註入圖上,每種尺度有一張全圖,若需新尺度,則另取一張註入新尺度,圖樣極易製成,比例雖不合,而在應用上甚感便利(圖15-10)。

圖 15-10　標準圖及其應用例

(五)標準零件

標準零件可用名稱及號碼予以規定，無須另繪零件圖，所有標準零件如螺栓、螺釘、螺帽等僅須於組合圖中繪出，並標以件號。將購置標準零件所需之全部規範則記於零件表上。

(六)零件表

零件表係一種表格說明，用於大量生產時常以另紙書寫。用於其他情形則直接記於圖上，表上列舉全圖中所有各零件之件號、名稱、數量、材料等，有時亦列有備料尺度及每件重量等，最後加留備註欄，組合圖上常加列零件圖圖號。一般情況零件依其重要性排列，較大者在前，標準零件如螺釘、銷等則在後。零件表格線之間隔以 8～10 mm 者較佳。附在圖上之零件表其填註次序自下而上(圖 15-11)。單頁之零件表其填註次序自上而下(圖 15-12)。建築圖上常將零件表改為材料單。

圖 15-11　零件表

圖 15-12　單頁之零件表

(七)標題欄

標題欄係以記載工作圖上有關之事項，常置於圖紙之右下角，其右邊及下邊即為圖框線。因各製圖機構之情況及需要不盡相同，致所記載之事項及所列舉格式大小亦不盡相同，圖 15-13 所示係供參考。

標題欄記載之事項常用者如下：

1. 圖名
2. 圖號
3. 製圖之工廠、機構或學校名稱
4. 設計、繪圖、考核、審定人員及日期
5. 投影方法(第一角法或第三角法)
6. 比例

標題欄常用之大小及各項排列如圖 15-13 所示，其中圖號規定必須置於右下角，使查圖時較為方便。

圖 15-13　標題欄

15-4 繪製零件圖實例分析

9	蝶釘	2	中碳鋼	M6 L=8
8	蝶釘	3	中碳鋼	M6 L=15
7	半月鍵	1	中碳鋼	
6	蝶帽	1	中碳鋼	M12
5	閥門	1	銅	
4	蓋板	1	鋁合金	
3	搖臂	1	鋁合金	
2	軸	1	高碳鋼	
1	殼體	1	鋁合金	
件號	名稱	件數	材料	備註

校閱者		國立臺灣師範大學		
繪製者		工業教育學系		
比例	1:1	蝶型閥	日期	
投影法	第三角		圖號	

圖 15-14　蝶型閥之立體系統圖

　　圖示 15-14 為蝶型閥零件之立體系統圖，蝶型閥在管路中用來截斷氣流或液流。此閥零件共有九件，其中有 4 件為標準零件。

　　每張零件圖均需含有前述之標題欄及零件表(參考圖 15-8)，但本章實例因考慮篇幅，將其省略，請讀者注意。

　　標準零件不須繪製零件圖，只要在組合圖中繪製，但在零件表中均須標註其名稱、規格或號碼。其他零件茲分述如下：

一、殼體零件

　　蝶型閥的主體為箱殼類零件，此類零件大都由鑄造再經加工而成。形體一般較為複雜、不規則，但它必須與其他零件裝配在一起，才能完成一定的工作任務。根據零件自身的工作特點和其他零件的裝配關係，殼體零件一般可分解為下列幾個大部分(圖 15-15)。

連結部分

工作部分

安裝部分

圖 15-15　蝶型閥殼體

工作部分：是殼體零件的主要部分，其內腔包容其他主要零件和傳動部分，是為實現
　　　　　零件的主要功能而設計。

連結部分：是指殼體及其組合體與其他零件的連結部位，通常指零件上的一些凸緣或
　　　　　螺紋等連接結構。

安裝部分：是零件安裝到其設施上的連接部分，亦即零件對外之連接。在安裝時為了
　　　　　減少加工面，並使安裝時有較平整的接觸面，其構造之形狀通常設計成如
　　　　　圖 15-16 所示之形狀。

支撐加強部分：是為提高零件之強度，通常作成助板等形狀。

圖 15-16　安裝時常用之構造形狀

　　注意以上所述四部分並非所有殼體零件都有，有些零件設計較簡單，可能只有工作部
分、連結部分以及安裝部分，而不需要支撐加強部分，本圖例即是。最簡單的零件也可能
只有工作部分及連結部分；複雜的零件也可能有兩個以上的工作部分，因此零件在總體形
狀分析時，只要把握其結構特徵，將有助於製圖與識圖。

1. 殼體零件之視圖選擇

由於此類零件結構較複雜，加工位置變化亦較多，一般需要三個以上視圖。因此通常以自然安放位置或依工作位置放正，以最能表達其特徵及相對位置作為前視圖，且此視圖亦大都以全剖視圖表達，用以表達殼體內部的主要結構和各部位的壁厚。

本蝶型閥殼體，除前視圖採用全剖視圖外，俯視圖需以局部剖視表達螺孔之深度，再以局部左側視圖表達凸緣之螺孔數(圖 15-17)。這樣，該零件的內外結構就完全表達清楚。總之零件形狀之表達是一個具有靈活性的問題，沒有絕對的標準可循，只有經過多畫、多看、多比較，才能提高表達能力，才可能把零件表達得正確、完整、合理以及簡單、清晰。

圖 15-17　蝶型閥殼體零件圖

2. 殼體零件之尺度標註

尺度基準是標註尺度的起點，要做到合理標註尺度，首先必須合理選擇尺度基準。選定基準時，要根據零件在機器或機構中的作用、裝配關係、重要的基本結構要素及零件加工、測量等狀況，亦即要考慮設計要求，又要符合加工方法及程序等。殼體類零件尺度較多，每個方向至少有一個主要尺度基準。根據實際情況通常選取主要軸孔的中心線和軸線。(圖 15-17 中ϕ16H7 及ϕ26H7 之軸線)，零件的對稱面、端面或安裝面(圖 15-17 中ϕ46或ϕ72)為主要尺度基準，並注意孔位與加工面之尺度應直接標出(圖 15-17 中 33、36)，孔與孔間之標註(圖 15-17 中ϕ72、ϕ36)，螺孔如未穿通，其深度尺度必須依材料查設計製造手冊後標註之，如本殼體材料為鋁合金，以 M6 之螺釘，其鑽孔深度為 15、螺孔深度則為11。其他之大小尺度、亦須一一標註(如圖 15-17 中ϕ14、ϕ24、8、61……等)。

3. 殼體表面粗糙度、公差、配合等之標註

殼類零件需根據具體設計使用要求來確定各加工面的表面粗糙度、尺度公差、配合和其他如幾何公差等。在表面粗糙度的要求，有轉動需求之各面以「 $\overset{3.2}{\triangledown}$ 」表示，接觸表面以「 $\overset{12.5}{\triangledown}$ 」表示，其餘殼外輪廓可以「 $\overset{50}{\triangledown}$ 」表示，見圖 15-17。目前常有以壓鑄形成，有人主張以「 $\overset{50}{\triangledown}$ 」表示。但「 $\triangledown$ 」符號表示不得切削，並非不要切削，以「 $\triangledown$ 」表示，顯得要求太嚴苛，並不適當。又本殼體重要孔如ϕ16H7、ϕ26H7 因需與軸配合，故須加註公差。又ϕ38 孔為配合閥門之裝配，故須以ϕ38H7 來配合之 38g7 之閥門(見圖 15-21)。

二、軸類零件

軸一般用來傳動或支承齒輪、皮帶輪等傳動件。這類零件通常以車床加工，所以一般把軸線置於水平線位置。這樣的視圖既能表達其形狀結構且符合加工位置。

1. 軸類零件之視圖選擇

軸類零件一般只用一個視圖，如果要表達軸類零件上的安裝和加工結構用的鍵槽、銷孔、凹坑、螺紋孔、退刀槽、中心孔、油槽時，則可採用移轉剖視、局部剖視、局部放大視圖等來補充，如圖 15-18。

圖 15-18　蝶型閥軸之零件圖

2. 軸類之尺度標註

軸類零件之徑向尺度以軸線為主要基準；軸向尺度以作定位用之軸肩或端面為主要基準，如圖 15-18 所示。

3. 軸類之表面符號、公差、配合等之標註

軸上對予配合表面和重要表面，其粗糙度要求較高，如用於安裝滾動軸承大都為 0.8 μm，用於安裝齒輪或皮帶輪大都為 1.25 μm，用於鍵座工作面大都用 3.2 μm，其餘大都為 6.3 μm，見圖 15-18 所示。

對於尺度之公差亦有一定之精度要求，以得滿意且可靠的配合連接，但選用公差並不是一件容易的事，建議多搜集各種成品之參考資料，並重視前人的經驗。如圖 15-18 之 ϕ16g6 經查表得 $\phi16^{-0.006}_{-0.017}$；ϕ26f6 為 $\phi26^{-0.016}_{-0.027}$。鍵座採過渡配合故其公差採用 N9 或 P8，至於幾何公差部分，軸類零件為便於傳動平穩，較精密的狀況下則會有同軸度、對稱度以及圓偏轉度等之要求，本蝶型閥則可無這些要求。

三、搖臂

1. 視圖選擇

搖臂為支架類零件，其毛胚通常為鑄件或鍛件，需經多種機械加工，且每一個加工位置往往不同。通常按其工作位置或安裝位置來選擇其最能顯示其特徵之視圖，表達此類零

件通常需要兩個視圖以上。工作部分之內部結構通常採用全剖面或局部剖面，連接部分大都採用旋轉或移轉剖面之斷面形狀來表達，如圖 15-19。

圖 15-19　搖臂之零件圖

2. 尺度標註

支架類零件常以支承孔的軸線、對稱平面、安裝平面以及支承孔之端面作為寬、高、深三個方向之主要尺度基準。此類零件之大小尺度及位置尺度明顯，可使標註清晰及合理。(見圖 15-19)

3. 表面粗糙度、公差、配合等之標註

支架類零件一般根據使用要求來確定各部位之表面粗糙度及公差等。通常對連接部位不作具體要求，一般在設計時充分考慮，合理決定其截面形狀，使其滿足支撐連接要求即可。本零件因有與半圓鍵連接，在鍵槽部分，採過渡配合，故其公差採用 J9 或 P8，其表面粗糙度採 6.3 μm。(見圖 15-19)。

四、蓋板

1. 視圖選擇

此類零件大多為圓柱體，本圓柱體上有三個光孔，以螺釘貫穿與殼體螺孔結合。此類視圖大都以二個視圖表達，視圖中孔位圓上三個孔，必須以習用畫法在右側視圖中以二個表示之，見圖 15-20。

圖 15-20　蓋板零件圖

2. 尺度標註

蓋板之尺度標註，依大小尺度標註其形狀外，孔位圓尺度務必標註在孔位圓之圓形視圖上，見圖 15-20。

3. 表面粗糙度、公差等之標註

蓋板表面粗糙度之要求，一般以 6.3 μm 即可。至於軸孔部位，只要比軸φ16 大些，故可只用單向公差 $\phi16^{+0.15}_{0}$，而孔位圓上之三個孔，為套 M6 螺釘，故孔直徑為φ7。

五、閥門

1. 視圖之選擇

閥門為一橢圓盤，以二個視圖表達即可，如圖 15-21。閥門是以二個螺釘固定於軸上，用以開啓或關閉液(氣)體之流動，故二個孔必為光孔。

圖 15-21　閥門零件圖

2. 尺度標註

閥門為一橢圓盤，故以橢圓之長軸與短軸標註，二個孔是為光孔，用以供二個螺釘穿過孔固定於軸之 M6 螺孔上，故只要標註其孔之大小即可。角度則必須標註在形成角度之視圖(見圖 15-21)。

3. 表面粗糙度、公差等標註

本閥門為一橢圓盤體，故其表面粗糙度為 6.3 μm 即可，至於公差部分因其控制液(氣)體之流動，故須以 38g7 配合殼體孔ϕ38H7。(見圖 15-17，15-21)，38 為橢圓之短徑，故不得標以直徑。

15-5 繪製組合圖實例分析

零件圖一一繪製後，即進行組合圖之繪製。繪製組合圖前，除必須先瞭解該機器之工作原理外，並且須先注意各零件間的組合狀態，再選擇最能反映該機器裝配關係以及形狀特徵之視圖為主要視圖。一般大都以殼體之前視圖為前視圖，從殼體畫起。本蝶型閥是利用搖臂以鍵與軸連結，閥門利用兩螺釘固定於軸上，搖動搖臂則閥門截斷液流或氣流，殼體完成後，完成軸，再完成其他各零件，各零件組合完成後，須一一標註件號，切記其件號須與零件圖之件號相同如圖 15-22。當然標題欄與零件表亦均不可缺少。本圖例因考慮篇幅而省略，請讀者參考圖 15-14 之標題欄與零件表。

本圖例蝶型閥因僅由 9 種 12 個零件組合而成，其組合圖實際上也可只以一個視圖表達就可瞭解整個閥體各零件間之相關位置，也很清楚表達整個機構之結構，但為了使裝配者只要依組合圖即能瞭解整個機器或機構之完整性，組合圖還是盡量以清楚表達較為理想，因此本圖例仍以兩個視圖來表達較為理想(圖 15-22)。

圖 15-22　蝶型閥組合圖

如要以電腦繪製組合圖，繪製零件圖時，切記將尺度標註、表面粗糙度、公差等符號及註解與圖形之圖層分別放置，繪製組合圖時，可先將不用之圖層關閉，而將所需圖形分批插入，盡量選擇能快速、方便定位之點作為插入點，也應儘量以鎖點模式(Snap Mode)來保證圖形位置之正確性。零件圖插入後必須進行編輯，因此要用「Explode」指令將其分解，再進行編輯，編輯時可用「Break」、「Trim」、「Erase」等指令來完成。

15-6 校　對

工作圖完成後必需詳加校對有無錯誤或遺漏，校對時須有系統、有秩序地進行，每一尺度或特點經查核後，須以鉛筆或有色鉛筆在其上作一記號，並表明改正之點。

1. 假設自己為閱讀者，查察本圖是否易於閱讀。
2. 注意每一零件設計、畫法及視圖多少與布置是否正確適當。
3. 用比例尺校對所有尺度，必要時並加計算。

4. 觀察圖上尺度是否適合製造需要。

5. 校對尺度公差、形狀公差及位置公差，不影響成本與品質。

6. 觀察每一零件其加工之規定是否適宜。

7. 每一材料規範是否正確，及必需者是否列舉。

8. 每一細節必須與裝配時鄰近各件相互校對，有無適當間隙。

9. 校對機械運動時位置之間隙是否適當。

10. 各標準零件如螺釘、螺栓、銷、鍵、鉚釘等是否合於標準。

11. 校對標題欄與零件表或材料單中之細節。

12. 覆查全圖，必要時填加可增效率之註解。

15-7 工作圖閱讀

一台機器或一個機構之形成，一般大致是經由設計、構思工作原理後，概略繪製出其相關位置之組合圖，再慎思每個零件之形狀、功能後繪製出零件圖，依零件圖製造加工、完成所需之零件，再將此些零件一一組合裝配，繪製組合圖，完成機器或機構。(見圖 15-23)

圖 15-23 機器或機構設計製造流程

所以要閱讀一組工作圖必須注意下列各項：

1. 對整組工作圖先概括了解

先查閱標題欄、零件表以及有關註解，從標題欄及零件表瞭解機器和零件名稱及各零件之數量，由零件名稱體驗其用途，並對照零件件號瞭解零件在組合圖中之位置。

如圖 15-24、25、26 為軸承座之工作圖，看圖時從組合圖之標題欄中可瞭解此組工作圖名稱為軸承座，以 1：1 比例、第三角法繪製，至於繪製日期、審查日期以及圖號，因廠商之表示法不盡相同，所以本圖例空白未填註。從零件表中瞭解本軸承座由軸承底座、軸承蓋、襯套以及標準零件六角承窩螺釘四個、方鍵共五種八件組合裝配而成。其中底座與蓋之材料為鑄鐵 FC20、襯套為鋁青銅 C6191、鍵為鋼 S45C、螺釘為鋼 S30C。

5	六角承窩螺釘	4	S30C	M10x20
4	方　　鍵	1	S45C	5x5x60
3	襯　　套	1	C6191	
2	軸 承 蓋	1	FC20	
1	軸 承 底 座	1	FC20	
件號	名　　稱	件數	材料	備　註

校閱者		國立臺灣師範大學	
繪製者		工業教育學系	
比例	1：1	軸承座	日期
投影法	第三角		圖號

圖 15-24　軸承座之工作圖(一)

2. 分析組合圖關係和瞭解零件結構

一般閱讀工作圖時大都由組合圖之前視圖入手，根據各組合部位，分析各零件之位置關係，包括定位、連接關係以及裝配要求，並分析零件間之裝配關係，如傳動關係、連接和固定關係以及定位調整等。

本圖例軸承座因僅由 8 個零件組合而成，組合圖其實也只要一個視圖即可瞭解零件間

之相關位置，也很清楚表達整個機構之結構，但為使裝配者只要依組合圖即能瞭解整個機器或機構之完整性，組合圖還是能儘量清楚表達較為理想，故本圖例仍以兩個視圖表達。

3. 瞭解並確定每個零件之形狀、大小尺度、定位尺度以及表面粗糙度、公差配合等

瞭解軸承座整個機構之結構後，接著即需從零件圖去瞭解零件之形狀、尺度以及表面粗糙度、公差、配合等。本圖例主體為件 1 軸承底座(圖 15-25)，從零件表中知其材料為鑄鐵 FC20，繪圖比例為 1：1，以兩個視圖表達其形狀，依視圖中投影關係判別視圖形狀，從視圖中可知有兩個魚眼坑供固定用，有四個未穿通螺孔，使軸承蓋以六角承窩螺釘與之鎖緊，此時須注意底座為螺孔，軸承蓋之孔必為光孔。又為避免襯套在左右方向上有偏移及出現轉動現象，在底座上有一半圓之凹槽與襯套之凸緣配合，並且以方鍵固定之。

零件之形狀確定後，再了解此零件之大小，本底座總寬高深為 190、43、60，其中孔與孔間為定位尺度，其餘為大小尺度，鍵槽部份均需考慮公差與配合。表面粗糙度從零件 1 之公用表面符號可知，除與鍵、軸承蓋及襯套接觸面採「$\sqrt{}$ Ra 6.3」底面採「$\sqrt{}$ Ra 12.5」外，其餘均為「$\sqrt{}$ Ra 50」。為配合襯套ϕ52 部分之公差配合採 H7(襯套為ϕ52g6)，46 之尺度只能小不能大，故為 $46^{0}_{-0.25}$ (襯套則只能大不能小，為 $46^{+0.16}_{0}$)，為與鍵配合採 Js9，54.3 之尺度為 $54.3^{+0.1}_{0}$，另兩螺旋孔距離之公差均為 ±0.12。

其餘零件 2、零件 3 之閱讀均依此零件之閱讀方式瞭解之。其中零件 2 柱孔為配合 M10×20 六角承窩螺釘，其大小為ϕ11，ϕ17.5 及深 10 之尺度均從機械設計與製造手冊查得。表面粗糙度方面零件 2 以鑄造形成，故「$\sqrt{}$ Ra 50」，與襯套、底座之接觸面採「$\sqrt{}$ Ra 6.3」，零件 3 襯套裡面配合軸承，故為「$\sqrt{}$ Ra 12.5」。另外，閱讀時重要部分有時仍需再查手冊，以確定其正確性。

圖 15-25　軸承座之工作圖(二)

圖 15-26　軸承座之工作圖(三)

15-8 工作圖之更改

工作圖印製完成，若需更改應記於圖上，並換已更改之新圖。若更改範圍甚廣，可將原圖註明作廢另繪新圖代替，而將新舊圖號分別填入標題欄圖號之下方註明「以本圖代_____」及「_____代本圖」。

工作圖之更改，一般情況都於標題欄中附加更改記錄，以便記入簡潔之更改意見，記錄與圖上更改部分所用相同之更改記號以資對照，填寫次序自下而上，亦有於 A0、A1、A2 及 A3 大小之各圖中，其更改欄列於標題欄之左方或圖之左下角，其填寫次序自下而上，而 A4 大小之各圖則列於圖之右上角，其填寫次序自上而下。更改欄之格式如圖 15-27 和圖 15-28。

記 號	更改日期	更 改 說 明	更 改 者
⚠3			
⚠2			
⚠1			

圖 15-27　自下而上之更改欄

記 號	更改日期	更 改 說 明	更 改 者
⚠1			
⚠2			
⚠3			

圖 15-28　自上而下之更改欄

若將一圖一部分作廢，則可在該部分密畫 45°平行細線。若尺度數字更改，則請參考圖 9-60 所示尺度更改之標註標示外，並於更改欄內詳填其內容。電腦製圖時，對於工作圖之更改仍然照樣做，保留原設計之數字，不宜刪除，藉以保留原設計或製造時之缺失，可供日後參考。

15-9 圖之貯藏

　　過去工作圖大都歸檔平放或捲置於特製之櫥櫃內。成套的工作圖亦均裝訂成冊，以便於取閱。雖然現在科技進步，對於圖的貯藏，大都直接貯存於光碟或硬碟上，既方便又能節省許多的貯存空間，但為求能永續經營，建議除存於硬碟或光碟外，亦能採圖面輸出後裝訂成冊，較易做為日後，研究發展之參考。

本章習題

一、基礎題型

請繪製下列各物件之零件圖。

1. 軸導板

2. 裝配架座

3. 夾板塊

4. 摩擦軸承

5. 運輸器吊架

6. 角繫塊

二、進階題型

(一) 請依下列各題之組合圖繪製其零件圖。

1. 撓性固定板

2. 擺動機構

3. 定位器

4. 支持架

工作圖

15-31

5. 馬達調整座

13	六角螺釘	4	S25C	M4 X14
12	六角螺釘	2	S25C	M6 X12
11	方　鍵	2	S45C	4X4X25
10	擺動軸	1	S45C	⌀10X72
9	固定軸	1	S45C	⌀16X104
8	旋轉塊	1	S45C	
7	固定螺帽	1	S45C	
6	拉　桿	1	S45C	
5	軸　蓋	2	FC20	
4	軸　架	1	FC20	
3	聯　座	1	FC20	
2	馬達座	2	FC20	
1	底　座	1	FC20	
件號	名　稱	數量	材料	備　註

6. 輕便鉗夾

7. 提鉗

8. 車床停止器

9. 頂壓器

10. 止回閥

(二) 請抄繪下列各物體之零件圖外，並繪製其組合圖。

　　1. 刀柱

5	螺　　釘	1	S45C
4	方　　塊	1	S45C
3	圓　　環	1	S45C
2	楔	1	S45C
1	架　　座	1	FC20
件號	名　　稱	件數	材料

2. 萬向接頭

3	螺 釘	4	S25C
2	環	1	S25C
1	叉 桿	2	SC45
件號	名 稱	件數	材料

3. 軸架

A-A 剖面

3	螺 釘	2	S25C	M8x30
2	上 蓋	1	FC20	
1	本 體	1	FC20	
件號	名 稱	件數	材料	備註

(三) 下圖為軸承座各零件之立體圖，請依下列說明作圖。

   i   以 1：1 之比例繪製各零件之工作圖，其中 A、B、C、D 部分請查手冊。

   ii   以 1：1 之比例繪製組合圖。

4. 六角承窩螺栓　M10x20

5. 平鍵　5x5x60

(四) 下列各題為物體之立體組合圖或立體系統圖，請依圖示尺度，以適當比例，繪製其零件圖及組合圖，圖中尺度未完整者，請自行設計。

1. 軸頸座

2. 固定夾

3. 圓柱夾持器

4. 齒輪拔取器

5. 定位器

6. 吊管架

7. 劃線針台

8. 小虎鉗

14 平行銷 ⌀4m6x22
15 平行銷 ⌀3m6x20

(五) 圖示為齒輪減速機之立體系統圖，材料清單及零件 5，零件 6 之零件圖，請依下列各題意繪製。

7	襯　環	1	S30C	
6	從 動 軸	1	S45C	
5	主 動 軸	1	S45C	
4	正 齒 輪	1	S45C	
3	正 齒 輪	1	S45C	
2	側　蓋	1	FCD40	
1	本　體	1	FCD40	
件號	名　稱	件數	材料	備註

15	鍵	1	S30C	4x4x14
14	鍵	1	S30C	5x5x14
13	螺　釘	1	S45C	M8x10
12	螺　釘	6	S45C	M5x12
11	扣　環	1	SUP3	內扣環 40x1.75
10	軸　承	2	SCr440	#6200
9	軸　承	2	SCr440	#6203
8	襯　環	1	S30C	

(1) 抄繪零件 2 之工作圖。

(2) 依變速箱立體系統圖所示及組合圖之左側視圖及零件 1 之右側視圖，完成組合圖，其中
齒輪之齒數 20 及 15，模數為 3，壓力角為 20°，齒形為全齒高，齒寬 20。

組合圖之左側視圖

零件 1 之右側視圖

(六) 圖示為凸緣形球閥之組合圖及零件 1 之零件圖，請依圖示尺度抄繪零件 1 之零件圖，
並依圖示繪製零件 2、4、6 之零件圖。

17	閥蓋固定螺釘	2	S30C	M8x0.75 L=25
16	閥體固定螺釘	4	S30C	M8x0.75 L=20
15	C 型扣環	1	SUS304	
14	墊 圈 二	1	PPL	
13	墊 圈 一	1	PPL	
12	填 料 三	1	PPL	
11	填 料 二	1	PPL	
10	填 料 一	1	PPL	
9	密 封 圈	1	PPL	
8	球 座	2	PPL	
7	指 示 板	1	SCS13	
6	把 手	1	FC20	
5	球 型 旋 塞	1	SCS13	
4	轉 軸	1	SCS13	
3	閥 蓋	1	SCS13	
2	閥 體 二	1	SCS13	
1	閥 體 一	1	SCS13	
件號	名 稱	件數	材 料	備 註

1. √ Ra 50 (▽)

註解：
1. 未註明之鑄造公差依 CNS 4021 B1040
2. 未註明之機削公差依 CNS 4018 B1037
3. 未註明之內外圓角皆爲 R1
4. 未註明之機削去角爲 0.4x45°

X (5 : 1)

(七) 圖示為減速機構之組合圖，及零件 1 之零件圖，請依圖示尺度抄繪零件 1 之零件圖，
並依零件 1 圖示及零件清單繪製其他各零件之零件圖。

19	止栓螺釘	1	S45C						
18	橡皮墊圈	1	橡皮		37	密　墊	2	橡皮	
17	油窗螺釘	1	S45C		36	密　墊	2	橡皮	
16	橡皮墊圈	1	橡皮		35	密　墊	2	橡皮	
15	外　蓋	1	FCD40		34	平　鍵	1	S30C	8x7x20
14	襯　套	1	S30C		33	油窗螺釘	1	S45C	M12x5
13	油封襯套	1	S30C		32	六角承窩螺釘	8	S45C	M5x16
12	蝸桿軸	1	SNC3		31	六角承窩螺釘	4	S45C	M6x28
11	外蓋座	1	FCD40		30	平　鍵	1	S30C	6x6x18
10	外襯套	1	S30C		29	止推軸承	1	SCr440	52204
9	間隔襯套	1	S30C		28	墊　圈	1	S25C	⌀7x⌀21x1.5
8	襯　套	1	S30C		27	六角頭螺栓	1	S45C	M6x12
7	外襯套	1	S45C		26	定位銷	2	S45C	圓銷⌀3m6x10
6	外　蓋	1	FCD40		25	六角承窩螺釘	8	S45C	M5x10
5	蝸輪軸	1	S45C		24	滾珠軸承	2	SCr440	6203
4	外支蓋	1	FCD40		23	油　封	1		S 型 24x40x8
3	蝸　輪	1	BC3		22	扣　環	1	SUP3	17x1
2	上　蓋	1	FCD40		21	平　鍵	1	S30C	5x5x12
1	基　座	1	FCD40		20	墊圈環	1	橡皮	
件號	名　稱	件數	材料	備　註	件號	名　稱	件數	材料	備　註

Chapter

16

徒手畫與實物測繪

16-1 徒手畫與用器畫

在工業用圖的範圍內，只用紙、筆、橡皮，不用丁字尺、三角板、圓規、電腦等工具繪成的圖，稱為徒手畫。反之，應用丁字尺、三角板、圓規、電腦等工具繪成的圖，稱為用器畫。本書中除本章外，提到的繪製方法都以用器畫為依據。

徒手畫與用器畫所依據的原理原則完全相同，表達的目的也同，只是繪製時所用的工具不同，繪製的技巧略有差別而已。徒手畫中的圓或直線等是不用圓規或尺等畫出，所以不可能也不要求畫得像用圓規或尺畫的那樣圓直，線段的長度憑眼睛估計，不是用尺度量得到，不會很準確，這是徒手畫與用器畫的主要不同。

工業上任何新產品或新工程在設計的開始階段都需要徒手畫來記錄與表達設計人員的新構想，原始的徒手畫更是保障發明和專利的最佳證明。在今天的工業社會裡面時間就是金錢，任何機器或工程的搶修，都需要在極短的時間內完成，工程人員不得不以徒手畫代替用器畫來表達待修部位。在我們日常生活之中，如果要把心裡面所想到的形狀表達給有關的工作人員，在一般語言文字不足以表達的情況下，徒手畫便是最有效的表達方法，所以徒手畫在工業上佔有相當重要地位，是工程製圖教學中不可忽略的一部分，其繪製技巧不但有益於工程師、設計員、工業技術人員，也有益於生活在工業社會中或與工業有接觸的任何人。

16-2 徒手繪製的技巧

徒手繪製時用的筆，一般都採用硬度為 HB 的鉛筆，筆尖削成圓錐形。紙張採用 80 g/m^2 至 115 g/m^2 的模造紙或道林紙，初學者可採用印妥 5 mm 淺色的格紙，常用的格紙有方格的和三角格的兩種(圖 16-1)。橡皮採用軟性者。

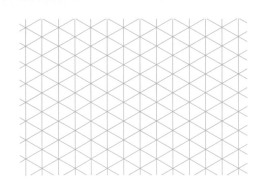

圖 16-1　方格紙和三角格紙

　　徒手繪製的基本技巧不外是畫直線、估計線長、定中心、畫圓、畫橢圓等。徒手畫直線只求方向對，線的粗細和間隔符合規定即可，中途稍有扭曲是沒有太大的關係(圖 16-2)，所以畫時手的肌肉要放鬆，不要太緊張，運用均勻的力量，水平線自左向右畫、直立線自上向下畫、傾斜線接近水平線者自左向右畫、接近直立線者自上向下畫，不然將紙轉位，使傾斜線變成水平線或直立線來畫(圖 16-3)。徒手畫直線最感困難的地方是在控制直線的方向，初學者可利用格紙，沿格線練習，可獲得直線方向的控制。

　　徒手畫中線長的決定全憑目測，雖然不會像用尺量那樣準確，但常讀尺上各種刻度所代表的線長，經長期練習後，估計所得也不致相去太遠，初學者可利用格線，數格數以決定線長。

粗實線　————————————————

細實線　————————————————

虛　線　— — — — — — — — — —

一點細鏈線　——————·——————·——————

二點細鏈線　———··———··———··———

一點粗鏈線　━━━·━━━·━━━·━━━

圖 16-2　徒手繪製的線條粗細和間隔

圖 16-3　徒手畫直線

正方形、矩形或平行四邊形可連其對角線而得其中心，即對角線之交點即為其中心所在(圖 16-4)。

徒手畫內切於菱形的橢圓，先取菱形各邊的中點，則對邊中點的連線，便是橢圓的一對共軛徑，經過各徑端點，慢慢圈出內切於菱形的橢圓(圖 16-5)

圖 16-4　定中心　　　　　　　　　　圖 16-5　徒手畫內切於菱形的橢圓

徒手畫圓時，是先畫出兩條互相垂直相交的中心線，交點即為圓心，必要時可加畫二條約 45°傾斜的中心線，自圓心起，在這些中心線上估計圓的半徑定點，經過這些點慢慢圈出圓形。徒手畫圓的另一種方法，是先畫出圓形的外切正方形，判斷切點所在，再連正方形對角線，其交點即為圓心，自圓心起，在對角線上估計圓的半徑定點，經過這些點慢慢圈出圓形(圖 16-6)。

圖 16-6　徒手畫圓

　　徒手畫圓弧與徒手畫圓的方法相似，是先畫出兩條互相垂直相交的中心線，交點即為圓心，必要時可加畫二條傾斜的中心線，自圓心起，在這些中心線上估計半徑定點，經過這些點慢慢圈出圓弧。徒手畫圓弧的另一種方法，是先根據圓弧的半徑，畫出圓弧外切的正方形，連正方形對角線，在對角線上自圓心起估計半徑定點，再圈出圓弧(圖 16-7)。

圖 16-7　徒手畫圓弧

16-3　徒手畫等角圖

　　立體圖的種類很多，各種立體圖都可以徒手繪製，但以徒手繪製等角圖者居多。因為徒手畫與用器畫所根據的原理原則完全相同，所以徒手繪製等角圖的步驟仍依據本書第十章所述者，只是在繪製時捨棄圓規、尺等儀器，運用徒手繪製的技巧繪圖。在繪製前，先考慮物體的正面，確定物體的寬度、高度、深度分別所屬的等角軸，再估計圖上的線長與物體線長間的關係，然後用底線畫出等角軸線，根據物體的全寬、全高、全深在等角軸線上估計定點，務使各線長之間的比例與物體上對應線長之間的比例不相去太遠，畫出包著此物體的方箱，再估計各細節所在之點，逐步完成各細節(圖 16-8)。

圖 16-8　徒手畫角柱體的等角圖

　　若圓柱體、圓孔、圓弧物體的圓或圓弧均在等角面上時，則徒手畫圓柱體的等角圖，是先畫出包著此圓柱體的方箱，取端面菱形上各邊的中點，以等角線畫出二相交的中心線，因圓形在等角面上是畫成內切於菱形的橢圓，所以以徒手畫內切於菱形橢圓的方法先圈出近端面上的的橢圓，再連出菱形的長對角線，以此長對角線爲界圈出遠端面上可以見到的半個橢圓，就可完成圓柱體的等角圖(圖 16-9)。

圖 16-9　徒手畫圓柱體的等角圖

　　徒手畫圓孔的等角圖，則先根據圓孔的位置及圓孔的直徑，畫出圓孔在等角面上的外切菱形，取菱形各邊的中點，以等角線畫出二相交的中心線，圈出孔口內切於菱形的橢圓，於此橢圓上任取幾點，向孔深的方向畫線，在這些線上取孔深定點，經過這些點圈出孔底在孔口露出的部分橢圓，就可完成圓孔的等角圖(圖 16-10)。

圖 16-10　徒手畫圓孔的等角圖

　　徒手畫圓弧的等角圖，則先按圓弧所在的部位以直角的情形畫出，再根據圓弧的半徑找出橢圓弧的切點，分別圈出所需的橢圓部分，若遠端面上的橢圓弧被遮住時，應先以等角線畫出近端面上圓弧的中心線，連菱形的對角線，在遠端面上畫出同樣的對角線彼此平行，先圈出近端面上的橢圓弧，再以剛才所畫的對角線為界，圈出遠端面上可見部分的橢圓弧即成(圖 16-11)。

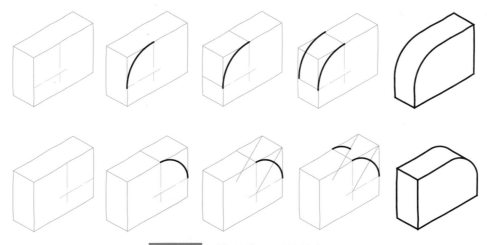

圖 16-11　徒手畫圓弧的等角圖

　　在初學徒手繪製等角圖時，可利三角格紙(圖 16-1)來練習，沿著格線畫直線便是等角線或等角軸線，這樣可使等角線或等角軸線的方向不致偏轉，而且物體高、寬、深三方向的線長可以數格決定，效果非常理想(圖 16-12)。

圖 16-12　利用三角格紙畫等角圖

材料：檜木

圖 16-13　徒手立體工作圖

　　如果能在畫妥的徒手等角圖上，按照前述標註尺度的原理原則，以徒手標出製作此物體時所需的尺度和註解，便成為可供實用的徒手立體工作圖(圖 16-13)。

圖 16-14　徒手立體分解系統圖

　　若一物體是由多個零件組合而成，也可以徒手畫出其立體分解系統圖，即按各零件在未裝配前的情況，在一張圖紙上分別依照將要裝配的順序，對齊軸線，盡量避免各零件的重疊，徒手畫出各零件的等角圖，便得徒手立體分解系統圖(圖 16-14)。

16-4　徒手畫正投影多視圖

　　徒手畫正投影多視圖與用器畫正投影多視圖相同，先要考慮物體的正面，研究選用那幾個視圖才能將此物體的形狀表達清楚，再估計圖上的線長與物體實際線長之間的關係，決定圖面布局，根據物體的全寬、全高、全深以底線畫出各視圖的最大範圍，注意各線條應有的粗細和畫法，定中心，畫出中心線，圈出圓及圓弧部分，再逐一完成其他細節，即得所需之視圖(圖 16-15)。

圖 16-15　徒手畫正投影多視圖

　　在初學徒手繪製正投影多視圖者，可利用方格紙(圖 16-1)來練習，水平線和直立線沿著格線畫，方向便不致偏斜，而且線長可以數格決定，非常方便實用(圖 16-16)。

圖 16-16　利用方格紙畫正投影多視圖

　　如果能在畫妥的徒手正投影多視圖上，按照前述標註尺度的原理原則，以徒手標出應有的尺度和註解，便成爲可供實用的徒手平面工作圖(圖 16-17)。

編號	名　稱	數量	材料	備註
1	鉤	1	SC42	
2	滑輪	1	SC37	
3	主架	1	S20C	
4	軸	1	S40C	
5	套筒	1	BC1	
6	螺帽M12	1	S20C	有槽
7	開口銷	1	S12C	φ3
8	圓銷	1	S20C	φ3

吊鉤			
比例	1:2	校閱者	
單位	mm	繪製者	
日期	89.8.5	圖　號	1215

圖 16-17　徒手平面工作圖

16-5 實物測繪

　　若欲將已有的機器(實物)從事改良，或遇機器(實物)上某一零件損壞磨耗需及時換修，便將此機器(實物)拆卸開來，分解成個別的零件，就一個個的零件，分別以徒手畫出其視圖，再用測量工具測出該零件上各部位的大小，在圖中標出其應有的尺度和註解，便是實物測繪。

　　從事實物測繪之順序如下：

1. 設法瞭解實物之用途、各部分的構造與功能。

2. 決定拆卸與裝配各零件之方法。

3. 準備所需之工具，盛裝零件之容器，區別零件之標籤等。

4. 若測繪之實物為大型之機器，應先將之分為幾個局部組合，每人負責一部分或分次分批進行測繪，務使組合復原前，分屬各局部組合之零件，沒有混合在一起的機會。

5. 細心拆下每一個零件。具有較多零件之實物，每拆下一個零件，即刻附上標籤或做記號，並依次編號，必要時隨即徒手畫出其組合圖，以確定各零件組合之位置與方向等。

6. 在拆卸過程中，盡量不破壞或損傷各零件，所以遇不易拆下之零件，以不拆開為原則，設法由外觀及功能推測其形狀與大小，除非不擬復原時，才設法拆開。

7. 將拆下的零件，逐一擦拭乾淨，易生銹者上油防銹。

8. 除標準零件外，各零件盡量以實際大小分別畫出其應有之視圖。

9. 若零件之外形為不規則形者，可採用保險絲等軟質金屬絲緊圍其周圍而得其形狀(圖 16-18)。若其表面為平面者，可在其表面塗上紅丹，然後覆印於紙上，如蓋圖章般，而取得其形狀(圖 16-19)。

10. 確定零件上之基準面，運用適當之量具，量出各部位之大小，除非特別細小之部位外，長度以公釐之整數、角度以度之整數為單位，每測得一個尺度，即刻將此尺度註入圖中。

11. 核對各零件相互配合之部位，研究應有之配合狀況，將其尺度作必要之校正，並賦予應有之專用公差。

12. 判斷表面狀況，標註表面符號，或應有之註解以說明表面處理、硬度等，務以省時、省工、省料，而不失原有功能，且不增加製作難度，不提高製作成本為原則。

13. 確定零件材質。

14. 徒手畫出其組合圖後，將各零件組合復原。

15. 在圖上將各零件按其重要性或材質等重新編出其零件編號。

16. 在零件表中列出標準零件及其規格，即完成實物測繪。

圖 16-18　用軟質金屬絲緊圍其周圍　　　　圖 16-19　在其表面塗上紅丹覆印於紙上

16-6　拆裝工具

拆裝大型機器(實物)，需要在機械工場進行，小型的機器(實物)，則在普通工作台上即可進行，拆裝時需要的一般工具有：扳手、起子、鎚、中心衝、鉗子等，分述如下：

1. 扳手

扳手是用來拆裝螺栓、螺帽等。扳手的種類很多，有套筒扳手、梅花扳手、開口扳手、活動扳手、六角扳手等(圖 16-20)。

圖 16-20　各種扳手

2. 起子

起子是用來拆裝小型螺釘。有一字起子與十字起子兩種(圖 16-21)。使用時,要注意起子的大小與螺釘頭部的槽寬配合(圖 16-22),否則會損壞螺釘。

圖 16-21　各種起子　　　　　圖 16-22　起子的大小與螺釘頭部的槽寬配合

3. 鎚

鎚是用來敲打組合件,以便裝入或退出。有鐵鎚、木鎚、塑膠鎚、橡皮鎚等數種(圖 16-23)。

圖 16-23　各種鎚

4. 中心衝

中心衝是用來退出定位銷,或在二組合件上作配對記號(圖 16-24)。

圖 16-24　中心衝

5. 鉗子

鉗子是用來拆裝扣環、切斷金屬線，或夾持零件。有尖嘴鉗、平口鉗、管子鉗等數種 (圖 16-25)。

圖 16-25　各種鉗子

16-7　測量工具及其使用法

實物測繪時，測量零件各部位大小的測量工具，常用的有：鋼尺、捲尺、內卡、外卡、分厘卡、游標卡尺、半徑規、厚薄規、線規、表面粗糙度標準片等數種，其用途和使用方法分述如下：

1. 鋼尺

鋼尺是直尺的一種，零件上一般長度都用鋼尺測量。市上出售的鋼尺常用的有長 15 公分和 30 公分的兩種。尺上的刻度一般均為每一小格 1 mm(圖 16-26)，比較精密的有每一小格 0.5 mm 者，用時要看清刻度，並自零刻度處量起。

圖 16-26　鋼尺

圖 16-27　捲尺

2. 捲尺

零件上有長於 150 mm 或 300 mm 以上的長度，無法用鋼尺一次度量時，使用捲尺測量。市上出售的捲尺長度也有多種，其中以二公尺長者為最常用，尺身金屬製，尺端帶鉤者比較理想。便用時，將鉤鉤住起點，尺上的刻度是每一小格為 1 mm(圖 16-27)。

3. 內卡和外卡

零件上的內徑或內部尺度，可用內卡測量；外徑或外部尺度可，用外卡測量，如欲測量凹槽的槽底直徑、輪的腹板厚度或位於內部的孔徑時，則需採用移距式的內卡或外卡，這種內卡或外卡上附有一卡葉，於測得距離時，將卡葉用螺釘旋緊，固定其位置，然後將內卡或外卡脫出實物，再將卡腳套回原已定位的卡葉，則兩卡腳的張口即為所測之距離(圖 16-28)。

圖 16-28　用移距式內卡或外卡測量

因為內卡或外卡是本身沒有刻度的測量工具，所以要和鋼尺配合使用。在用內卡測量時，要使內卡與欲測距離垂直，測得距離後，左手持鋼尺，右手持內卡，將鋼尺一端及內卡一腳尖同靠在一平面上，讀另一腳尖處的刻度而得(圖 16-29)。更可用內卡測量孔口深度，如圖 16-30 所示。

圖 16-29　用內卡測量

圖 16-30　用內卡測量孔口深度　　　　　圖 16-31　用外卡測量

在用外卡測量時，要使外卡與欲測距離垂直，測得距離後，以左手持鋼尺，右手持外卡，使外卡之兩腳尖與尺邊平行，一腳尖緊靠鋼尺端，讀另一腳尖處的刻度而得(圖 16-31)。

4. 分厘卡

分厘卡分成用以測量外徑或外部尺度的外徑分厘卡(圖 16-32)，和用以測量內徑或內部尺度的內徑分厘卡(圖 16-33)。分厘卡是屬於精密的測量工具，可精確測量至 0.01 mm，而且每一支分厘卡能測量的尺度範圍有一定，即 0～25 mm 的分厘卡，只能用於測量 25 mm 以下的距離；25 mm～50 mm 的分厘卡，只能用於測量 25 mm 以上 50 mm 以下的距離，其他依此類推。

砧座　心軸　內筒　外筒　彈簧鈕

圖 16-32　外徑分厘卡　　　　　　圖 16-33　內徑分厘卡

分厘卡內筒上的刻度每一小格為 0.5 mm，外筒上全周分為 50 格，外筒旋轉一周進或退內筒上的一格，故外筒周圍每一小格為 0.01 mm。讀分厘卡的刻度，是先讀內筒上位於外筒前方的整刻度數，再讀外筒上的刻度數，兩者相加，即得所量距離之尺度，如圖 16-34 中內筒上的整刻度數為 6.5 mm，外筒上的刻度對準內筒橫線處為 0.24 mm，兩者相加，得其讀數為 6.74 mm。

圖 16-34　分厘卡上讀數為 6.74 mm

圖 16-35　砧座與心軸對準欲測距離

　　用分厘卡測量時，應先估計測量的距離，選取適當範圍的分厘卡。反時針旋轉外筒，使砧座與心軸間的張口略大於欲測之距離，將欲測之實物夾入張口，使砧座與心軸對準欲測距離(圖 16-35)，順時針旋轉彈簧鈕，聽得「卡、卡」聲，即停止旋轉，讀出讀數，然後反時針旋鬆外筒，將實物脫出分厘卡。分厘卡應經常保持清潔，謹慎收藏，以維持高度的精確，收藏前應以乾淨的輕油布擦拭，並使砧座與心軸間稍留間隙。

5. 游標卡尺

　　游標卡尺的用途非常廣泛，可用於測量外徑或外部尺度、內徑或內部尺度、孔的深度、階梯的梯級高度等，是屬於精密的測量工具，可精確測量至 0.05 mm 或 0.02 mm。由本尺與游尺兩大部分組合而成，本尺與一般鋼尺相似，其刻度為每一小格 1 mm，游尺是將本尺的 19 小格分刻成 20 小格，則游尺每一小格為 0.95 mm(19÷20=0.95)，本尺一小格與游尺一小格的差為 0.05 mm(1－0.95=0.05)，此種游標卡尺可精確測量至 0.05 mm。若游尺是將本尺的 49 小格分刻成 50 小格，則游尺每一小格為 0.98 mm(49÷50=0.98)，本尺一小格與游尺一小格的差為 0.02 mm(1－0.98=0.02)，此種游標卡尺可精確測量至 0.02 mm。

　　讀游標卡尺的刻度，是先讀本尺上游尺零刻度對準處之整刻度數，再讀游尺上與本尺刻度成一直線處的刻度數，兩者相加，即得所量距離之尺度，如圖 16-36 中，本尺上游尺零刻度對準處之整刻度數是 46 mm，游尺上與本尺刻度成一直線的刻度數是 0.72 mm，兩者相加，得其讀數為 46.72 mm。

圖 16-36　游標卡尺上的讀數為 46.72 mm

　　用游標卡尺測量時，要使測爪與欲測量的距離垂直，並使實物與本尺靠近，慢慢推動游尺，待測爪觸及實物時，讀出讀數(圖 16-37)。如用游標卡尺測量孔的深度，應使游標卡尺尾端測桿伸入孔中，使測桿與孔軸平行，尾端面輕觸孔口；測量階梯的梯級高度，則使本尺前端面抵住梯面，使游尺之內徑測爪端面停於欲測梯級之高度處，讀出讀數(圖 16-38)。游標卡尺亦應經常保持清潔，謹慎收藏，以維持高度的精確。

圖 16-37　測量外部或內部尺度　　　　圖 16-38　測量孔的深度或階梯梯級高度

6. 半徑規與厚薄規

　　半徑規與厚薄規由鋼片製成，一組數片，狀如一串鑰匙(圖 16-39)，半徑規是用於測量內外圓角的半徑(圖 16-40)；厚薄規的厚度自 0.01 mm 起；用來測量配合件間之間隙。

半徑規　　　　　　　　厚薄規

圖 16-39　半徑規與厚薄規　　　　圖 16-40　用半徑規測量內外圓角的半徑

7. 線規

　　線規是由一塊圓形金屬片製成，周邊具有許多不同寬度的缺口(圖 16-41)，用來測量板金的厚度與金屬線的直徑所代表的號數。

圖 16-41　線規

圖 16-42　表面粗糙度標準片

8. 表面粗糙度標準片

表面粗糙度標準片(圖 16-42)隨加工方法的不同而分類，常用的有車削、刨削、研磨、銑削等數種，用來比對零件表面的粗糙度。在比對之前，先要判斷零件表面是用何種加工方法加工而得，選擇適合的表面粗糙度標準片與零件面比對，取其相同處之粗糙度值。

事實上從事一般性的實物測繪，只要有鋼尺和卷尺二樣測量工具即已足夠，另外備一根牙籤般粗細的小棒，用以協助測量小孔之深度。因為一般實物測繪中，小數點以下的公釐數沒有測出的必要，除非是特別講究的實物或本身就是個細小的物體。當然製造工場中用到的各種測量工具都可應用在實物測繪上，但非常精密的特種測量工具，非實物測繪所必需。

16-8　材質的研判

對於零件材質的判斷，就其外貌，只能從色澤、硬度、磁性等加以預估，而確實的材質判斷只有留待專職的材料試驗單位，但是產製零件時所用材料是否合適，除了影響產製的成本外，更影響零件的品質，所以實物測繪時，對於零件材質的判斷應特別謹慎。

一般零件的材質，屬於非金屬者、例如木材、軟木、橡皮、塑膠、紙板，棉紗等，外表各有明顯的特徵，比較容易辨認。屬於金屬者，可就鐵金屬與非鐵金屬加以研判。一般鐵金屬都能被磁鐵所吸引，非鐵金屬則否。在鐵金屬中，分辨鐵與鋼，若可用砂輪研磨，則觀其火花，火花根部呈紅色者為鐵，呈白色者為鋼。在碳鋼中，含碳量愈多，火花愈短，分裂愈多，所以高碳鋼的火花最短，分裂最多(圖 16-43)。今按常用鐵金屬、非鐵金屬、非金屬分別列表於後供參考。

含碳量 %							
0.05以下	0.05	0.1	0.2	0.25	0.3	0.4	0.5

圖 16-43　碳鋼的火花

表 16-1　常用鐵金屬

鐵　金　屬		CNS 符 號 例	特　　性	使 用 場 合
鑄鐵	灰鑄鐵	FC10、FC15、FC20 FC25、FC30、FC35	性脆、耐磨、易切削、減震力強、表面硬而粗糙、灰白色	機器底座、粗大零件
	可鍛鑄鐵	黑心 FCMB28、FCMB35 白心 FCMW34、FCMW38 波來鐵 FCMP45、FCMP50	具韌性、耐磨	車輛、農具零件、 具薄斷面之零件
	球狀石墨鑄鐵	FCD40、FCD45、 FCD50、FCD60、 FCD70、FCD80	強度比灰鑄鐵高出三倍 具有鋼之韌性 斷面有黑白斑點	適高週波表面硬化、 汽缸、活塞、輪軸
碳鋼	低碳鋼	S10C、S12C、S15C、 S17C、S20C、S15CK	含 碳 量 在 0.01～0.20% 銀灰色、可熔接、 具韌性	小機件
	中碳鋼	S22C、S28C、S30C、 S35C、S38C、S40C、 S43C、S45C、S48C	含碳量在0.20～0.50% 青灰色、碳鋼之含量愈多愈硬、不易熔接	軸、桿、柄、把手
	高碳鋼	S50C、S53C、 S55C、S58C	含碳量在0.50%以上、韌性較差、 青黑色、不易熔接	銷、彈簧、鍵、耐磨物品
合金鋼	鉻鋼	SCr430、SCr435、 SCr440、SCr445、 SCr415、SCr420	耐振、耐磨、 強度韌性均高且硬	臂、軸、凸輪、軸承
	鉻鉬鋼	SCM430、SCM435、 SCM440、SCM445	極高強度	齒輪、軸、桿
	鎳鉻鋼	SNC236、SNC415、 SNC631、SNC815	強度高且具韌性	齒輪、軸、曲柄

表 16-1　常用鐵金屬(續)

鐵　金　屬		CNS　符　號　例	特　　性	使　用　場　合
合金鋼	鎳鉻鉬鋼	SNCM240、SNCM415、SNCM439、SNCM447、SNCM630、SNCM815	耐高溫、耐銹、質硬	強力齒輪、強力軸
	錳鋼	SMn420、SMn433 SMn438、SMn443	耐磨、富韌性	表面硬化
	錳鉻鋼	SMnC420、SMnC443	耐磨、硬度高	表面硬化
工具鋼	碳工具鋼	SK1、SK2、SK3、SK4、SK5、SK6、SK7	淬火性小、易變形、耐磨、但溫度上升易軟化	斧、鑿、車刀、銑刀等一般刀類
	高速工具鋼	SKH51、SKH52、SKH53、SKH54、SKH55、SKH56	即使刀尖發熱也不減其鋒利	強韌切削工具
	合金工具鋼	SKS2、SKS5、SKS7、SKS8、SKS21、SKS51	具高硬度、耐磨	衝頭、壓模、量規、最硬刀具
不銹鋼	沃斯田鐵系	201、202、301、302、304、305、316、317、321、347	耐蝕性佳、易熔接	食品、化學工業
	肥粒鐵系	405、430、434	易成形、耐蝕性佳	汽車外表裝潢、冷凍工業、廚房用具
	麻田散鐵系	403、410、416、431	可熱處理、耐蝕性極佳	刀、軸承、船舶用品、牙科外科用具
彈簧鋼		SUP3、SSUP6、SUP7、SUP9、SUP10、SUP11	彈性佳	各種彈簧
鑄鋼	碳鑄鋼	SC37、SC42、SC46、SC49	與一般碳鋼相似	一般用、電動機零件
	耐熱鑄鋼	SCH1、SCH2、SCH3、SCH11、SCH15、SCH18、SCH20、SCH21、SCH22	耐氧化性強、耐加熱冷卻之熱循環	爐內零件、熱處理夾具
	高溫高壓鑄鋼	SCPH1、SCPH2、SCPH11、SCPH21、SCPH22、SCPH23、SCPH32、SCPH61	耐氧化性強、硬度高	高溫用閥、凸緣、高壓零件
	低溫高壓鑄鋼	SCPL1、SCPL11、SCPL21、SCPL31	耐機械之震動	低溫用閥、凸緣、高壓零件

表 16-1　常用鐵金屬(續)

鐵　金　屬		CNS 符 號 例	特　　　性	使 用 場 合
軋鋼	一般用軋鋼	SS34、SS41、SS50、SS55	普通強度	建築、造船、螺栓、螺帽、骨幹材料
	銲接用軋鋼	SM41A、SM41B、SM41C、SM50A、SM50B、SM50C、SM53B、SM53C	具韌性、易熔接	船舶、車輛機械零件
鋼線	低碳鋼線	SWRM6、SWRM8、SWRM10、SWRM12	質軟	鐵絲、金屬網、釘、電訊線
	琴鋼線	SWPA、SWPB、SWPV	含碳較多、質硬	針類、螺旋彈簧
碳鍛鋼	碳鍛鋼	SF34A、SF40A、SF45A、SF50A、SF55A、SF55B、SF60B、SF65B	富延性、宜彎曲	大直徑軸、鐵道、車輛之車軸

表 16-2　常用非鐵金屬

非 鐵 金 屬		CNS 符 號 例	特　　　性	使 用 場 合
黃銅	棒	C2600、C2700、C2800	黃銅為銅與鋅之合金、赤褐色、易焊接、易鍛造	襯套、鉚釘、機械、電動機器零件
	易削黃銅	C3601、C3602、C3603、C3604	切削性、延展性佳	螺釘、螺帽、螺栓、齒輪、閥、照相器材零件
	鑄件	YBsC1、YBsC2、YBsC3	色澤豔麗、切削性佳、耐蝕性良好	電器零件、建築五金、輸排水用五金
青銅	棒		青銅為銅與錫之合金、黃灰色、質較軟、耐磨性佳	機器零件、軸承、閥旋塞
	鋁青銅	C6161、C6191、C6241	強度高，具有優良耐磨性、耐蝕性	車輛機械、化學工業和船舶之齒輪、軸、襯套
	鑄件	BC1、BC2、BC3、BC4	耐蝕性佳、切削性佳	建築五金、軸承、襯套、閥、齒輪、管接頭

表 16-2　常用非鐵金屬(續)

非　鐵　金　屬		CNS　符　號　例	特　　　　性	使　用　場　合
磷青銅	板	C5101P、C5191P、C5212P	耐蝕性佳、能耐疲勞具有良好之延展性	電動機器開關、連接器、軸承、軸襯
	條	C5101R、C5191R、C5212R		
	棒	C5101B、C5191B、C5212B		齒輪、凸輪、螺栓、螺帽
	鑄件	PBC1、PBC2、PBC3	硬度高、耐磨耐蝕性佳	齒輪、軸承、襯套、滑動部零件
鋁	鋁		銀白色、質軟而輕、耐銹、電與熱之傳導僅次於銅	飛機、炊具、鋁門窗
	鑄造用鋁合金	AlC1A、AlC2A、AlC2B、AlC3A、AlC4A、AlC4C	耐蝕性優、易熔接、切削性佳	汽車零件、內燃機零件、小型發動機零件
	鍛造用鋁合金		凝固溫度較低、比重小而強度大	鎖、活塞、航空機械、汽車零件
鉛			質極軟、延展性佳、耐酸性極佳	管子、電瓶
錫			抗強性低、質軟易熔、富延展性、具染色性	燭台、壺、鍍錫鐵板(馬口鐵)
鎳			富延展性、強度大、不易氧化、耐高溫	高級餐具、閥座、噴射引擎、火箭
白合金		WJ1、WJ2、WJ3、WJ4、WJ5、WJ6	白色、質軟	軸承用

表 16-3　常用非金屬

非　　金　　屬			特　　性	使　用　場　合
木材	檜木	臺灣扁柏 (Yellow Cypress)	木質輕軟芳香耐腐耐蟻性強	建築物、船艦、家具、合板材料
		紅檜(Red Cypress)		
	杉木	臺灣杉	木質輕軟、鉋削加工易、耐蟻性強	門窗、地板、家具、農具、電桿
		杉木		
		臺灣雲杉		
	楠木	肖楠	材質較硬、易加工、磨後顯光澤、耐衝擊	家具、雕刻、裝飾車輛
		大葉楠		
	石儲(赤皮 Red Bark Oak)		材質堅重強韌、耐磨擦	車輛、工具柄、槍托、農具
	臺灣櫸		材質堅重強韌、耐磨擦、耐腐性強、難加工	車輛、橋樑、家具、地板、裝飾、樂器
	樟木		木紋美、材質中庸、有樟腦香、耐朽性強、易加工	建築物、衣箱、衣櫥、雕刻
	柳安(Lauan)		材質中庸、易加工	家具、合板材料
	合板	單板心合板(夾板)	厚度自 3mm～24mm 每隔 3mm 有一種、面積大長寬方向強度同、不易翹曲之人造木板	天花板、間隔板、家具面、遊艇、雪橇
		木心合板(木心板)		
塑膠	熱可塑性塑膠	縮醛	具金屬剛性、耐磨	拉鍊、水龍頭、齒輪
		聚氯乙烯(PVC)	耐水耐酸鹼性佳、絕緣良	地板、電線、水電配管
		聚乙烯(PE)	低密度高拉力、無毒、可燃性大	塑膠袋、瓶、管
		聚丙烯(PP)	與 PE 很相似、耐熱性良	漁網、繩索、瓶、管
		聚苯乙烯(PS)	耐蝕、耐低溫、絕緣佳	電器外殼、保麗龍
		壓克力	高透明度、耐候性強	廣告招牌、日用品
		聚醯胺(尼龍)	強韌、耐磨、不易燃燒	齒輪、紡織品
		氟碳(鐵氟龍)	耐衝擊性強、磨擦係數低	軸承、不黏鍋、管路

表 16-3　常用非金屬(續)

非　　　金　　　屬			特　　　性	使　用　場　合
塑膠	熱硬化性塑膠	酚甲醛(電木)	耐熱、絕緣、硬度高	電氣零件
		尿素	耐熱、耐蝕、硬度高	電話、收音機、電器外殼
		三聚氰胺(美耐皿)	耐熱、耐蝕、不燃性	餐具、桌面
		聚酯	在室溫可硬化	鈕扣、塑鋼(FRP)
		環氧	耐化學性、具高度接著性	接著劑、塗料
		矽酯	耐熱、耐藥品性優異、耐紫外線	塗料、矽酯橡膠
		聚胺基甲酸酯(PU)	質不硬、有彈性	塗料、泡棉

本章習題

一、基礎題型

(一) 閱讀下列各物體的正投影多視圖，並以徒手畫出其等角圖，題中每一小格設為 5 mm。

(二) 徒手畫出下列各物體的正投影多視圖，題中每一小格設為 5 mm。

二、進階題型

(一) 徒手畫出下列物體上各零件之零件圖以及整個物體的立體分解系統圖。

(二) 徒手畫出玩具火車頭之立體組合圖和立體分解系統圖。

材料為松木
各零件用膠膠合

Chapter

17

銲接與銲接符號

17-1 銲接與熔接

利用加熱或加壓，使欲接合之兩金屬件沿其相合之縫局部熔融，彼此滲透結晶，達到金屬原子結合而成為一體的方法，是為熔接，習慣稱之謂銲接。原來的兩金屬件稱謂銲接件(母材)，相合之縫稱為銲縫。銲接時，銲接件在銲縫處熔融後結合，有時需用到銲條填充於銲縫處，則留下之銲接痕跡稱為銲道(圖 17-1)。

圖 17-1　銲接件、銲縫和銲道

所以銲接是熔接、硬銲和軟銲之總稱。若銲接時銲接件或與銲條在銲道處一併熔融後結合是為熔接，所以熔接溫度多需在 1000°C 以上，而硬銲和軟銲在銲接時銲道處銲接件本身並不熔融，僅銲條熔融而已，藉毛細作用與銲接件結合，所以硬銲在銲接時的溫度多在 500°C 以下，軟銲的溫度則更低一些。

凡金屬材料的性質、加熱或加壓的方式、加熱達到的溫度和加熱時間的長短都與銲接的效果有極大的影響，這是銲接時應該注意的地方。目前銲接已普遍使用在機器和鋼結構的永久結合上，而且有取代鑄造、鍛造等方法製造機件，使製造所得機件更為牢固，重量減輕，製造速度提高，成本降低(圖 17-2)。用於銲接方面的工作圖簡稱為銲接圖。

鑄造的   銲接的

圖 17-2 以鑄造或銲接的方法製造機件

17-2 銲接的方法

　　銲接的方法很多，常用的有電弧銲、氣銲、電阻銲、固態銲、硬銲、軟銲等多種，其中英文名稱及其代號和代碼如表 17-1。

　　電弧銲或氣銲都要用到一種銲料，填在銲縫中使二銲接件與銲料三者原子結合而成為一體，這種銲料普通都呈條狀出售，所以又稱為銲條。電弧銲是利用電流穿過二極的氣體間隙時，產生有強光的電子流，即為電弧，而且由於氣體的電阻引發強熱，其溫度可達2500°C～3500°C，此溫度可熔融金屬材料而達銲接的目的。電弧銲施工時，因電弧的強光和高熱都有害於人體的組織，又會有熔融的金屬屑飛出，再加上強大的電流，非常危險，所以施工者在施工時需要穿戴頭盔、護目鏡、手套、工作衣等安全器材。

　　氣銲是利用可燃性混合氣體的燃燒，產生高溫，使金屬材料熔融而達銲接的目的。一般常用的可燃性混合氣體有：空氣與乙炔的混合，稱為空氣乙炔氣銲；氧與乙炔的混合，稱為氧乙炔氣銲；氫與氧的混合，稱為氫氧氣銲。

　　電阻銲多用於兩片薄金屬板相重疊之處，即將兩金屬板重疊置於兩電極之間。通以強大之低壓(約 4 至 12 伏特)電流，因電阻產生高熱，達可塑狀態，適時在兩電極間施壓而達銲接的目的。例如閃光銲、衝擊銲、浮凸銲、點銲、縫銲、端壓銲等都是屬於電阻銲的範圍。

表 17-1　各種銲接方法及其代號

銲接方法		代號	代碼
電弧銲	Arc welding	AW	1
原子氫弧銲	Atomic hydrogen welding	AHW	149
裸金屬電弧銲	Bare metal arc welding	BMAW	
碳極電弧銲	Carbon arc welding	CAW	181
電熱電氣電弧銲	Electro gas arc welding	EGW	
包藥銲線電弧銲	Flux cored arc welding	FCAW	136
包藥銲線電弧銲(充氣電弧)	Flux cored arc welding-electrogas	FCAW-EG	113
氣體遮護碳極電弧銲	Gas carbon arc welding	GCAW	
氣體遮護金屬電弧銲	Gas metal arc welding	GMAW	13
氣體遮護金屬電弧銲(充氣電弧)	Gas metal arc welding-electrogas	GMAW-EG	
氣體遮護金屬電弧銲(脈動電弧)	Gas metal arc welding-pulsed arc	GMAW-P	
氣體遮護金屬電弧銲(短路移行)	Gas metal arc welding-short circuiting arc	GMAW-S	
惰氣遮護鎢極電弧銲	Gas tungsten arc welding	GTAW	141
惰氣遮護鎢極電弧銲(脈動電弧)	Gas tungsten arc welding-pulsed arc	GTAW-P	
電漿電弧銲	Plasma arc welding	PAW	15
潛弧銲	Submerged arc welding	SAW	12
遮護碳極電弧銲	Shielded carbon arc welding	SCAW	
遮護金屬電弧銲	Shielded metal arc welding	SMAW	111
多極潛弧銲	Series submerged arc welding	SSAW	
螺樁電弧銲	Stud arc welding	SW	781
雙碳極電弧銲	Twin carbon arc welding	TCAW	

表 17-1 各種銲接方法及其代號(續)

銲接方法		代號	代碼
氣銲	Gas welding	GW	3
空氣乙炔氣銲	Air acetylene welding	AAW	321
氧乙炔氣銲	Oxyacetylene welding	OAW	311
氣燃料氣銲	Oxyfuel gas welding	OFW	31
氫氧氣銲	Oxyhydrogen welding	OHW	313
壓力氣銲	Pressure gas welding	PGW	47
電阻銲	Resistance welding	RW	2
閃光銲	Flash welding	FW	24
高週波電阻銲	High frequency resistance welding	HFRW	291
撞擊銲	Percussion welding	PEW	77
浮凸銲	Projection welding	RPW	23
電阻縫銲	Resistance seam welding	RSEW	22
電阻點銲	Resistance spot welding	RSW	21
端壓銲	Upset welding	UW	
固態銲	Solid state welding	SSW	
冷銲	Cold welding	CW	48
擴散銲	Diffusion welding	DFW	45
爆炸銲	Explosion welding	EXW	441
鍛銲	Forge welding	FOW	43
摩擦銲	Friction welding	FRW	42
熱壓銲	Hot pressure welding	HPW	4
滾軋銲	Roll welding	ROW	
超音波銲	Ultrasonic welding	USW	41

表 17-1　各種銲接方法及其代號(續)

銲接方法		代號	代碼
其他銲接法			
電子束銲	Electron beam welding	EBW	76
電熱熔渣銲	Electroslag welding	ESW	72
熔燒銲	Flow welding	FLOW	
感應銲	Induction welding	IW	74
雷射銲	Laser beam welding	LBW	751
高熱銲	Thermit welding	TW	71
硬銲	Brazing	B	
電弧硬銲	Arc brazing	AB	
熱塊硬銲	Block brazing	BB	
浸式硬銲	Dip brazing	DB	
擴散硬銲	Diffusion brazing	DFB	
爐式硬銲	Furnace brazing	FB	
流動硬銲	Flow brazing	FLB	
感應硬銲	Induction brazing	IB	
紅外線硬銲	Infrared brazing	IRB	
電阻硬銲	Resistance brazing	RB	
銲炬硬銲	Torch brazing	TB	
雙碳極電弧硬銲	Twin carbon arc brazing	TCAB	

表 17-1　各種銲接方法及其代號(續)

銲接方法		代號	代碼
軟銲	Soldering	S	
浸式軟銲	Dip soldering	DS	
爐式軟銲	Furnace soldering	FS	
烙鐵軟銲	Iron soldering	INS	
紅外線軟銲	Infrared soldering	IRS	
感應軟銲	Induction soldering	IS	
電阻軟銲	Resistance soldering	RS	
銲炬硬銲	Torch soldering	TS	
波動軟銲	Wave soldering	WS	

　　固態銲是不用銲料，使二銲接件於熔點以下之高溫，在施壓或不施壓之狀態下，將銲接件之固態表面予以接合之一種方法。

17-3　銲道與銲接主要符號

　　銲道的種類很多，各種不同的銲道在圖上各用一個符號表示，這就是銲接的主要符號(圖 17-3)也可稱之謂銲道符號。各種銲道符號還可隨需要複合使用。

編號	名 稱	示 意 圖	符號	編號	名 稱	示 意 圖	符號
1	凸緣銲接	凸緣熔成平面狀	ハ	11	背面銲接		⌣
2	I形槽銲接		‖	12	填角銲接		◺
3	V形槽銲接		∨	13	塞孔或塞槽銲接		⊔
4	單斜形槽銲接		∨	13	塞孔或塞槽銲接		⊔
5	Y形槽銲接		Y	14	點銲或浮凸銲		◯
6	斜Y形槽銲接		Ｙ	14	點銲或浮凸銲		◯
7	U形槽銲接		⋃	15	電阻銲或縫銲		⊖
8	J形槽銲接		Ｕ	15	電阻銲或縫銲		⊖
9	平底V形槽銲接		⋎	16	端緣銲接		‖‖
10	平底單斜形槽銲接		Ⅴ	17	表面銲接		⌢

圖 17-3　銲接主要符號

編號	名　稱	示　意　圖	符號	編號	名　稱	示　意　圖	符號
18	V形 喇叭銲接		⌣	20	植　釘		⊗
19	單斜形 喇叭銲接		八	21	砧　接		▽

圖 17-3　銲接主要符號(續)

　　凸緣銲接適用於兩銲接件作成凸緣對接時，接合後呈平板狀。

　　開槽銲接是將銲接件在銲接前於銲縫處先行加工做成某種形狀之溝槽，以便銲接時銲料可以深入銲接件，這樣的銲接稱為開槽銲接。由於溝槽形狀的不同，開槽銲接分成 I 形、V 形、單斜形、Y 形、斜 Y 形、U 形、J 形、平底 V 形、平底單斜形等九種銲接。雖然 I 形槽銲接在銲接前不需切槽，但銲接時兩銲接件間常留有間隙，視為溝槽，故也列入開槽銲接的範圍。所謂根部間隙，簡稱根隙，是指銲接前兩銲接件在溝槽底的根部所留的間隙。開槽深度簡稱槽深，是指銲接件表面至溝槽底之垂直高度。開槽角度簡稱槽角，是指溝槽口傾斜張開之角度(圖 17-4)。

圖 17-4　根隙、槽深和槽角

　　背面銲接一般都做在開槽銲接的背面，作為補強之用。

　　填角銲接是適用於兩銲接件作成 T 形接頭、角隅接頭或搭接接頭時，即在銲縫處填成斷面呈直角三角形的銲道，則三角形兩直角邊之長度稱為填角銲接之腳長，兩腳長一般都相等，也可視需要而有不相等者(圖 17-5)。

腳長相等　　　　　腳長不等　　　　　　柱形孔　　　　錐形孔

圖 17-5　填角銲接之腳長　　　　圖 17-6　塞孔或塞槽銲接

　　塞孔或塞槽銲接是在兩銲接件之一上先做圓孔或長條孔,銲接時將未做孔的銲接件置於下方,然後通過孔填入銲料進行銲接。孔呈圓形者稱為塞孔銲接,孔呈長條形者稱為塞槽銲接。孔的軸向有做成柱形者,也有做成錐形者(圖 17-6)。

　　電阻銲接在銲接時不需銲料,其中以點銲、浮凸銲、縫銲為最普遍。點銲之銲道呈凹下之小圓點狀;浮凸銲與點銲相似,只是在銲接前先將兩銲接件之一,在其銲道的位置上預先衝壓成凸出之小圓點,然後再行銲接;縫銲則是一種變形的點銲,即將點銲的點狀銲道一點一點連接成條狀。

　　端緣銲接是將兩片或兩片以上之母材並列,在對齊的端面上進行銲接。

　　表面銲接又稱堆銲,是在工件表面堆上一層符合特殊功能要求的金屬銲層或使工件達到需要尺度的銲接工作。

　　V 形喇叭銲接適用於兩圓柱面間之銲接,單斜形喇叭銲接則適用於平面與圓柱面間之銲接。

　　銲接主要符號的畫法如圖 17-7,其中 H 等於標註尺度數字字高,線條的粗細與尺度之數字同。

圖 17-7　銲接主要符號畫法

17-4 銲接輔助符號

銲接輔助符號是用以輔助銲接主要符號，以表達銲接時對銲道的要求，例如銲道表面的形狀，需要現場銲接、全周銲接等(圖 17-8)，所以銲接輔助符號必須與主要符號配合使用，不得單獨使用，其畫法如圖 17-9，其中 H 等於標註尺度數字字高，線條的粗細與數字相同。

名　稱	符　號		名　稱	符　號
銲道之表面形狀 平　面	——	現場及全周銲接	全周銲接	◯
凸　面	⌒		現場銲接	🚩
凹　面	⌣		現場全周銲接	🚩
去銲趾	⫫	使用背托條	永久者	⊏M⊐
滲透銲道根部	◠		可去除者	⊏MR⊐
			間隔材	▭
交錯斷續銲接	Ɀ		塞　材	□

圖 17-8　銲接輔助符號

圖 17-9　銲接輔助符號畫法

17-5 銲接符號及其標註方法

　　銲接符號是由標示線、主要符號、輔助符號、數字或字母、註解或特殊說明等項組合而成，但在銲接圖中標註時可視實際情況將不需要項目予以省略。

一、標示線的畫法

　　標示線的畫法有 A、B 兩種不同的系統。A 系統的標示線包括基線、副基線、引線、尾叉四部分。B 系統的標示線則包括基線、引線、尾叉三部分(圖 17-10)。除副基線外，都用細實線畫出。基線為一橫線，永呈水平，不可傾斜。副基線以虛線畫出，與基線平行且等長，在基線的上方或下方，二者間隔 1.5 mm。引線與基線約成 60°或 120°角，可接於基線的右端或左端，不得與副基線相連接，末端帶一箭頭，箭頭之大小與標註尺度者相同，標註時箭頭止於銲縫。當二銲接件中只有一件必需開槽時，例如斜 Y 形槽、單斜形槽、J 形槽等銲接，引線須要轉折，使箭頭指向開槽的銲接件(圖 17-11)，尾叉是呈 90°開叉，對稱於基線，接在基線的另一端，供註解或特殊說明時用，如無註解或特殊說明時，則尾叉予以省略。沒有必要時副基線也可省略。

圖 17-10　標示線

圖 17-11　引線的轉折

　　A、B 兩種不同的系統在同一圖中不得混用，採用何種系統，在標題欄中應加註明。

　　如有二處以上的鉀道，實施相同的鉀接時，二條以上的引線可共用一基線(圖 17-12)，但所有引線必須由基線的同一端引出。

　　如需表出一鉀道之一系列操作順序，可用多重基線，第一順位操作之基線應最接近引線之箭頭，例如圖 17-13 中第一順位為背向鉀接，第二順位為 U 形槽鉀接。

圖 17-12　共用基線　　　　　　A系統　　　　　　　　B系統

圖 17-13　多重基線

二、主要符號的標註位置

　　當鉀道在箭頭邊時，A 系統鉀接主要符號標註在基線中段的上方或下方，副基線不得省略。B 系統鉀接主要符號標註在基線中段的下方。若鉀道在箭頭對邊時，A 系統鉀接主要符號標註在副基線中段的上方或下方。B 系統鉀接主要符號標註在基線中段的上方。若鉀道在箭頭邊與箭頭對邊二邊相同時，則上下二方都要標註(圖 17-14)。若鉀道夾在兩鉀接件中間時，主要符號的中心應落在基線上，且 A 系統的副基線省略(參閱範例 15 與 18)。所有主要符號的垂直邊均應置於符號之左側(參閱範例 6 與 10)。

鉀接位置	示意圖	真實視圖	A系統 主要符號標註	B系統 主要符號標註
箭頭邊				
箭頭對邊				
兩邊				

圖 17-14　主要符號的標註位置

所謂銲道在箭頭邊時，是指銲接時應在引線箭頭所指的這一邊施工；所謂銲道在箭頭對邊時，是指銲接時應在引線箭頭所指的另一邊施工。注意圖 17-15 中的 A、1A、2A 是表示箭頭邊，B、1B、2B 順次表示前述的箭頭對邊。

圖 17-15　箭頭邊與箭頭對邊

三、輔助符號的標註位置

銲接輔助符號中除了全周銲接、現場銲接、現場全周銲接外，都標註在主要符號的外側，全周銲接、現場銲接、現場全周銲接的符號則標註在基線與引線的交點上，而且符號中的三角旗尖恆指向尾叉。

若銲道表面形狀不考慮，則表面形狀符號可予以省略。顯然是全周銲接時，則全周銲接符號亦可予以省略。

四、銲道的尺度和註解標註

一般銲道各部位的尺度和註解是標註在主要符號的上下左右，其應有的標註位置和標註方法如圖 17-16 所示。如有特殊情形，則需畫出銲道某部位的詳細視圖，並將銲道的尺度和註解標註在該視圖中。

s 銲道滲透深度或強度

A 槽角

－ 表面形狀

n 斷續銲接之斷續數目

l 銲接長度

e 斷續銲接各間斷之距離

T 特別說明事項

虛線方框表示主要符號之位置

A系統　　　　　　　　　　B系統

箭　頭　邊

箭　頭　對　邊

圖 17-16　銲道的尺度及註解標註

　　銲道滲透深度是指銲料由槽面深入銲接件之厚度，並不包含凸出銲接件表面之部分(圖 17-17)。若滲透深度等於銲接件的厚時，則滲透深度 s 省略不標註。滲透之根部凸出量，應以數字註明(參閱範例 21)。

說　明	示　意　圖	銲道滲透深度尺度
V形槽銲接		
I形槽銲接		
Y形槽銲接		
V形喇叭銲接		
單斜形喇叭銲接		
端緣銲接		

圖 17-17　銲道滲透深度的標註

開槽銲接的根部間隙即根隙的尺度 b 標註在主要符號間(圖 17-18)。

說　明	示　意　圖	根　隙　尺　度
V形槽銲接		$\underset{}{\overset{b}{V}}$
I形槽銲接		$\overset{b}{\|\|}$
雙單斜形槽銲接		$\overset{b}{K}$

圖 17-18　根隙尺度的標註

填角銲接之標稱喉深、實際喉深與有效喉深如圖 17-19 所示。

圖 17-19　填角銲接之標稱喉深、實際喉深與有效喉深

標註填角銲接之銲道尺度，可就腳長 z 或標稱喉深 a 擇一標註，或有效喉深 s 與標稱喉深 a 並列標註，且需以代號 z、a、s 分別註明(圖 17-20)。

說　明	示　意　圖	符　號
腳　長		z4 △
標稱喉深		a5 △
有效喉深 標稱喉深		s3a2 △

圖 17-20　填角銲接的尺度標註

銲道凸出、凹入、實際喉深等尺度，則以等號之方式標註在尾叉中(圖 17-21)。

說　明	示　意　圖	符　號
凸　出		凸　出 =3
凹　入		凹　入 =2
實際喉深		實際喉深 =14

圖 17-21　銲道滲透深度的標註

　　銲道的長度等於銲接件的全長時，銲接長度省略不標註。斷續銲接之每段長度 1、段數 n、間斷之距離(e)，標註之方式如圖 17-22 所示。

說　明	示　意　圖	符　號
I形槽斷續銲接		s ‖ nxl (e)
交錯填角斷續銲接		a ▷ nxl ／(e) a ▷ nxl ／(e) z ▷ nxl ／(e) z ▷ nxl ／(e)
並列填角斷續銲接		a ▷ nxl　(e) z ▷ nxl　(e)

圖 17-22　斷續銲接之尺度

　　塞孔銲接必須表示其孔徑及孔中心之間隔尺度。塞槽銲接則必須表示槽之寬度、長度及間隔尺度。若塞孔或塞槽銲接的孔或槽呈錐形，則所指之孔徑或槽寬係孔底尺度。點銲或植釘應表示各點或釘之直徑及點或釘中心之間隔尺度，而縫銲即為長條形之點銲，故應表示其寬度、長度及間隔尺度(圖 17-23)。

說　明	示　意　圖	符　號
塞孔銲接		d ⊓ n(e)
塞槽銲接		c ⊓ nxl (e)
點　銲		d ○ n(e)
縫　銲		c ⊖ nxl (e)
植　釘		d ⊗ n(e)

圖 17-23　塞孔、塞槽、點銲、縫銲、植釘等銲接之尺度

　　電腦上如果沒有銲接符號之軟體，可先按圖 17-7 和圖 17-9 銲接主要符號和輔助符號之畫法畫妥各符號，另如圖 17-10 所示之標示線建檔備用。需要時，開出此檔，以複製方法取出備用。

17-6 銲接符號標註範例

範例	詳細視圖	銲接符號標註		說　明
		A系統	B系統	
1				凸緣銲接(箭頭邊) 滲透深度10mm 表面形狀為凸面
2				I形槽銲接(兩邊) 板厚14mm 兩邊之滲透深度各為7mm 兩邊表面形狀均為凸面
3				V形槽銲接(兩邊) 箭頭邊滲透深度9mm 箭頭對邊滲透深度6mm 兩邊槽角均為60° 兩邊表面形狀均為凸面
4				單斜形槽銲接(兩邊) 板厚12mm 兩邊滲透深度各為6mm 箭頭邊槽角45° 箭頭對邊槽角30° 兩邊表面形狀均為凸面
5				Y形槽銲接(兩邊) 箭頭邊滲透深度7mm 槽角60° 箭頭對邊滲透深度4mm 槽角90° 兩邊表面形狀均為凸面
6				斜Y形槽銲接(箭頭邊) 滲透深度10mm 槽角45° 表面形狀為平面
7				U形槽銲接(箭頭邊) 滲透深度等於板厚 槽角45° 槽底圓弧半徑5mm 表面形狀為凸面

範例	詳細視圖	銲接符號標註		說　明
		A系統	B系統	
8				J形槽銲接(箭頭邊) 滲透深度10mm 槽角30° 槽底圓弧半徑3mm 表面形狀為凸面
9				平底V形槽銲接(箭頭對邊) 滲透深度5mm 槽口寬度6mm 槽角36° 表面形狀為凸面
10				平底單斜形槽銲接(兩邊) 板厚10mm 兩邊銲道深度各為5mm 槽角37° 表面形狀為凸面
11				填角銲接(兩邊) 腳長9mm 表面形狀為凹面
12				現場全周連續填角銲接 腳長8mm 表面形狀為凸面
13				塞孔銲接(箭頭邊) 孔徑12mm 表面去銲趾
14				塞孔銲接(箭頭邊) 錐形孔 孔徑8mm 表面形狀為凸面

範例	詳細視圖	銲接符號標註		說　明
		A系統	B系統	
15		RSW ⌒9 ⊝ 2(30)	RSW ⌒9 ⊝ 2(30)	點銲(夾在兩邊中間) 點直徑9mm 點數二個 點與點間隔30mm 銲接方法為電阻點銲
16		RPW ⌒6 ○ 3(18)	RPW ⌒6 ○ 3(18)	浮凸銲接(箭頭邊) 點直徑6mm 點數三個 點與點間隔18mm 銲接方法為電阻浮凸銲
17		EBW ⌒9	EBW ⌒9	縫銲(箭頭邊) 縫寬9mm 銲道長度為銲接件之全長 銲接方法為電子束銲接
18		RSEW ⌒10	RSEW ⌒10	縫銲(夾在兩邊中間) 縫寬10mm 銲道長度為銲接件之全長 銲接方法為電阻縫銲
19		9 ‖ 120 A–B	9 ‖ 120 A–B	I形槽銲接(箭頭邊) 滲透深度9mm 銲道長度120mm 自A點至B點 表面形狀為凸面
20		z20 � 3x60 ⌒(120) z20 ◁ 3x60 ⌒(120)	z20 ◁ 3x60 ⌒(120) z20 ◁ 3x60 ⌒(120)	填角銲接(兩邊交叉) 腳長20mm，段數三個 每段長度60mm 間隔之距離120mm 表面形狀為凸面
21		3	3	I形槽銲接(箭頭邊) 全滲透之根部凸出量 為3mm 表面形狀為凸面

範例	詳細視圖	銲接符號標註		說　明
		A系統	B系統	
22		4	4	端緣銲接(箭頭邊) 滲透深度4mm 表面形狀為凸面
23	3	3	3	表面銲接(箭頭邊) 凸出3mm
24	2	46 2	46 2	表面銲接(箭頭邊) 凸出2mm
25	60 50 80 20	80 20 3x60(50)	80 20 3x60(50)	塞槽銲接(箭頭邊) 槽寬20mm 槽數三個 槽長60mm 間隔之距離50mm 表面形狀為凸面
26	60°	60°	60°	V形槽銲接(箭頭邊) 槽角60° 表面形狀為凸面 背面使用永久背托條

範例	詳細視圖	銲接符號標註		說　明
		A系統	B系統	
27				單斜形槽銲接(箭頭邊) 滲透深度等於板厚 槽角30° 背面銲接(箭頭對邊) 滲透深度4mm 兩邊之表面形狀均為凸面
28				V形槽銲接(箭頭邊) 滲透深度等於板厚 槽角60°，表面形狀為凸面 背面銲接(箭頭對邊) 滲透深度 表面形狀為平面
29				單斜形槽銲接(兩邊) 滲透深度等於板厚之半 槽角30°，表面形狀為平面 填角銲接(箭頭對邊) 腳長9mm，表面形狀為凸面
30				單斜形槽銲接及填角銲接(箭頭邊) 滲透深度等於板厚 槽角45°，腳長14mm 表面形狀為凹面 填角銲接(箭頭對邊) 腳長6mm，表面形狀為凸面
31				單斜形槽銲接及填角銲接(箭頭邊) 滲透深度等於板厚 槽角40°，腳長18mm 背面銲接(箭頭對邊) 滲透深度4mm 兩邊之表面形狀均為凸面
32				J形槽銲接及填角銲接(箭頭邊) 滲透深度12mm，槽角15° 槽底圓弧半徑3mm 腳長10mm 填角銲接(箭頭對邊)，腳長7mm 兩邊之表面形狀均為凸面

17-25

本章習題

一、基礎題型

將下列各題之銲道詳細視圖改以銲接符號表達，並在銲接符號中表明銲道應有之尺度。

二、進階題型

(一) 畫出下列各題中銲道之詳細視圖，並標註應有之尺度，所有銲接件的板厚均為 12 mm。

(二) 下列各物係由多件銲接件銲接而成，按圖中尺度畫出其視圖後，設計需採用之銲道，以包含銲道尺度之銲接符號表明之。

1.

件號	名　稱	數量	材料尺寸	備　註
1	扁鋼	1	▭ 40x8x565	
2	扁鋼	2	▭ 20x8x60	
3	扁鋼	4	▭ 14x5x40	

2.

件號	名　稱	數量	材料尺寸	備　註
1	角鋼	2	∟ 60x80x8－120	
2	扁鋼	1	▭ 60x10x180	
3	圓鋼	1	φ50 長 20	

Chapter

18

展開圖

18-1 展開圖

　　凡用片狀材料如鐵皮、鋁皮、塑膠皮、紙片、布等摺、捲、鉚、銲或膠合而成的物體，如僅用正投影視圖來表示，只能表出其完成後之形狀及大小，至於其製作過程中所需之型板，則需用展開圖來表示。所謂展開圖即是將物體的各面舖展在平面上而得的圖形(圖18-1)。本章將詳細介紹傳統鈑金件製作時所用之圖示。電腦製圖時，仍可依手工繪製之方法繪製，亦可利用 3D 軟體中鈑金(Sheet Metal)之指令繪製之。

角柱面展開　　　　　　　　　　　　　圓柱面展開

角錐面展開　　　　　　　　　　　　　圓錐面展開

圖 18-1　將物面展平

繪製展開圖時須注意下列各項：

1. 展開圖的目的是要將此圖形用來做成成品的，因此展開圖須以 1：1 之比例繪製。

2. 工作中如須畫摺線，摺線須畫在物體面之內面，亦即展開時應使其內面向上。

3. 為了省工，除非最短邊上有孔或其他要求，通常都將物體的最短邊置於展開圖的最外面，以便接縫。

物體的表面係由平面、單曲面、複曲面及翹曲面等所組成，前兩者可真實展開，亦即可得表示物面真實大小之形狀，如角柱、圓柱、角錐、圓錐等；後兩者則僅可近似展開，如球、拋物線體等。

18-2 接　縫

以片狀材料製成的物體，都可用許多不同種類的接縫予以接合，如薄金屬板，其本身材料便可構成接縫，而較厚的板材，則須另用鉚釘、螺釘接合，但無論用材料本身或鉚釘、螺釘、膠等之接合，皆需有接縫裕度，亦即物體表面展開後，須在其接合位置另加接縫裕度，才能剪截而製成成品。但如果採用銲接接合，有時可不加接縫裕度。因此要採用何種接縫，應視接縫的長度、使用的材料及工作物使用的目的等因素來決定。常用接縫的種類有：

1. 搭縫：若搭縫之寬度為 W，則應在材料的一邊加上搭縫的裕度 W，若為角搭縫，則其裕度應置於彎摺的一邊上。通常搭縫的寬度約為 3~6 mm(圖 18-2)。

2. 槽縫：若槽縫之寬度為 W，則應在材料的二邊各加上槽縫的裕度 1.5W。而 W 的寬度約為 4~6 mm(圖 18-3)。

3. 鉚釘縫或螺釘縫：若鉚釘或螺釘之直徑為 d，則二邊應各留鉚釘縫或螺釘縫的裕度為 2d(圖 18-4)。

圖 18-2　搭縫　　　　　　圖 18-3　槽縫

圖 18-4　鉚釘縫或螺釘縫

圖 18-5　圓形接縫

4. 圓形接縫：設縫之寬為 W，則其底圓周應有裕度為 W，以機器滾之，W 約為 0.5~1 mm(圖 18-5)；若為手工，則 W 約為 3~6 mm。

5. 蓋條縫：設蓋條的尺度如圖 18-6，則材料二邊各需裕度約為 12 mm。

圖 18-6　蓋條縫

圖 18-7　單摺邊

18-3 摺　邊

為了增加片狀材料製成物體之強度、避免片材邊口之損傷或增加物體外表之美觀，往往需在外圍製成各種摺邊。而物體所用之摺邊種類及大小，是由物體本身的大小及所需強度來作決定的因素，常用摺邊的種類有下列三種：

1. 單摺邊：此種摺邊適用於較小且不需太大強度之物體，其所留裕度約為 3~6 mm (圖 18-7)。

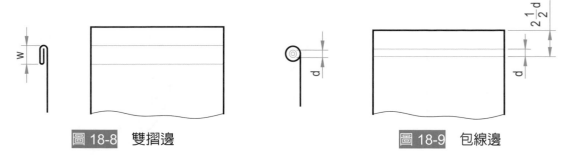

圖 18-8　雙摺邊　　　　　　　　　　　圖 18-9　包線邊

2.　雙摺邊：適用於強度稍大的物體。設 W 為摺邊寬度，則所需裕度為 2W(圖 18-8)。

3.　包線邊：適用於較大而需強度亦較大之物體(圖 18-9)，d 代表鐵絲之直徑，則所需裕度為 2.5d。

18-4　缺　口

以片狀材料製作物體時，為了避免接縫或摺邊上有多餘的材料重疊，而產生接縫或摺邊的突起，需在接縫或摺邊處剪去一部分，剩下的形狀謂之缺口。缺口可使物體容易接合，且增加物體的美觀。缺口的種類常用的有下列幾種：

1.　方形缺口：如圖 18-10 所示。圖中打斜線部分即為應剪去者。

2.　斜缺口：如圖 18-11 所示。

3.　V 形缺口：如圖 18-12 所示。

4.　半 V 形缺口：如圖 18-13 所示。

5.　齒狀缺口：如圖 18-14 所示。

圖 18-10　方形缺口

圖 18-11　斜缺口

圖 18-12　V 形缺口　　　圖 18-13　半 V 形缺口　　　圖 18-14　齒狀缺口

接縫、摺邊及缺口是片狀材料製成物體之特點，因此在實際展開工作圖中，必需畫出接縫、摺邊及缺口，才能依圖剪截成形。圖 18-15 為長方形盒之展開工作圖。本章中在介紹各種展開圖之畫法時，為使圖面能清晰，且因應物體需求之不同，將接縫、摺邊及缺口均省略不畫，請讀者在應用時務必依需要多加考慮而繪製之。

圖 18-15　長方形盒之展開工作圖

18-5　平行線展開法

柱面之元線必為互相平行的直線，利用此特性繪製柱面展開圖之方法，是為平行線展開法。

一、直立角柱體面之展開(圖 18-16)

1. 判斷柱面元線之走向。

2. 選定能表達柱面元線之實長及柱體正斷面之視圖。

3. 畫與元線垂直之直線 1-1，此直線即稱為展開圖之基線。

4. 在基線 1-1 上，順序量出柱體正斷面周圍之實長。即按俯視圖中 1-2、2-3、3-4、4-1 之距離順次度量。

5. 過 1、2、3、4、1 各點作基線之垂線，這些垂線就是角柱位於各稜上之元線，必互相平行。

6. 在這些稜上，順次按前視圖中 1D、2A、3B、4C、1D 之長度量。

7. 連各點即得角柱面之展開圖。

8. 角柱之底面即是俯視圖的形狀與大小，而角柱之頂面為複斜面，其真實形狀與大小可由輔助視圖求得之。本章因僅介紹展開之方法，僅介紹側面之展開，底面與頂面大都省略。

9. 角柱各稜為摺線者用細實線畫出，其他則用粗實線畫出。

▶動畫▶ 圖 18-16 直立角柱體之展開

二、單斜角柱體面之展開(圖 18-17)

1. 判斷柱面元線之走向。

2. 選定能表達柱面元線實長之視圖，再利用輔助視圖求得柱體正斷面之視圖。

3. 作與柱面元線垂直之直線 WX，並延長之，為展開圖之基線。

4. 在 WX 線上，順次按輔助視圖中 1-2、2-3、3-4、4-1 之距離度量。

5. 過 1、2、3、4、1 各點作 WX 之垂線。

6. 自前視圖中各稜端點作 WX 之平行線，與 WX 之垂線各交於 A、B、C、D、A 等點。

7. 連各點即得斜角柱面之展開圖。

8. 斜角柱之底面與頂面即俯視圖中 ABCD 之形狀與大小。若單斜角柱體之展開圖，因受圖面之限制時，可如圖 18-18 之方式繪出。

▶動畫▶ 圖 18-17 單斜角柱體之展開

◉動畫◉　圖 18-18　單斜角柱體之展開

三、複斜角柱體面之展開(圖 18-19)

　　複斜角柱體面因無法在主要視圖中得其各元線之實長，繪製展開時，均須先由輔助視圖求出單斜角柱體之視圖及正端面之視圖，然後再做展開。因此除先求輔助視圖外，其他與單斜角柱體面之展開相同。

圖 18-19　複斜角柱體之展開

四、圓柱體面之展開

圓柱體面之展開，通常都將圓柱正斷面之圓周等分，然後將圓柱體面視為正多角柱體面展開之。因在展開圖基線上度量是按每一等分之弦長，所以等分數愈多愈較準確。若用數學上求圓周長之方法(2πR 或 πD)，在展開圖基線上求出圓周長後再予以等分，可得較準確的結果。展開後各分點上之元線用細實線畫出，其他則用粗實線畫出(圖 18-20、圖 18-21)。

▶動畫▶　圖 18-20　圓柱體之展開

圖 18-21　單斜圓柱體之展開

18-6 射線展開法

　　凡錐面上的元線是過錐體頂點之直線。錐體之高與軸線重合爲一直線者，是爲直立錐體；錐體之高與軸線分爲二線者，則爲斜錐體。當直立錐體的底面與軸線垂直時，錐面上各元線均等長，且相交於一點呈射線狀，利用此特性繪製直立錐體錐面展開圖之方法，是爲射線展開法。

　　錐面元線的實長不一定在視圖中出現，因此常利用「迴轉法求線段實長」的方法來求元線之實長。

一、直立角錐體面之展開(圖 18-22)

1. 選定能表達錐體高之實長及底面眞實形狀與大小的視圖。

2. 求各稜之實長。

　　(1) 以俯視圖之 O_T 爲圓心，以 O_TA_T 爲半徑畫弧，交 XY 於 A'_T。

　　(2) 將 A'_T 投影至前視圖交底邊 B_FA_F 之延長線於 A'_F，$O_FA'_F$ 即爲各稜之實長。

3. 任取一點 O，以 O 爲圓心，$O_FA'_F$ 長爲半徑畫圓弧。

4. 在圓上順次度量弦長 AB=A_TB_T、BC=B_TC_T、CD=C_TD_T、DA=D_TA_T。

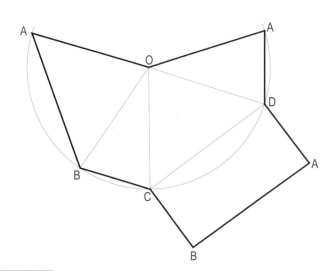

▷動畫▷　圖 18-22　直立角錐體之展開

5. 連各點即得直立錐體錐面之展開圖。

6. 如需底面者，則將底面的真實形狀和大小連上即得。

二、直立圓錐體面之展開

直立圓錐體面之展開方法，是先將正斷面之圓周等分，然後將圓錐體面視為直立角錐體面展開之。其周長亦可用扇形方法求之(圖 18-23)。

R=圓錐之半徑即 O_T1_T 長

S= 圓錐之斜高即 O_F1_F 長

▶動畫▶　圖 18-23　直立圓錐體之展開

三、截頭直立角錐體面或直立圓錐體面之展開

截頭直立角錐體面或直立圓錐體面之展開方法與前述之直立錐體面同，只是將切除部分的實長求得後，在展開圖上扣除即得(圖 18-24、圖 18-25)。

▶動畫▶ 圖 18-24 截頭直立角錐體之展開

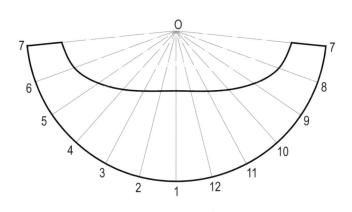

▶動畫▶ 圖 18-25 截頭直立圓錐體之展開

18-7 三角形展開法

斜錐體之錐面可視為由無數個三角形之平面，一個接一個組合而成，利用此特性繪製斜錐體面展開圖之方法，是為三角形展開法。

一、斜角錐體面之展開(圖 18-26)

1. 選定能表達錐體高之實長及底面真實形狀與大小的視圖。

2. 求各稜之實長。為使求實長之作圖線不攪亂原有之視圖，可移至視圖外作圖，即作 O_FO_X 平行 B_FA_F，並將 B_FA_F 延長，再作 O_XG 垂直 GA_X 交 GA_X 於 G，取 $GB_X=O_TB_T$、$GA_X=O_TA_T$，則 O_XB_X 及 O_XA_X 即為 $OB(OC)$ 及 $OA(OD)$ 之實長。

▶動畫▶　圖 18-26　斜角錐體之展開

3. 任作一直線 OT，在此直線上取 $OB=O_XB_X$。

4. 以 O 為圓心，O_XB_X 長為半徑畫弧，再以 B 為圓心，以俯視圖中之 B_TC_T 長為半徑畫弧，兩弧相交於 C，得三角形 OBC，此三角形即為斜角錐面 $O_TB_TC_T$ 之真實大小與形狀。

5. 再分別以 O、C 為圓心，O_XA_X 長及俯視圖中之 C_TD_T 長為半徑畫弧，兩弧相交 D，得三角形 OCD，則此三角形即為角錐面 $O_TD_TC_T$ 之真實大小與形狀。

6. 依此類推，得三角形 ODA 及 OAB，即得斜角錐面之展開圖。

7. 如需底面，則將底面的真實大小與形狀連上即可。

二、斜圓錐體面之展開(圖 18-27)

斜圓錐體面之展開，也只要將斜圓錐體底面之圓周等分，然後將斜圓錐體面視為斜角錐體面展開之。展開面若為對稱，則可以「 ℄ 」(Center Line)做為對稱之半展開圖，如圖 18-27。

▶動畫▶ 圖 18-27 斜圓錐體之展開

三、截頭斜錐體面之展開(圖 18-28)

截頭斜錐體面之展開方法與前述之斜錐體面同，只是將切除部分的實長求得後，在展開圖上扣除即得。

▶動畫▶ 圖 18-28 截頭斜錐體之展開

18-8 變口體面之展開

變口體面是用來連接不同形狀、不同大小管口之物體(圖 18-29)。

圖 18-29 變口體

一般變口體的表面都是由數部分斜角錐面及斜圓錐面複合而成，所以展開變口體面時，必須先認清每一部分錐體之頂點及其高的實長所在，然後再依三角形展開法展開之，其步驟如下(圖 18-30、圖 18-31)。

1. 劃分變口體表面為一個個呈三角形的面，並使其頂點分別在管口上。

2. 分別求出各錐面元線之實長。

3. 任取一點為頂點，以三角形展開法一個接一個畫出呈三角形的各錐面，即得所求之展開圖。

變口體表面之接縫，除須在最短邊外，不宜正好在摺邊上。

◉動畫◉ 圖 18-30 變口體之展開

◉動畫◉ 圖 18-31 變口體之展開

18-9 球面之展開

球面是一種複曲面，複曲面是屬於不能作真實展開者，因此如要將球面展開只能作近似展開。球面之近似展開法常用的有球面經線展開法與球面緯線展開法兩種。

一、球面經線展開法(圖 18-32)

依地球上經線之走向，將球面劃分成許多尖條狀區域，再將每一尖條狀區域視為直圓柱之一部份，運用平行線展開法加以展開，所以又有球面平行線展開法之稱，又因其展開後成條狀，故又簡稱為分條法。

1. 將前視圖之圓周圓等分為十六。

2. 過 1、2、3、4……等分點作水平線後，投影至俯視圖，得各圓。

3. 將俯視圖之圓周等分為十二，過各分點連出半徑線，與前畫各圓相交於 aa、bb、cc、dd 等。

4. 在中心線之延長線 OO' 上任取一點 O，再取 O1 = 12 = 23 = 34 等於前視圖中 01 之長，畫出垂直於 OO' 之直線。

5. 與由 aa、bb、cc、dd 所畫之水平線相交於 A、B、C、D 各點。

6. 同法求出 E、F、G、O' 各點。

7. 以圓滑曲線順次連接各點，即得球面上之一條，因俯視圖中將圓周等分為十二，故整個球面由相同之十二條合成。

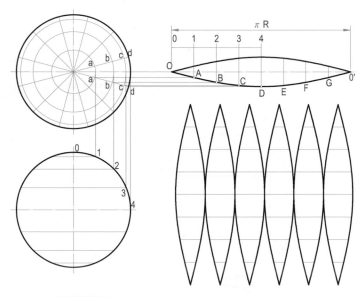

圖 18-32　球面之展開(球面經線展開法)

二、球面緯線展開法(圖 18-33)

依地球上緯線之走向,將球面劃分成許多環帶狀區域,再將每一環帶視為直立圓錐面的一部分,運用射線展開法加以展開,所以又有球面射線展開法之稱,又因其展開後成帶狀,故又簡稱分帶法。

1. 將前視圖之圓周十六等分,即將整個球面分為八個環帶。
2. 將 011'視為一個直立圓錐,122'1'為另一個截頭直立圓錐,……。
3. 求出各圓錐之頂點。
4. 依直立圓錐體面之展開法展開即得。

圖 18-33　球面之展開(球面緯線展開法)

18-10　厚鈑金轉折處長度之計算方法

鈑金厚度超過 2 mm 時，是為厚鈑金。厚鈑金展開時，轉折處長度之計算如下(圖 18-34)：

設鈑金厚度為 t，轉折處之圓弧半徑為 R，轉折角度為 A°，常數為 k。

當　　R＜t　　k=t/4

　　　t≦R≦2t　k=t/3

　　　R＞2t　k=t/2

　　　圓弧 ec=A°(k+R)π/180°

　　　若 R＝0，則以內側計算長度，每一直角轉折約加 t/4。

圖 18-34　厚鈑金轉折處

本章習題

一、基礎題型

依下列圖中所示尺度，將各柱面或錐面展開。

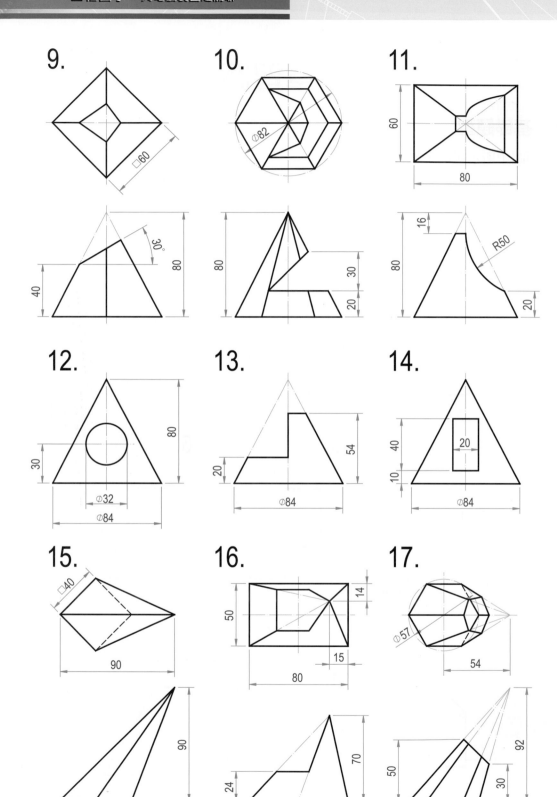

9.

10.

11.

12.

13.

14.

15.

16.

17.

18.

19.

20.

21.

二、進階題型

依圖中所示尺度，完成俯視圖，並將各柱體面或錐體面展開。

1.

2.

3.

4.

Chapter

19

管路圖

19-1 管的種類與規格

流體可以在管內流動的通路，稱為**管路**。表達管路中之管、閥、管接頭、凸緣等的種類、大小及位置的圖，稱為**管路圖**。

今天工業上對於流體的運用，範圍愈來愈廣，種類繁多，例如最普通的自來水、瓦斯、石油以及氧、氮、酸、鹼等各種化學氣體、液體，這些流體在生產製造的過程中以及輸送運用時都需要管，尤其在運用流體以控制機械的操作，更不能缺少管，管又是結構上常用的建材，所以對於管及管路方面的常識以及管路圖的閱讀和繪製是有其重要性。

在管路上用到的管，種類很多，可分別按照管的製造方法、管的材質、管厚來加以說明：

一、按照管的製造方法分

有無縫管和有縫管兩種。無縫管是由製管材料於軟化具塑性時穿衝而成，有縫管則由製管材料捲成管狀後，再將縫以高週波電阻銲接密封而成，所以有縫管又稱銲接管。有縫管粗看不易發現縫之存在，因其縫之外表均經加工處理，只有用手摸管內壁才會發現，在輸送具有壓力或高溫的流體，一般都不採用有縫管。

二、按照管的材質分

常用的有鑄鐵管、銅管、鋼管、鉛管、鋁管、塑膠管等多種。自來水的輸送、污水的排除等，埋在地下的大型管，一般都採用鑄鐵管；鋼架結構、家具支柱、欄桿等常採用白鐵管或黑鐵管，白鐵管或黑鐵管均屬低壓有縫鋼管，白鐵管則由黑鐵管鍍鋅而成；在地面上輸送冷熱水、蒸氣、瓦斯、汽油等，具有溫度或壓力的場合，一般都採用無縫鋼管；塑膠管則輕巧方便，具有較強的耐蝕性，能抗化學作用，且對流體的阻力小，易彎曲，已有取代鋼管的趨勢，但不能承受高溫及高壓，而且較鋼管脆弱是其缺點；遇有震動的部位或需運動的部分，則常採用銅管或鉛管，鉛管又能耐酸鹼的腐蝕，所以化學工業上常用鉛管輸送酸鹼類流體；鋁管則常用於電的輸送方面。

三、按照管厚分

美國早期有標準管、特強管和加倍特強管三種,當標稱直徑相同時,這三種管的外徑都相同,因為管厚不同,所以加倍特強管的內徑最小(圖 19-1)。由於管能承受的壓力與管壁的厚薄有極大的關係,為迎合目前工業上不同的需求,管厚的種類逐漸增多,今根據管壁能承受的壓力,經計算後編定號數,稱為標稱厚度號數(Sch),以區別管厚。例如原來的標準管可稱為 Sch40 的管,特強管可稱為 Sch80 的管,加倍特強管可稱為 Sch160 的管。而我國目前生產的低壓有縫鋼管按管厚來分有輕級、中級和重級三種,其中重級管較厚(參閱本書附錄二十五)。

標準管　　　　　　　特強管　　　　　加倍特強管

圖 19-1　標稱直徑相同時管厚的不同

目前世界上許多國家,對於管的直徑大都仍以英寸稱呼,而管的實際外徑或內徑、管厚則以公釐表示。例如標稱直徑為 1/2 英寸 Sch40 的管,其外徑為 21.7 mm,管厚為 2.8 mm(參閱本書附錄二十六)。一般管的標稱直徑在 14"(350 mm)以下者,其標稱直徑近於其實際內徑,在 14"(350 mm)以上者,其標稱直徑近於其實際外徑。標註管的規格,除管的標稱直徑外,必要時應註明管的種類。

19-2　管的接合方法

一般管與管或與其他零件的接合方法有四種:即螺紋接合、插承接合、凸緣接合和銲接接合(圖 19-2)。其中插承接合是適用於鑄鐵管或塑膠管上。另有適用於銅管上的軟銲接合和適用於小管徑上的喇叭口接合、倒喇叭口接合和擠壓接合(圖 19-3)。

	螺紋接合	插承接合	凸緣接合	銲接接合
示意圖				
符號				

圖 19-2　一般管的接合方法

	軟銲接合	喇叭口接合	倒喇叭口接合	擠壓接合
示意圖				

圖 19-3　其他管的接合方法

　　當管與管欲作 T 型接合時，不採用下一節將提到的管接頭，而直接在一管上挖一孔，再將另一管插入，然後用銲接接合的方法接合，成為插入銲接三通，這樣可以節省很多的人力和材料，但能承受的壓力有限，故遇壓力較大的情況時，再添附加強板或加強座(圖 19-4)。

	不添附加強板或座	添附加強板	添附加強座
示意圖			
符號			

圖 19-4　插入銲接三通

19-3　管配件

管配件即管接頭、閥及凸緣等之總稱。

一、管接頭

將許多段管接連在一起組成管路之零件，稱為管接頭。利用管接頭可以將管路分叉或合併，更可將管路中管的直徑、管的方向改變。管接頭的種類很多，常用的有 90°肘管接頭、45°肘管接頭、三通接頭、斜三通接頭、十字接頭、90°異徑肘管接頭、同心異徑管接頭、管帽、管塞、直管接頭、活管套接等。就其與管的接合方法之不同，又有螺紋管接頭、插承管接頭、凸緣管接頭、銲接管接頭之分，其符號如圖 19-5 所示。一般管路中管接頭的材料應與管一致。

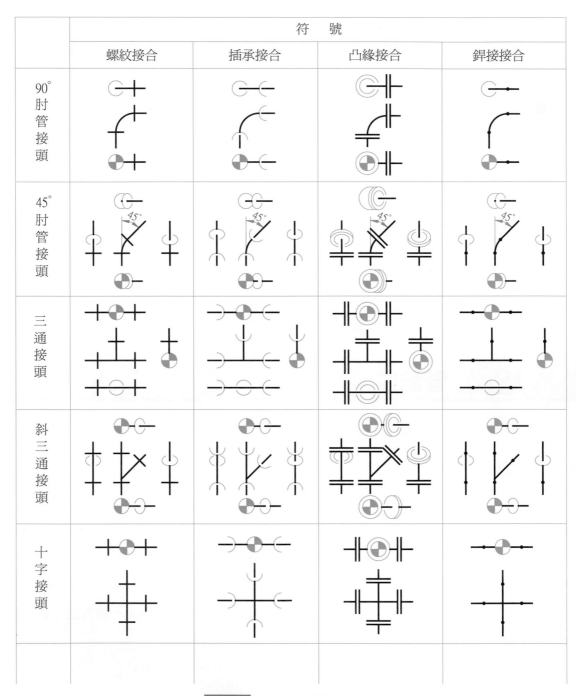

	符 號			
	螺紋接合	插承接合	凸緣接合	銲接接合
90°肘管接頭				
45°肘管接頭				
三通接頭				
斜三通接頭				
十字接頭				

圖 19-5　常用管接頭之符號

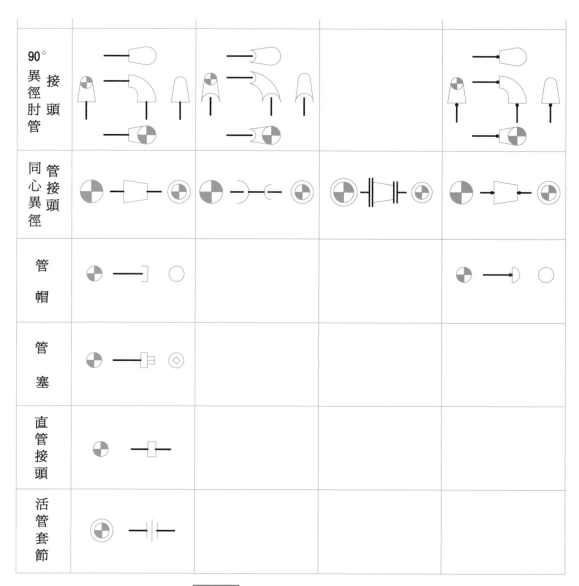

圖 19-5　常用管接頭之符號(續)

二、閥

　　在管路中能控制流體流動的方向和流量的零件，稱為閥。閥的種類也很多，常用的各種螺紋接合之閥及其符號如圖 19-6 所示，各種凸緣接合之閥及其符號如圖 19-7 所示。

圖 19-6　常用螺紋接合之閥及其符號

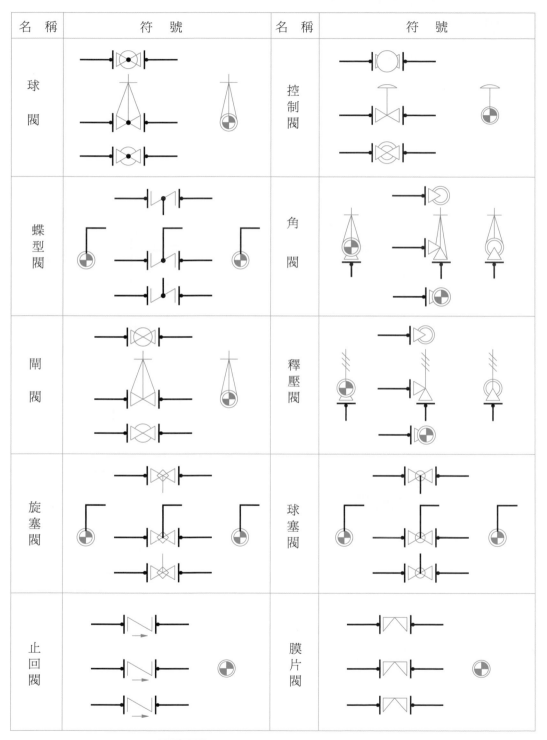

名　稱	符　　號	名　稱	符　　號
球閥		控制閥	
蝶型閥		角閥	
閘閥		釋壓閥	
旋塞閥		球塞閥	
止回閥		膜片閥	

圖 19-7　常用凸緣接合之閥及其符號

三、凸緣

凸緣是管路中常要用到的一種零件，用以接在管之一端，使管與管或管與其他零件能夠以螺栓、螺帽等將之接合在一起，並可隨需要將之拆卸。凸緣的種類很多，常用的有螺紋凸緣、銲接頸凸緣、滑入凸緣、搭接凸緣等。另外盲凸緣應稱為凸緣蓋板，其作用與管帽、管塞等相似。各種凸緣之符號如圖 19-8 所示。

圖 19-8　常用凸緣之符號

19-4　管螺紋

當管與管接頭或其他零件採用螺紋接合時，管與管接頭上的螺紋是一種管螺紋。管螺紋分直管螺紋與斜(錐度)管螺紋兩種，其中以斜管螺紋較為常用，其錐度為 1：16。標稱直徑相同的直管螺紋與斜管螺紋其螺距相等，所以可以斜管外螺紋旋入直管內螺紋而得到緊密的接合，減少製作斜管內螺紋的麻煩，當然以斜管外螺紋旋入斜管內螺紋，旋入愈深，愈為緊密，可防止漏水漏氣。管螺紋的標稱直徑並非其螺紋之大徑或小徑，而是與管的標稱直徑一致。

　　管或管接頭上管螺紋的有效長度至少等於七個螺距,隨管徑之增大略增,而斜管外螺紋上測量螺紋大徑等,是在管端起約五個螺距處,也是隨管徑之增大略增,此距離即稱之謂基準距離(圖 19-9)。製造或檢驗時用之基準距離,應查相關標準(參閱本書附錄二十七)。

圖 19-9　管螺紋有效長度及基準距離

　　管螺紋的繪製與普通螺紋同,即以管的外徑作為螺紋大徑。一般斜管螺紋都不畫出錐度,所以直管螺紋與斜管螺紋的畫法相同,如有必要在圖中畫出斜管螺紋的錐度時,也都將 1:16 的錐度畫成 1:5 的錐度,以達清楚易畫的效果(圖 19-10)。

圖 19-10　管螺紋畫法

　　管螺紋的尺度標註方法,除符號外都與普通螺紋相同,例如斜管螺紋以符號 "R" 表示。因為管螺紋中以斜管螺紋較常用,所以未註明者,都視為斜管螺紋(圖 19-11),如為直管螺紋應加註明,例如 $R\frac{1}{2}$ 直。

圖 19-11　管螺紋的尺度標註

19-5　管路圖的繪製

　　管路圖大部分都是根據正投影原理繪製，採用正投影多視圖或等角圖，所以又有平面管路圖和立體管路圖之分(圖 19-12)。無論平面管路圖或立體管路圖，由於表達方式的不同，又可分成單線管路圖(簡稱單線圖)和雙線管路圖(簡稱雙線圖)兩種。雙線圖中管、管接頭、閥、凸緣等均應按其實際尺度依比例畫出，但管的長度以及管接頭、閥、凸緣上之細小部分可予以忽略(圖 19-13)。因為繪製雙線圖比較費時，且各種管配件均屬標準件，所以目前工業上只有在產品目錄、展示的場合或管徑在 14"(350 mm)以上時，才予以採用。

　　一般管路的工作圖都是畫成單線圖，在單線圖中不論管之外徑大小，管一律都在管之中心線上以粗實線畫出，而管接頭、閥、凸緣等則以其符號表示，符號線條之粗細除凸緣外，都與標註尺度數字之粗細相同，凸緣之與管路線條垂直之直線，則以粗實線畫出。符號之大小是由繪圖者依圖之面積自行決定，全圖一致即可。表示銲接接合處之小黑點，其直徑至少為管路線條粗細之二倍。表示管配件端視圖之圓的缺口，至少各與管路線條相距 1 mm(圖 19-14)。當圖中需在某處將管路折斷，則在雙線圖中，折斷處按一般視圖中折斷的方法繪製；在單線圖中，折斷處應按管之實際外徑以細實線畫出"S"形(圖 19-15)。

平面管路圖   立體管路圖

圖 19-12 管路圖

圖 19-13 雙線管路圖

雙線圖　　　　　　　單線圖

圖 19-14　小黑點及管配件端視圖圓的缺口之大小　　　圖 19-15　圖中將管路折斷之表示法

　　一般電腦軟體中如果未建有管路圖中管接頭、閥、凸緣等常用之符號，則可如圖 19-16 所示之畫法畫妥各符號，建檔備用。需要時，開出此檔，以複製(Copy)方法取出使用，隨所需大小縮小或放大之。

圖 19-16　管接頭、閥、凸緣等常用符號之畫法

圖 19-16　管接頭、閥、凸緣等常用符號之畫法(續)

一、平面管路圖

1. 平面圖和立面圖

平面圖

立面圖

圖 19-17　平面圖與立面圖

　　管路之俯視圖在管路上習慣稱之謂平面圖，管路之前視圖或側視圖在管路上習慣稱之謂立面圖(圖 19-17)。立面圖中表出前後方管路或平面圖中表出上下方管路之方法有二種：一為將位於後方或下方之管路於相交處留隙，設管路線條之粗細為 d，則在管路線條之左右或上下二間隙合計至少為 4d；一為將位於前方或上方之管路以折斷表示法表出(圖 19-18)。如管路為管路以外之物體所遮住，則在視圖中以虛線表示(圖 19-19)。

圖 19-18　前後方與上下方管路之表示法

圖 19-19　遮住之管路

圖 19-20　管路中流體流動方向之表示法

平面圖　　　　　　　　　剖視圖

圖 19-21　管路之剖視圖

欲表明管路中流體流動的方向，可在表示管之粗實線上加畫箭頭(圖 19-20)。

必要時管路也可加以剖視，但經剖視後所得之立面剖視圖均應轉成直立位置，地面應位於視圖之下方，高於地面者位於視圖之上方(圖 19-21)。

在管路之平面圖中，要在視圖之外的右上角或左上角適當位置處加畫指北標(圖 19-22)，以表明管路之東南西北方向。

圖 19-22 指北標

2. 平面管路圖中之尺度標註方法

圖 19-23 平面管路圖之尺度標註方法(一)　圖 19-24 平面管路圖之尺度標註方法(二)

管路圖中，管之大小是以指線標註其「標稱直徑×管厚」，其他零件則以指線註明其應有之規格。管之長短可由管中心線至中心線或管接頭端面間之距離表達(圖 19-23)，也可由管路之高度及東南西北方向位置表達(圖 19-24)。

如有必要時，可標註管外表間之距離，此時須以細短實線表明管之外表所在(圖 19-25)。

管路轉向時，轉向之角度除 90°外，都應標註(圖 19-26)。

圖 19-25 標註管外表間之距離　　圖 19-26 標註管路轉向之角度

在立面圖中，表達管路之高度，是先假設地面之高度為 0，然後以此為準，在此地面以上之高度或以下之深度，都自 0 加減後所得之數值(單位為 mm)標註在代表該高度的水平線附近，並在數字前註以符號"EL"，若表示管中心線至地面之高度或深度，則在數字前註以符號" ₵EL "，若表示管底至地面之高度或深度，則在數字前註以"BOP EL"，若表示鋼架頂面至地面之高度或深度，則在數字前註以"TOS EL"。

在平面圖中，表達管路之東南西北方向位置，與在立面圖中表達管路之高度相同，只是在數字前改以東、南、西、北文字註明。

國際間在立面圖中，表達管路之高度則用引線註明管之中心線高度，管中心線在地面以上用正值，管中心線在地面以下用負值(圖 19-27)。如欲表明管底或管頂之高度，則須以細短實線表明管底或管頂之所在(圖 19-28)。所以圖 19-24 的立面圖中，標註管路之高度可如圖 19-29 所示。

圖 19-27　管之中心線高度標註方法

圖 19-28　管底或管頂之高度標註方法

管底高度　　　　　管頂高度

圖 19-29　在立面圖中標註管路之高度

圖 19-30　管路傾斜坡度之尺度標註

管底基準高度

中心線基準高度

管頂基準高度

　　管路如有傾斜之坡度時，則在管路線條之上方，以標註斜度方法註明(圖 19-30)，但須註明管路之基準高度，以為傾斜之依據。

3.　區域界限之表示法

　　當管路的範圍很大，無法在一張圖紙上畫出時，可將整個管路範圍加以劃分成許多小區，然後每一區畫成一張，則各區接合起來便得整個管路圖，但各區的區域界限要用粗鏈線表達清楚，更要註明區域界限的位置尺度(圖 19-31)。

圖 19-31　區域界限之表示法

二、立體管路圖

　　立體管路圖採用等角畫法的居多，因為等角圖中可以表達的方向除東南西北外，還可有上下，所以立體管路圖中規定指向北者只有圖 19-32 中二種不同的情形，而上方恆為指向上，下方恆為指向下。指北標在立體管路圖中更不可缺少，畫在選定指北向的附近，畫法如圖 19-33 所示。

圖 19-32　立體管路圖的六個指向　　　圖 19-33　立體管路圖的指北標

　　立體管路圖中各零件的畫法及尺度標註都與平面管路圖相似(圖 19-34、圖 19-35)。前後管路或上下管路的表示法如圖 19-36 所示。

圖 19-34　立體管路圖之尺度標註法(一)　　　　圖 19-35　立體管路圖之尺度標註法(二)

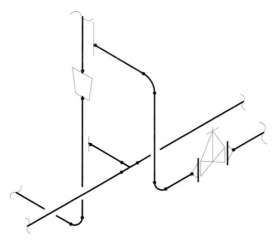

圖 19-36　前後管路或上下管路之表示法

　　若立體管路圖中遇到採用 45°肘管接頭時，要用細實畫出陰影的等角面(圖 19-37)，協助表明其傾斜之方向。如呈單斜時，在水平面內傾斜 45°，則註以「45°H」，在直立面內傾斜 45°，則註以「45°V」(圖 19-38)。如呈複斜時，標註的方法如圖 19-39 所示。

圖 19-37　以細實畫出陰影的等角面

圖 19-38　呈單斜時之 45°肘管接頭

圖 19-39　呈複斜時之 45°肘管接頭

✎ 本章習題 ✎

一、基礎題型

下列各題為管路之前視圖，加畫其俯視圖、仰視圖、左側視圖及右側視圖。

(可依題目圖中之大小放大一倍繪製)

二、進階題型

已知管路之平面圖及立面圖，畫出其立體圖，並標出應有之尺度，大小自行估計。

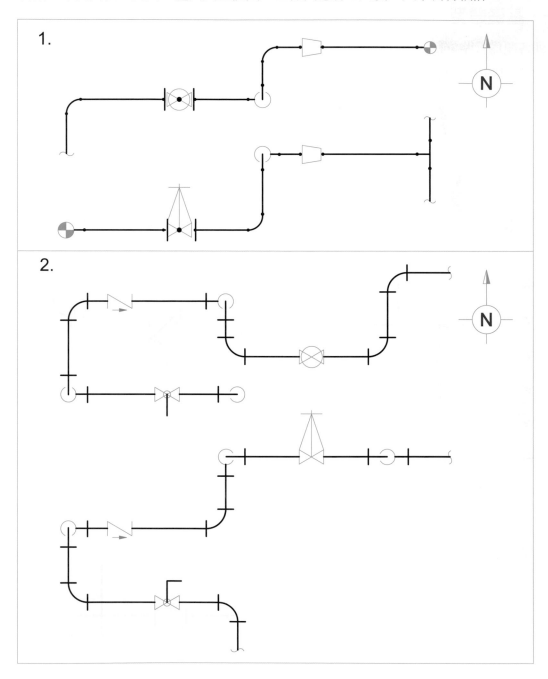

Chapter

20

透視圖

20-1 透視投影

投射線彼此不平行，但集中於一點的投影，是為透視投影。由透視投影所得的視圖稱為透視圖。透視圖不但具有立體感，而且與我們平常用眼睛觀察物體所得的形象完全相同，因為透視投影相當於人透過投影面觀察物體，投射線集中的一點就是人的眼睛所在的點(圖5-3)，所以稱透視圖為效果最為逼真的一種立體圖。

透視投影上常用的名詞如下

1. 視點：觀察者眼睛所在的點，以「SP」表示(圖20-1)。
2. 畫面：即將投影面視為畫面，以「PP」表示。
3. 視線：即將投射線視為視線。
4. 地平面：觀察者所站立之水平面，與畫面垂直，以「GP」表示。
5. 地平線：地平面與畫面的交線，以「GL」表示。
6. 視平面：與地平面平行而在視點高度之水平面，以「HP」表示。
7. 視平線：視平面與畫面的交線，以「HL」表示。
8. 視軸：與畫面垂直之視線，以「AV」表示。
9. 視中心：視軸與畫面之交點，以「CV」表示。
10. 視角：觀察物體最外側二視線間的夾角(圖20-2)。
11. 俯角：觀察物體水平視線與最下方視線間的夾角。
12. 仰角：觀察物體水平視線與最上方視線間的夾角。

圖 20-1　透視投影常用名詞

圖 20-2　視角、俯角與仰角

20-2 透視圖的種類

在透視投影中，以物體高、寬、深三方向的線長與投影面是否平行的關係，將透視圖分為三種：即高、寬、深三方向中有二方向的線長與投影面平行時，所得的透視圖稱為**一點透視圖**，又稱為**平行透視圖**(圖 20-3)，因為與投影面不平行的線長方向有一個消失點；高、寬、深三方向中只有一方向的線長與投影面平行時，所得的透視圖稱為**二點透視圖**，又稱為**成角透視圖**(圖 20-4)，因為與投影面不平行的二線長方向各有一個消失點；高、寬、深三方向中沒有一方向的線長與投影面平行時，所得的透視圖為**三點透視圖**，又稱為**傾斜透視圖**(圖 20-5)，即物體高度、寬度、深度三方向各有一個消失點。

| 圖 20-3 | 一點透視圖 | 圖 20-4 | 二點透視圖 | 圖 20-5 | 三點透視圖 |

若投影面(畫面)與視點間的距離固定不變，物體離視點愈遠，則所得的投影愈小，物體在無窮遠處，其投影縮小成為一點，此點即稱之為**消失點**，以「VP」表示。因為物體在無窮遠處，各視線視為平行，視角為零度，故消失點在投影面上的位置，必定是在與物體遠移之方向平行之視線與投影面的交點上(圖 20-6)。

圖 20-6　消失點的所在

設長方形六面體高度與寬度二方向的線長與投影面平行，形成的透視圖，僅深度方向有一個消失點，所以稱為**一點透視圖**。由視點 SP 作深度方向 ab 的平行線，得其消失點 VP，必在視平線上，且與視中心 CV 重合(圖 20-7)。

圖 20-7　一點透視圖的消失點　　　　圖 20-8　二點透視圖的消失點

若長方形六面體僅高度方向的線長與投影面平行，形成的透視圖，深度和寬度方向各有一個消失點，所以稱為**二點透視圖**。由視點 SP 分別作深度 ab 和寬度 ac 方向的平行線，得二個消失點，都在視平線上，位於圖面右邊者稱為**右消失點**，以「VPR」表示；位於圖面左邊者稱為**左消失點**，以「VPL」表示(圖 20-8)。

若長方形六面體高度、寬度、深度三方向中沒有一方向的線長與投影面平行，形成的透視圖，高度、寬度、深度三方向各有一個消失點，所以稱為**三點透視圖**。由視點 SP 分別作深度 ab、寬度 ac 和高度 ad 方向的平行線，得三個消失點，位於圖面上方或下方者稱為**垂直消失點**，以「VPV」表示(圖 20-9)。通常在三點透視圖中，是由長方形六面體頂面垂直方向之輔助視圖旋轉後獲得右消失點 VPR 和左消失點 VPL 的位置(圖 20-10)。

| 圖 20-9 | 三點透視圖的消失點 |
| 圖 20-10 | 利用輔助視圖旋轉求得消失點 |

20-3 透視投影基本觀念

在正投影中,物體與投影面間的距離與產生投影的大小無關,但在透視投影中,物體、投影面(畫面)、視點三者間距離的變化,影響產生投影的大小:

1. 物體與視點間的距離固定不變,投影面(畫面)愈近視點則投影愈小)圖 20-11)。

圖 20-11　投影面愈近視點投影愈小

2. 投影面(畫面)與視點間的距離固定不變,物體愈近視點則投影愈大(圖 20-12)。

圖 20-12　物體愈近視點投影愈大

3. 物體與投影面(畫面)間的距離固定不變，物體在投影面之後時，視點愈近投影面
則投影愈小(圖 20-13)。

圖 20-13　視點愈近投影面投影愈小

4. 物體與投影面(畫面)間的距離固定不變，物體在投影面之前時，視點愈近投影面
則投影愈大(圖 20-14)。

圖 20-14　視點愈近投影面投影愈大

5. 物體與投影面(畫面)相重合時，不論視點遠近，相重合部分之投影，即為物體之
真實大小及形狀(圖 20-15)，所以在透視圖中該部分的線長可直接度量。

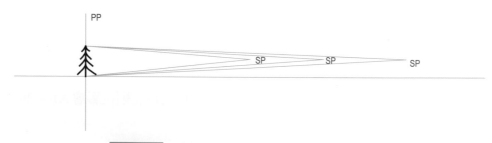

圖 20-15　與投影面重合部分之投影為其實長

20-4 透視投影視點位置的選擇

在透視投影中，視點位置的選擇非常重要，因爲視點的位置影響透視圖的形狀，若不注意選擇，則會產生不很雅的透視圖。

1. 勿使視中心偏離物體的中心太多(圖 20-16)。

偏離少　　　　　偏離較多　　　　　偏離太多

圖 20-16　視中心偏離物體中心的多少

2. 使視角 A 在 20°至 30°間(圖 20-17)。

A=20°　　　　　A=35°　　　　　A=50°

圖 20-17　視角的大小

3. 使俯角 B 在 20°至 30°間(圖 20-18)。

圖 20-18　俯角的大小

20-5　運用消失點繪製透視圖

在一點透視圖中，物體寬度和高度二方向的線長與投影面平行，則與投影面重合的寬度和高度，在透視圖中可以直接度量。深度方向與投影面垂直，在透視圖中深度便不可直接度量，但深度方向有一個消失點，運用此消失點來繪製一點透視圖，繪製的步驟如下：

1. 以一個正投影俯視圖畫出物體的一面與投影面重合。

2. 求出深度方向之消失點 VP。

3. 在透視圖中，畫出與投影面重合部份的實形。

4. 各頂點或中心點與消失點連線。

5. 由視點 SP 逐一作出所需各點之投影線，與投影面 PP 相交之點，即得該點之透視投影。

6. 移入透視圖中(圖 20-19)。

在二點透視圖中，物體只有高度方向的線長與投影面平行，則與投影面重合稜邊的高度，在透視圖中可以直接度量。深度和寬度方向均傾斜於投影面，在透視圖中深度與寬度均不可直接度量，但深度與寬度方向各有一個消失點，運用此二消失點來繪製二點透視圖，繪製的步驟如下：

1. 以一個正投影俯視圖畫出物體的一稜邊與投影面重合。

2. 求出寬度方向之左消失點 VPL 和深度方向之右消失點 VPR。

3. 在透視圖中，畫出與投影面重合之稜邊實長。

4. 各頂點或中心點與消失點連線。

5. 由視點 SP 逐一作出所需點之投影線，與投影面 PP 相交之點，即得該點之透視投影。

6. 移人透視圖中(圖 20-20)。

在三點透視圖中，物體寬度、高度、深度三方向的線長均傾斜於投影面，所以寬度、高度和深度，在透視圖都不可以直接度量。但寬度、高度和深度方向各有一個消失點，運用此三消失點來繪製三點透視圖，繪製的步驟如下：

1. 以一個正投影側視圖畫出物體的一頂點與投影面重合。

2. 求出深度方向之消失點 VPV，深度方向之右消失點 VPR 和寬度方向之左消失點 VPL。

3. 在透視圖中，畫出與投影面重合之頂點。

4. 此頂點與消失點連線。

5. 由視點 SP 逐一作出所需點之投影線，與投影面 PP 相交之點，即得該點之透視投影。

6. 移入透視圖中(圖 20-21)。

圖 20-19　運用消失點繪製一點透視圖

圖 20-20 運用消失點繪製二點透視圖

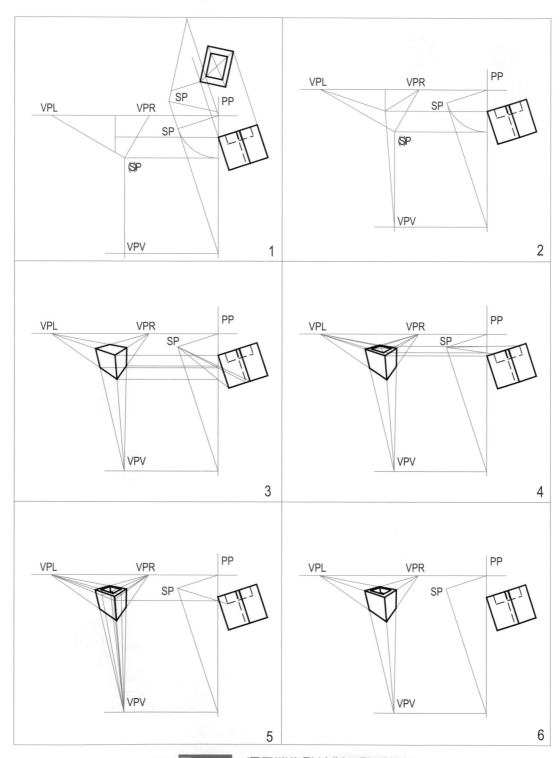

圖 20-21　運用消失點繪製三點透視圖

20-6 電腦螢幕上顯示之透視投影

　　根據前述視點位置的選擇，便可使物體優雅的透視投影顯示於電腦螢幕上，由此輸出於紙上所得之透視圖，不需考慮消失點之位置所在，也不必運用量度點。今以圖 20-22 中的房屋模型為例，以底面中心點上方 85 mm 處為基準點 A，視點在 A 點前方前 300 mm 處，即取視高為 85 mm，俯角在 20°左右。

圖 20-22　房屋模型

　　當視點向右偏離 A 點一些，作正面之透視投影，則在螢幕上顯示之透視圖為一點透視圖(圖 20-23)。

　　當視點對準 A 點，若作右側面之透視投影，則在螢幕上顯示之透視圖為二點透視圖(圖 20-24)。作右側頂面之透視投影，則在螢幕上顯示之透視圖為鳥瞰之三點透視圖(圖 20-25)。作右側底面之透視投影，則在螢幕上顯示之透視圖為蟲瞻之三點透視圖(圖 20-26)。

圖 20-23　一點透視圖

圖 20-24　二點透視圖

圖 20-25　鳥瞰之三點透視圖

圖 20-26　蟲瞻之三點透視圖

本章習題

一、基礎題型

畫出下列物體的透視圖，視點的位置自行選定。

1.

2.

3.

4.

二、進階題型

畫出下列物體的透視圖，視點的位置自行選定。

1.

2.

Appendix

A

附　錄

附錄一　公制粗螺紋

單位：mm

螺紋標稱			螺距
1	2	3	P
M1			0.25
	M1.1		0.25
M1.2			0.25
	M1.4		0.3
M1.6			0.35
	M1.8		0.35
M2			0.4
	M2.2		0.45
M2.5			0.45
M3			0.5
	M3.5		0.6
M4			0.7
	M4.5		0.75
M5			0.8
M6			1
		M7	1
M8			1.25
		M9	1.25
M10			1.5
		M11	1.5
M12			1.75
	M14		2
M16			2
	M18		2.5

螺紋標稱			螺距
1	2	3	P
M20			2.5
	M22		2.5
M24			3
	M27		3
M30			3.5
	M33		3.5
M36			4
	M39		4
M42			4.5
	M45		4.5
M48			5
	M52		5
M56			5.5
	M60		5.5
M64			6
	M68		6

註：標稱直徑欄優先採用第 1 欄，必要時依序選用第 2、3 欄，標稱直徑欄 1、2、3 欄與 ISO261-1973 規定相同。

附錄二　公制細螺紋

單位：mm

螺紋標稱			螺距
1	2	3	P
M1			0.2
	M1.1		0.2
M1.2			0.2
	M1.4		0.2
M1.6			0.2
	M1.8		0.2
M2			0.25
	M2.2		0.25
M2.5			0.35
M3			0.35
	M3.5		0.35
M4			0.5
	M4.5		0.5
M5			0.5
		M5.5	0.5
M6			0.75
		M7	0.75
M8			1
M8			0.75
		M9	1
		M9	0.75
M10			1.25
M10			1
M10			0.75
	M11		1
	M11		0.75
M12			1.5
M12			1.25
M12			1
	M14		1.5
	M14		1.25
	M14		1
		M15	1.5
		M15	1

螺紋標稱			螺距
1	2	3	P
M16			1.5
M16			1
		M17	1.5
		M17	1
	M18		2
	M18		1.5
	M18		1
M20			2
M20			1.5
M20			1
	M22		2
	M22		1.5
	M22		1
M24			2
M24			1.5
M24			1
		M25	2
		M25	1.5
		M25	1
		M26	1.5
	M27		2
	M27		1.5
	M27		1
		M28	2
		M28	1.5
		M28	1
M30			3
M30			2
M30			1.5
M30			1
		M32	2
		M32	1.5

單位：mm

螺紋標稱			螺距
1	2	3	P
	M33		3
	M33		2
	M33		1.5
		M35	1.5
M36			3
M36			2
M36			1.5
		M38	1.5
	M39		3
	M39		2
	M39		1.5
		M40	3
		M40	2
		M40	1.5
M42			4
M42			3
M42			2
M42			1.5
	M45		4
	M45		3
	M45		2
	M45		1.5

螺紋標稱			螺距
1	2	3	P
M48			4
M48			3
M48			2
M48			1.5
		M50	3
		M50	2
		M50	1.5
	M52		4
	M52		3
	M52		2
	M52		1.5
		M55	4
		M55	3
		M55	2
		M55	1.5
M56			4
M56			3
M56			2
M56			1.5

註：標稱直徑 14 螺距 1.25 公釐，限用於內燃機火星塞。

標稱直徑欄優先採用第 1 欄，必須時依序選用 2、3 欄。

標稱直徑欄 1、2、3 欄與 ISO261-1973 規定相同。

附錄三　螺紋符號與螺紋標稱

CNS 編號	螺紋名稱		螺紋形狀	螺紋符號	螺紋標稱實例
497	公制粗螺紋		三角形螺紋		M10
498	公制細螺紋			M	M12x1
	公制火星塞螺紋				M12x1.25
507	公制精細螺紋			S	S0.8
4227	木螺釘螺紋			WS	WS4
3981	自攻螺釘螺紋			TS	TS3.5
	汽車內胎氣閥螺紋			TV	TV8
	自行車內胎氣閥螺紋			CTV	CTV8-30
341	自行車螺紋			BC	BC3/4"BC2.6
	統一制粗螺紋			UNC	5/16"-18UNC
	統一制細螺紋			UNF	1/4"-28UNF
	統一制極細螺紋			UNEF	1/4"-32UNEF
	縫衣機用螺紋			SM	SM1/4"-40
	鋼導管用螺紋			Pg	Pg21
494	韋氏平行管子螺紋				R1/2"
495	韋氏管子螺紋	推拔外螺紋		R	R
		平行內螺紋			R1/4"
	瓦斯瓶用螺紋			W	W80x1/11"
511	公制梯形螺紋		梯形螺紋	Tr	Tr40x7
4225	公制短梯形螺紋			Tr.s	Tr.s48x8
	圓角梯形螺紋			R Tr	R Tr40x5
	愛克姆螺紋			ACME	ACME48x12
515	公制鋸齒形螺紋		鋸齒形螺紋	Bu	Bu40x7
	45°鋸齒形螺紋				Bu630x20
510	愛迪生式螺紋			E	E27
4228	玻璃容器用外螺紋		圓形螺紋	GL	GL125x5
	玻璃螺紋			GLE	GLE99
	深螺腹圓螺紋				Rd59
	淺螺腹圓螺紋				Rd50x7
	圓螺紋(起掛鉤用)				Rd80x7
508	圓螺紋(一般用)			Rd	Rd40x1/6"
	圓螺紋(深度較大之圓螺紋用)				Rd40x5
	圓螺紋(厚 0.5mm 以下之金屬板片與附屬螺紋接合用)				Rd40X4
	防毒面具用螺紋				Rd40x1/7"

摘自 CNS4317

附錄四　六角螺栓與螺帽

標註例：六角螺栓 M10x40 、六角螺帽 M10

標稱直徑 d	F	D	H	h	L	s	t	L 選擇
M1.6	3.2		1.2		5~16	5	1.3	5
M2	4		1.4		5~16	6	1.6	6
M2.5	5		1.8		5~25	7	2	8
M3	5.5		2		5~35	12	2.4	12
M4	7		2.8		6~40	14	3.2	14
M5	8	7.2	3.5	0.2	8~50	16	4	16
M6	10	9	4	0.3	8~70	18	5	20
M8	13	11.7	5.5	0.4	12~100	22	6.5	35
M10	17	15.8	7	0.4	14~100	26	8	40
M12	19	17.6	8	0.6	20~130 140	30 36	10	45
M16	24	22.3	10	0.6	30~130 140	38 44	13	50
M20	30	28.5	13	0.6	30~130 140~200	46 52	16	55
M24	36	34.2	15	0.6	30~130 140~200	54 60	19	60
M30	46		19		40~130 140~200 220~240	66 72 85	24	65
M36	55		23		50~130 140~200 220~240	78 84 97	29	70

L 選擇欄完整數列：5、6、8、12、14、16、20、35、40、45、50、55、60、65、70、75、80、85、90、100、110、120、130、140、150、160、170、180、190、200、220、240

註 1：本表摘自 CNS3121、CNS　3123、CNS3128、CNS3130。

註 2：M4 以上僅有精製及半精製者。

附錄五　平頭螺釘

標註例：平頭螺釘 M5x10

標稱直徑 d	D	n	K	t	L	s	L 選擇
M1	2	0.3	0.6	0.3	2~5	3	2
M1.2	2.3	0.4	0.7	0.35	2~6	3.5	3
M1.4	2.6	0.4	0.8	0.4	2~10	4	4
M1.6	3.5	0.5	1.1	0.45	2~15	5	5
M2	4	0.5	1.2	0.6	3~15 18	6 8	6 8
M2.5	5	0.6	1.4	0.7	3~18 20~25	8 10	10 12
M3	6	0.8	1.7	0.85	4~20 22~30	9 12	15 18
M4	8	1	2.3	1.1	5~28 30~40	12 18	20 22
M5	10	1.2	2.8	1.3	6~35 40~45	15 20	25 28
M6	12	1.6	3.3	1.6	8~40 45	18 25	30 35
M8	16	2	4.4	2.1	10~55	20	40 45 50
M10	20	2.5	5.5	2.6	12~60 70	22 28	55 60
M12	24	3	6.5	3	20~60 70	22 28	65 70
M16	30	4	7.5	4	28~80 90	28 35	80 90
M20	36	5	8.5	5	35~80 90~110	32 40	100 110

附錄六　圓頭螺釘與椽頭螺釘

標註例：圓頭螺釘　M12x35

標稱直徑 d	D	n	t_1	k_1	t_2	k_2	L	S	L 選擇
M1	2	0.3	0.4	1	0.3	0.7	2~5	3	2
M1.2	2.3	0.4	0.5	1.15	0.4	0.8	2~6	3.5	3
M1.4	2.6	0.4	0.6	1.3	0.5	1	2~10	4	4
M1.6	3.5	0.5	0.8	1.6	0.6	1.2	2~15	5	5
M2	4	0.5	1	2	0.7	1.3	3~15 / 18	6 / 8	6
M2.5	5	0.6	1.2	2.5	0.9	1.6	3~18 / 20~25	8 / 10	8
M3	5.5	0.8	1.3	2.7	1	2	4~20 / 22~30	9 / 12	10
M4	7	1	1.7	3.5	1.4	2.8	5~28 / 30~40	12 / 18	12
M5	9	1.2	2.2	4.5	1.7	3.5	6~35 / 40~50	15 / 20	15
M6	10	1.6	2.5	5	2	4	8~45 / 50	18 / 25	18
M8	13	2	3	6	2.5	5	10~50	20	20
M10	16	2.5	3.7	7.5	3	6	12~60 / 70	22 / 28	22
M12	18	3	4.2	8.5	3.5	7	20~60 / 70	22 / 28	25
M16	24	4	5	11	4	9	25~80 / 90	28 / 35	28
M20	30	5	6	14	4.5	11	30~80 / 90~110	32 / 40	30

L 選擇（續）：35, 40, 45, 50, 60, 70, 80, 90, 100, 110

附錄七　六角承窩螺釘

標註例：六角承窩螺釘 M10x40

標稱直徑 d	D	K	L	S	L 選擇
M3	5.5	3	5~35	10	6
M4	7	4	6~50	12	8
M5	8.5	5	10~60	15	10
M6	10	6	12~60	18	12
M8	13	8	15~100	22	15
M10	16	10	15~120	25	18
M12	18	12	20~120	28	20
M16	24	16	30~150	35	22
M20	30	20	40~180	40	25
M24	36	24	60~250	50	30
M30	45	30	80~250	60	35
M36	54	36	100~250	70	40

L 選擇欄位值：6, 8, 10, 12, 15, 18, 20, 22, 25, 30, 35, 40, 45, 50, 55, 60, 65, 70, 75, 80, 90, 100, 110, 120, 130, 140, 150, 160, 170, 180, 190, 200, 210, 220, 230, 240, 250

附錄八　固定螺釘

標稱直徑	螺距	a	b	e(約)	k(約)	d_1	c_1	c_2	c_3	L(1)
M4x0.7	0.7	0.6	1.2	0.4	0.8	2.5	3	1.6	1	4~16
M5x0.8	0.8	0.8	1.5	0.5	0.9	3.5	3	2	1.2	5~20
M6	1	0.8	2	0.5	1	4	3	2.5	1.5	6~25
M8	1.25	1.2	2.5	0.6	1.2	5.5	5	3	1.5	8~32
M10	1.5	1.6	3	0.8	1.5	7	5	3.5	2	10~40
M12	1.75	2	4	1	2	9	6	4.5	2	12~50

標註例：方頭去角端固定螺釘　M6x10

標稱直徑	螺距	c(約)	H	D_1(約)	k	d_1	c_1	c_2	c_3	L(2)
M4x0.7	0.7	5.3	4	3.8	0.8	2.5	3	1.6	1	5~16
M5x0.8	0.8	6.5	5	4.8	0.9	3.5	3	2	1.2	6~20
M6	1	8	6	5.8	1	4	3	2.5	1.5	8~25
M8	1.25	10	8	7.8	1.2	5.5	5	3	1.5	10~32
M10	1.5	13	10	9.8	1.5	7	5	3.5	2	12~40
M12	1.75	16	12	11.5	2	9	6	4.5	2	15~50

備註：

L(1):3,4,5,6,8,10,12,14,16,18,20,22,25,28,30,32,35,40,45,50

L(2):5,6,8,10,12,1,4,16,18,20,22,28,30,32,35,40,45,50

附錄九　木螺釘

標註例：圓頭木螺釘　2.4x10

標稱直徑			平頭			圓頭			扁圓頭				L選擇
d	D	n	k	t	L	k	t	L	k	W	t	L	
1.4	2.8	0.4	0.7	0.4	7~15	1.1	0.7	7~15	0.7	0.4	0.5	7~15	7
1.7	3.4	0.5	0.85	0.5	7~20	1.3	0.8	7~17	0.85	0.6	0.6	7~20	10
2	4	0.5	1	0.5	7~20	1.5	0.9	7~20	1	0.7	0.7	7~20	13
2.4	4.8	0.6	1.2	0.6	7~25	1.7	1.1	7~25	1.2	0.8	0.8	7~25	15
2.7	5.4	0.6	1.35	0.6	7~25	1.9	1.2	7~25	1.35	0.8	0.9	7~25	17
3	6	0.8	1.5	0.8	7~30	2.1	1.3	7~25	1.5	1	1	7~30	20
3.5	7	0.8	1.75	0.8	10~40	2.4	1.5	10~30	1.75	1.2	1.2	10~40	25
4	8	1	2	1	10~50	2.8	1.8	10~40	2	1.4	1.4	10~50	30
4.5	9	1	2.25	1	13~60	3.1	2	10~50	2.25	1.6	1.6	13~60	35
5	10	1.2	2.5	1.2	13~70	3.5	2.3	13~60	2.5	1.8	1.7	13~70	40
5.5	11	1.2	2.75	1.2	17~80	3.8	2.5	15~70	2.75	1.9	1.9	17~80	45
6	12	1.6	3	1.6	20~90	4.2	2.7	20~80	3	2.1	2.1	20~90	50
7	14	2	3.5	2	25~100	4.9	3	25~90	3.5	2.5	2.4	25~100	60
8	16	2	4	2	30~120	5.6	3.5	30~100	4	2.8	2.8	30~120	70

L選擇：7 10 13 15 17 20 25 30 35 40 45 50 60 70 80 90 100 120

附錄十　墊圈

平墊圈	彈簧墊圈

平型

去角型

C≤1/2T

標註例：平墊圈∅12去角型

平型

彎出型

標註例：彈簧墊圈∅12彎出型

公稱直徑	d	D	t	公稱直徑	d	D	t	k
3	3.2	7	0.5	3	3.1	6.2	0.8	
4	4.3	9	0.8	4	4.1	7.6	0.9	0.15
5	5.3	10	1	5	5.1	9.2	1.2	0.15
6	6.4	12.5	1.6	6	6.1	11.8	1.6	0.2
8	8.4	17	1.6	8	8.2	14.8	2	0.3
10	10.5	21	2	10	10.2	18.1	2.2	0.3
12	13	24	2.5	12	12.2	21.1	2.5	0.4
16	17	30	3	16	16.2	27.4	3.5	0.4
20	21	37	3	20	20.2	33.6	4	0.4
24	25	44	4	24	24.5	40	5	0.5
30	31	56	4	30	30.5	48.2	6	0.8

附錄十一　內扣環

m=t+0.1
d6=d3-1.5b

標註例：內扣環30x1.2

孔徑 d₁	t	a≦	b 約	d₂	d₃	d₄	d₅	n 最小參考值
10		3.2	1.4	10.4	10.8	3.1	1.2	
12		3.4	1.7	12.5	13	4.7	1.5	
14		3.7	1.9	14.6	15.1	6	1.7	
16	1	3.8	2	16.8	17.3	7.7		
18		4.1	2.2	19	19.5	8.9		1.5
20		4.2	2.3	21	21.5	10.6	2	
22			2.5	23	23.5	12.6		
24		4.4	2.6	25.2	25.9	14.2		
25		4.5	2.7	26.2	26.9	15		
26	1.2	4.7	2.8	27.2	27.9	15.6		
28		4.8	2.9	29.2	30.1	17.4		
30			3	31.4	32.1	19.4		
32		5.4	3.2	33.7	34.4	20.2	2.5	2
35			3.4	37	37.8	23.2		
36	1.5		3.5	38	38.8	24.2		
38		5.5	3.7	40	40.8	26		
40	1.75	5.8	3.9	42.5	43.5	27.4		
42		5.9	4.1	44.5	45.5	29.2		

附錄十二　外扣環

$$m=t+0.1$$
$$d6=d3-1.5b$$

標註例：外扣環20x1.2

軸徑 d_1	t	a≦	b 約	d_2	d_3	d_4	d_5≧	n≧
10	1	3.3	1.8	9.6	9.3	17.6	1.5	0.6
12		3.5	2.1	11.5	11	19.6		0.75
14		3.7	2.2	13.4	12.9	22	1.7	0.9
16				15.2	14.7	24.4		1.2
18	1.2	3.9	2.4	17	16.5	26.8	2	1.5
20		4	2.6	19	18.5	29		
22		4.2	2.8	21	20.5	31.4		
24		4.4	3	22.9	22.2	33.8		1.7
25				23.9	23.2	34.8		
26		4.5	3.1	24.9	24.2	36		
28	1.5	4.7	3.2	26.6	25.9	38.4		2.1
30		5	3.5	28.6	27.9	41		
32		5.2	3.6	30.3	29.6	43.4	2.5	2.6
35	1.75	5.6	3.9	33	32.2	47.2		3
36			4	34	33.2	48.2		
38		5.8	4.2	36	35.2	50.6		
40		6	4.4	37.5	36.5	53		3.8
42		6.5	4.5	39.5	38.5	56		

附錄十三　鍵

平鍵 方鍵 (n=b)　　圓頭平鍵　　斜　鍵　　帶頭鍵

標註例：方鍵 5x5x20、圓頭平鍵16x20x50、斜鍵12x8x50、帶頭鍵16x10x70

寬 b	4	5	6	8	10	12	14	16	18	20	22	25	28	32	36
高 h	4	5	6	7	8	8	9	10	11	12	14	14	16	18	20
頭高 h_1	7	8	10	11	12	12	14	16	18	20	22	22	25	28	32
長度 L 基本 長度	\multicolumn{15}{l}{6,8,10,12,14,16,18,20,22,25,28,36,40,45,50,56,63,70,80,90,100,110,125,140,160,180,200,220,250, 280,320,360,400}

直徑 I：用於總轉動力距上

直徑 II：用於僅繫於接動元件之軸承

標註例：半圓鍵6x9

直　徑		鍵				槽深	
I	II	b	h	d_2	i~	t_1	t_2
>6……8	>10……12	2.5	3.7	10	9.66	2.9	1.0
>8……10	>12……17	3	5	13	12.65	3.8	1.4
>10……12	>17……22	4	6.5	16	15.72	5.0	1.7
>12……17	>22……30	5	7.5	19	18.57	5.5	2.2
>17……22	>38……38	6	9	22	21.63	6.6	2.6

附錄十四　銷

一、平行銷（圓銷）

A型　　　　　　　　　B型

標註例：平行銷 ⌀3m6x20

標稱直徑			1	1.2	1.6	2	2.5	3	4	5	6	8	10	13	16	20	25	30	40	50
	基本尺度		1	1.2	1.6	2	2.5	3	4	5	6	8	10	13	16	20	25	30	40	50
d	公差	m6	+0.008 +0.002						+0.012 +0.004			+0.015 +0.006		+0.018 +0.007		+0.021 +0.008			+0.025 +0.009	
		h7	0 -0.010						0 -0.012			0 -0.015		0 -0.018		0 -0.021			0 -0.025	
c	大約		0.2			0.4			1					1.5				3		
L			3 ∫ 12	3 ∫ 16	4 ∫ 20	5 ∫ 25	5 ∫ 25	6 ∫ 32	8 ∫ 40	10 ∫ 50	12 ∫ 63	14 ∫ 80	18 ∫ 100	22 ∫ 100	25 ∫ 125	32 ∫ 160	40 ∫ 200	50 ∫ 250	63 ∫ 250	80 ∫ 250
長度 L 基本尺度			3,4,5,6,8,10,12,14,16,18,20,22,25,28,32,36,40,45,50,56,63,70,78,90,100, 110,125,140,160,180,200,225,250,280																		

摘自 CNS397

二、斜銷（推拔銷）

標註例：斜銷 φ3×30　　　　　　　　　　摘自 CNS396

標稱直徑		0.6	0.8	1	1.2	1.6	2	2.5	3	4	5	6	7	8	10	13	16	20	25	30	40	50
d	基本尺度	0.6	0.8	1	1.2	1.6	2	2.5	3	4	5	6	7	8	10	13	16	20	25	30	40	50
L		4 ~ 10	5 ~ 14	6 ~ 16	8 ~ 18	10 ~ 25	12 ~ 28	14 ~ 36	16 ~ 56	18 ~ 63	25 ~ 70	28 ~ 80	32 ~ 100	36 ~ 125	45 ~ 140	56 ~ 160	70 ~ 200	80 ~ 225	100 ~ 250	100 ~ 280	100 ~ 280	100 ~ 280
長度 L 基本尺度		4,5,6,8,10,12,14,16,18,20,22,25,28,32,36,40,45,50,56,63,70,80,90,100,110,125,140,160,180,200,225,250,280																				

三、開口銷

標註例：開口銷 φ5×40

摘自 CNS398

標稱直徑			0.6	0.8	1	1.2	1.6	2	2.5	3.2	4	5	6.3	8	10	13	16	20
d	最大		0.5	0.7	0.9	1	1.4	1.8	2.3	2.9	3.7	4.6	5.9	7.5	9.5	12.4	15.4	19.3
H	最大		1.6	1.6	1.6	2.5	2.5	2.5	2.5	3.2	4	4	4	4	6.3	6.3	6.3	6.3
a	大約		2	2.4	3	3	3.2	4	5	6.4	8	10	12.6	16	20	26	32	40
D	最大		1	1.4	1.8	2	2.8	3.6	4.6	5.8	7.4	9.2	11.8	15	19	24.8	30.8	38.6
適用直徑	螺栓	超過	-	2.5	3.5	4.5	5.5	7	9	11	14	20	27	39	56	80	120	170
		至	2.5	3.5	4.5	5.5	7	9	11	14	20	27	39	56	80	120	170	-
	U形環插銷	超過	-	2	3	4	5	6	8	9	12	17	23	29	44	69	110	160
		至	2	3	4	5	6	8	9	12	17	23	29	44	69	110	160	-
L			4 ~ 12	5 ~ 16	6 ~ 20	8 ~ 25	8 ~ 32	10 ~ 40	12 ~ 50	14 ~ 63	18 ~ 80	22 ~ 100	32 ~ 125	40 ~ 160	45 ~ 200	71 ~ 250	112 ~ 280	160 ~ 280
長度 L 基本尺度			4,5,6,8,10,12,14,16,18,20,22,25,28,32,36,40,45,50,56,63,71,80,90,100,112,125,140,160,180,200,224,250,280																

四、彈簧銷

標註例：圓柱形槽銷 φ 10×20

d	標稱尺度	0.8	1	1.2	1.5	2	2.5	3	4	5	6	8	10	12	14	15	20	25
	公差	h9						h11										
	大約	0.1	0.12	0.16	0.2	0.25	0.3	0.4	0.5	0.6	0.8	1	1.2	1.4	1.6	2	2.5	3
	大約	0.55	0.57	0.6	0.8	0.9	1.2	1.3	1.8	2	2.5	2.8	3.5	3.7	4	4.3	5.2	6
	L js15	4-8	4-10	4-12	4-30	6-30	6-30	6-40	6-55	8-55	10-75	12-100	16-120		20-120	25-120	30-120	
	隆起直徑 D	0.83	1.05	1.25	1.6	2.15	2.65	3.2	4.25	5.25	6.3	8.3	10.35	12.35	14.35	16.4	20.5	25.5
	D 之公差	+0.05 0					±0.05						±0.01					
	長度 L 基本尺度	4,6,8,10,12,16,20,25,30,40,55,75,100,120																

摘自 CNS9215

附錄十五

徑向深溝

滾珠軸承

畫法(G=2A/3)

軸承系號 62 尺度系號 02				軸承系號 63 尺度系號 03			
標稱號碼	d	D	B	標稱號碼	d	D	B
6200	10	30	9	6300	10	35	11
6201	12	32	10	6301	12	37	12
6202	15	35	11	6302	15	42	13
6203	17	40	12	6303	17	47	14
6204	20	47	14	6304	20	52	15
62/22	22	50	14	63/22	22	56	16
6205	25	52	15	6305	25	62	17
62/28	28	58	16	63/28	28	68	18
6206	30	62	16	6306	30	72	19
62/32	32	65	17	63/32	32	75	20
6207	35	72	17	6307	35	80	21
6208	40	80	18	6308	40	90	23
6209	45	85	19	6309	45	100	25
6210	50	90	20	6310	50	110	27
6211	55	100	21	6311	55	120	29
6212	60	110	22	6312	60	130	31
6213	65	120	23	6313	65	140	33
6214	70	125	24	6314	70	150	35
6215	75	130	25	6315	75	160	37
6216	80	140	26	6316	80	170	39
6217	85	150	28	6317	85	180	41
6218	90	160	30	6318	90	190	43
6219	95	170	32	6319	95	200	45
6220	100	180	34	6320	100	215	47
6221	105	190	36	6321	105	225	49
6222	110	200	38	6322	110	240	50
6224	120	215	40	6324	120	260	55
6226	130	230	40	6326	130	280	58
6228	140	250	42	6328	140	300	62
6230	150	270	45	6330	150	320	65
6232	160	290	48	6332	160	340	68
6234	170	310	52	6334	170	360	72
6236	180	320	52	6336	180	380	75
6238	190	340	55	6338	190	400	78
6240	200	360	58	6340	200	420	80
6244	220	400	65	6344	220	460	88
6248	240	440	72	6348	240	500	95
6252	260	480	80	6352	260	540	102
6256	280	500	80	6356	280	580	108
6260	300	540	85				
6264	320	580	92				

摘自 CNS2862

附錄十六　徑向斜角滾珠軸承

畫法

軸承系號 72　尺度系號 02				軸承系號 73　尺度系號 03			
標稱號碼	d	D	B	標稱號碼	d	D	B
7200B	10	30	9	7300B	10	35	11
7201B	12	32	10	7301B	12	37	12
7202B	15	35	11	7302B	15	42	13
7203B	17	40	12	7303B	17	47	14
7204B	20	47	14	7304B	20	52	15
7205B	25	52	15	7305B	25	62	17
7206B	30	62	16	7306B	30	72	19
7207B	35	72	17	7307B	35	80	21
7208B	40	80	18	7308B	40	90	23
7209B	45	85	19	7309B	45	100	25
7210B	50	90	20	7310B	50	110	27
7211B	55	100	21	7311B	55	120	29
7212B	60	110	22	7312B	60	130	31
7213B	65	120	23	7313B	65	140	33
7214B	70	125	24	7314B	70	150	35
7215B	75	130	25	7315B	75	160	37
7216B	80	140	26	7316B	80	170	39
7217B	85	150	28	7317B	85	180	41
7218B	90	160	30	7318B	90	190	43
7219B	95	170	32	7219B	95	200	45
7220B	100	180	34	7320B	100	215	47
7221B	105	190	36	7321B	105	225	49
7222B	110	200	38	7322B	110	240	50

摘自 CNS5504

附錄十七　自動對位滾珠軸承

代號後面加"K"

畫法

軸承系號 12 及 12K 尺度系號 02				軸承系號 22 及 22K 尺度系號 03			
標稱號碼		d	D	B	標稱號碼		d	D	B
1200	--	10	30	9	2200	--	10	30	14
1201		12	32	10	2201		12	32	14
1202		15	35	11	2202		15	35	14
1203	--	17	40	12	2203	--	17	40	16
1204	1204K	20	47	14	2204	2204K	20	47	18
1205	1205K	25	52	15	2205	2205K	25	52	18
1206	1206K	30	62	16	2206	2206K	30	62	20
1207	1207K	35	72	17	2207	2207K	35	72	23
1208	1208K	40	80	18	2208	2208K	40	80	23
1209	1209K	45	85	19	2209	2209K	45	85	23
1210	1210K	50	90	20	2210	2210K	50	90	23
1211	1211K	55	100	21	2211	2211K	55	100	25
1212	1212K	60	110	22	2212	2212K	60	110	28
1213	1213K	65	120	23	2213	2213K	65	120	31
1214	1214K	70	125	24	2214	2214K	70	125	31
1215	1215K	75	130	25	2215	2215K	75	130	31
1216	1216K	80	140	26	2216	2216K	80	140	33
1217	1217K	85	150	28	2217	2217K	85	150	36
1218	1218K	90	160	30	2218	2218K	90	160	40
1219	1219K	95	170	32	2219	2219K	95	170	43
1220	1220K	100	180	34	2220	2220K	100	180	46
1221	1221K	105	190	36	2221	2221K	105	190	50
1222	1222K	110	200	38	2222	2222K	110	200	53

摘自 CNS5500

附錄十八　徑向滾柱軸承

畫法

軸承系號 N2　尺度系號 02				軸承系號 N3　尺度系號 03			
標稱號碼	d	D	B	標稱號碼	d	D	B
N 203	17	40	12	--	--	--	--
N 204	20	47	14	N 304	20	52	15
N 205	25	52	15	N 305	25	62	17
N 206	30	62	16	N 306	30	72	19
N 207	35	72	17	N 307	35	80	21
N 208	40	80	18	N 308	40	90	23
N 209	45	85	19	N 309	45	100	25
N 210	50	90	20	N 310	50	110	27
N 211	55	100	21	N 311	55	120	29
N 212	60	110	22	N 312	60	130	31
N 213	65	120	23	N 313	65	140	33
N 214	70	125	24	N 314	70	150	35
N 215	75	130	25	N315	75	160	37
N 216	80	140	26	N 316	80	170	39
N 217	85	150	28	N 317	85	180	41
N 218	90	160	30	N 318	90	190	43
N 219	95	170	32	N 319	95	200	45
N 220	100	180	34	N320	100	215	47
N 221	105	190	36	N 321	105	225	49
N 222	110	200	38	N 322	110	240	50
N 224	120	215	40	N 324	120	260	55
N 226	130	230	40	N 326	130	280	58
N 228	140	250	42	N328	140	300	62
N 230	150	270	45	N 330	150	320	65
N 232	160	290	48	N 332	160	340	68
N 234	170	310	52	N334	170	360	72
N 236	180	320	52	N336	180	380	75
N 238	190	340	55	N 338	190	400	78
N 240	200	360	58	N340	200	420	80
N 244	220	400	65	N344	220	460	88
N 248	240	440	72	N348	240	500	95
N 252	260	480	80	N352	260	540	102
N256	280	500	80	N356	280	580	108
N260	300	540	85				
N264	320	580	92				

摘自 CNS7104

NN

代號後面加"K"

畫法

軸承系號　NN30K　　尺度系號　30			
標稱號碼	d	D	B
NN30 06K	30	55	19
NN30 07K	35	62	20
NN30 08K	40	68	21
NN30 09K	45	75	23
NN30 10K	50	80	23
NN30 11K	55	90	26
NN30 12K	60	95	26
NN30 13K	65	100	26
NN30 14K	70	110	30
NN30 15K	75	115	30
NN30 16K	80	125	34
NN30 17K	85	130	34
NN30 18K	90	140	37
NN30 19K	95	145	37
NN30 20K	100	150	37
NN30 21K	105	160	41
NN30 22K	110	170	45
NN30 24K	120	180	46
NN30 26K	130	200	52
NN30 28K	140	210	53
NN30 30K	150	225	56
NN30 32K	160	240	60
NN30 34K	170	260	67
NN30 36K	180	280	74
NN30 38K	190	290	75
NN30 40K	200	310	82
NN30 44K	220	340	90
NN30 48K	240	360	92
NN30 52K	260	400	104
NN30 56K	280	420	106
NN30 60K	300	460	118
NN30 64K	320	480	121

軸承系號 NU2 及 NJ2　尺度系號 02		d	D	B	軸承系號 NU22 及 NJ22　尺度系號 22		d	D	B
NU 204	NJ 204	20	47	14	NU 2205	NJ 2205	25	52	18
NU 205	NJ 205	25	52	15	NU 2206	NJ 2206	30	62	20
NU206	NJ 206	30	62	16	NU 2207	NJ 2207	35	72	23
NU 207	NJ 207	35	72	17	NU 2208	NJ 2208	40	80	23
NU 208	NJ 208	40	80	18	NU 2209	NJ 2209	45	85	23
NU 209	NJ 209	45	85	19	NJ 2210	NJ 2210	50	90	23
NU 210	NJ 210	50	90	20	NU 2211	NJ 2211	55	100	25
NU 211	NJ 211	55	100	21	NU 2212	NJ 2212	60	110	28
NU 212	NJ 212	60	110	22	NU 2213	NJ 2213	65	120	31
NU 213	NJ 213	65	120	23	NU 2214	NJ 2214	70	125	31
NU 214	NJ 214	70	125	24	NU 2215	NJ 2215	75	130	31
NU 215	NJ 215	75	130	25	NU 2216	NJ 2216	80	140	33
NU 216	NJ 216	80	140	26	NU 2217	NJ 2217	85	150	36
NU 217	NJ 217	85	150	28	NU 2218	NJ 2218	90	160	40
NU 218	NJ 218	90	160	30	NU 2219	NJ 2219	95	170	43
NU 219	NJ 219	95	170	32	NU 2220	NJ 2220	100	180	46
NU 220	NJ 220	100	180	34	NU 2222	NJ 2222	110	200	53
NU 221	NJ 221	105	190	36	NU 2224	NJ 2224	120	215	58
NU 222	NJ 222	110	200	38	NU 2226	NJ 2226	130	230	64
NU 224	NJ 224	120	215	40	NU 2228	NJ 2228	140	250	68
NU 226	NJ 226	130	230	40	NU 2230	NJ 2230	150	270	73
NU 228	NJ 228	140	250	42	NU 2232	NJ 2232	160	290	80
NU 230	NJ 230	150	270	45	NU 2234	NJ 2234	170	310	86
NU 232	NJ 232	160	290	48	NU 2236	NJ 2236	180	320	86

軸承系號 NU2 及 NJ2　尺度系號 02		d	D	B	軸承系號 NU22 及 NJ22　尺度系號 22		d	D	B
標稱號碼					標稱號碼				
NU 234	NJ 234	170	310	52	NU 2238	NJ 2238	190	340	92
NU 236	NJ 236	180	320	52	NU 2240	NJ 2240	200	360	98
NU 238	NJ 238	190	340	55	NU 2244	NJ 2244	220	400	108
NU 240	NJ 240	200	360	58	NU 2248	NJ 2248	240	440	120
NU 244	NJ 244	220	400	65	NU 2252	NJ 2252	260	480	130
NU 248	NJ 248	240	440	72	NU 2256	NJ 2256	280	500	130
NU 252	NJ 252	260	480	80	NU 2260	NJ 2260	300	540	140
NU 256	NJ 256	280	500	80	NU 2264	NJ 2264	320	580	150
NU 260	NJ 260	300	540	85					
NU 264	NJ 264	320	580	92					

摘自 CNS5502

A-25

附錄十九　徑向自動對位滾鼓軸承

代號後面加"K"　　　　　　　　　　　畫法

軸承系號 222 及 222K　尺度系號 22		d	D	B	軸承系號 232 及 232K　尺度系號 32		d	D	B
標稱號碼		d	D	B	標稱號碼		d	D	B
222 05	--	25	52	18					
222 06		30	62	20	--	--	--	--	--
222 07		35	72	23					
222 08	222 08K	40	80	23					
222 09	222 09K	45	85	23	--	--	--	--	--
222 10	222 10K	50	90	23					
222 11	222 11K	55	100	25					
222 12	222 12K	60	110	28	--	--	--	--	--
222 13	222 13K	65	120	31					
222 14	222 14K	70	125	31					
222 15	222 15K	75	130	31	--	--	--	--	--
222 16	222 16K	80	140	33					
222 17	222 17K	85	150	36	--	--	--	--	--
222 18	222 18K	90	160	40	232 18	232 18K	90	160	52.4
222 19	222 19K	95	170	43	--	--	--	--	--
222 20	222 20K	100	180	46	232 20	232 20K	100	180	60.3
222 22	222 22K	110	200	53	232 22	232 22K	110	200	69.8
222 24	222 24K	120	215	58	232 24	232 24K	120	215	76
222 26	222 26K	130	230	64	232 26	232 26K	130	230	80
222 28	222 28K	140	250	68	232 28	232 28K	140	250	88
22230	22230K	150	270	73	23230	23230K	150	270	96
222 32	222 32K	160	290	80	232 32	232 32K	160	290	104
222 34	222 34K	170	310	86	232 34	232 34K	170	310	110
222 36	222 36K	180	320	86	232 36	232 36K	180	320	112

軸承系號 222 及 222K　尺度系號 22		d	D	B	軸承系號 232 及 232K　尺度系號 32		d	D	B
標稱號碼		d	D	B	標稱號碼		d	D	B
222 38	222 38K	190	340	92	232 38	232 38K	190	340	120
222 40	222 40K	200	360	98	232 40	232 40K	200	360	128
222 44	222 44K	220	400	108	232 44	232 44K	220	400	144
222 48	222 48K	240	440	120	232 48	232 48K	240	440	160
222 52	222 52K	260	480	130	232 52	232 52K	260	480	174
222 56	222 56K	280	500	130	232 56	232 56K	280	500	176
222 60	222 60K	300	540	140	232 60	232 60K	300	540	192
222 64	222 64K	320	580	150	232 64	232 64K	320	580	208
--	--	--	--	--	232 68	232 68K	340	620	224
--	--	--	--	--	232 72	232 72K	360	650	232
--	--	--	--	--	232 76	232 76K	380	680	240
--	--	--	--	--	232 80	232 80K	400	720	256
--	--	--	--	--	232 84	232 84K	420	760	272
--	--	--	--	--	232 88	232 88K	440	790	280
--	--	--	--	--	232 92	232 92K	460	830	296
--	--	--	--	--	232 96	232 96K	480	870	310
--	--	--	--	--	232/500	232/500K	500	920	336

附錄二十　徑向滾錐軸承

畫法

軸承系號 302　尺度系號 02					
標稱號碼	d	D	B	C	T
302 03	17	40	12	11	13.25
302 04	20	47	14	12	15.25
302 05	25	52	15	13	16.25
302 06	30	62	16	14	17.25
302/32	32	65	17	15	18.25
302 .07	35	72	17	16	18.25
302 08	40	80	18	16	19.75
302 .09	45	85	19	16	20.75
302 10	50	90	20	17	21.75
302 11	55	100	21	18	22.75
302 12	60	110	22	19	23.75
302 13	65	120	23	20	24.75
302 14	70	125	24	21	26.25
302 15	75	130	25	22	27.25
302 16	80	140	26	22	28.25
302 17	85	150	28	24	30.5
302 18	90	160	30	26	32.5
302 19	95	170	32	27	34.5
302 20	100	180	34	29	37
302 21	105	190	36	30	39
302 22	110	200	38	32	41
302 24	120	215	40	34	43.5
302 26	130	230	40	34	43.75
302 28	140	250	42	36	45.75
302 30	150	270	45	38	49
302 32	160	290	48	40	52
302 34	170	310	52	43	57
302 36	180	320	52	43	57
302 38	190	340	55	46	60
302 40	200	360	58	48	64

摘自 CNS5503

附錄二十一　徑向滾針軸承

畫法

標稱號碼	軸承系號 NA49　尺度系號 49			
	d	D	B	F
NA 4900	10	22	13	14
NA 4901	12	24	13	16
NA 4902	15	28	13	20
NA 4903	17	30	13	22
NA 4904	20	37	17	25
NA 49/22	22	39	17	28
NA 4905	25	42	17	30
NA 49/28	28	45	17	32
NA 4906	30	47	17	35
NA 49/32	32	52	20	40
NA 4907	35	55	20	42
NA 4908	40	62	22	48
NA 4909	45	68	22	52
NA 4910	50	72	22	58
NA 4911	55	80	25	63
NA 4912	60	85	25	68
NA 4913	65	90	25	72
NA4914	70	100	30	80
NA 4915	75	105	30	85
NA 4916	80	110	30	90
NA 4917	85	120	35	100
NA 4918	90	125	35	105
NA 4919	95	130	35	110
NA 4920	100	140	40	115
NA 4922	110	150	40	125
NA 4924	120	165	45	135
NA 4926	130	180	50	150
NA 4928	140	190	50	160

摘自 CNS5692

附錄二十二　深溝止推滾珠軸承

畫法(G＝H/2)

軸承系號 511　尺度系號 11					軸承系號 512　尺度系號 12				
標稱號碼	dw	d	D	H	標稱號碼	dw	d	D	H
--	--	--	--	--	512/8	8	8.2	22	9
511 00	10	11	24	9	512 00	10	12	26	11
511 01	12	13	26	9	512 01	12	14	28	11
511 02	15	16	28	9	512 02	15	17	32	12
511 03	17	18	30	9	512 03	17	19	35	12
511 04	20	21	35	10	512 04	20	22	40	14
511 05	25	26	42	11	512 05	25	27	47	15
511 06	30	32	47	11	512 06 X	30	32	52	16
511 07 X	35	37	52	12	512 07	35	37	62	18
511 08	40	42	60	13	512 08	40	42	68	19
511.09	45	47	65	14	51209	45	47	73	20
511 10	50	52	70	14	512 10	50	52	78	22
511 11	55	57	78	16	512 11	55	57	90	25
511 12	60	62	85	17	512 12	60	62	95	26
511 13	65	67	90	18	512 13	65	67	100	27
511 14	70	72	95	18	512 14	70	72	105	27
511 15	75	77	100	19	512 15	75	77	110	27
511 16	80	82	105	19	512 16	80	82	115	28
511 17	85	87	110	19	512 17	85	88	125	31
511 18	90	92	120	22	512 18	90	93	135	35
511 20	100	102	135	25	512 20	100	103	150	38
511 22	110	112	145	25	512 22	110	113	160	38
511 24	120	122	155	25	512 24	120	123	170	39
511 26	130	132	170	30	512 26	130	133	190	45
511 28	140	142	180	31	512 28	140	143	200	46

軸承系號 511　尺度系號 11					軸承系號 512　尺度系號 12				
標稱號碼	dw	d	D	H	標稱號碼	dw	d	D	H
511 30	150	152	190	31	512 30	150	153	215	50
511 32	160	162	200	31	512 32	160	163	225	51
511 34	170	172	215	34	512 34	170	173	240	55
511 36	180	183	220	34	512 36	180	183	250	56
511 38	190	193	240	37	512 38	190	194	270	62
511 40	200	203	250	37	512 40	200	204	280	62
511 44	220	223	270	37	512 44	220	224	300	63
511 48	240	243	300	45	512 48	240	244	340	78
511 52	260	263	320	45	512 52	260	264	360	79
511 56	280	283	350	53	512 56	280	284	380	80
511 60	300	304	380	62	512 60	300	304	420	95
511 64	320	324	400	63	512 64	320	325	440	95
511 68	340	344	420	64	512 68	340	345	460	96
511 72	360	364	440	65	512 72	360	365	500	110

摘自 CNS2864

附錄二十三　單列雙層止推滾珠軸承

畫法(G＝H/4)

軸承系號 522　尺度系號 2						軸承系號 523　尺度系號 3					
標稱號碼	dw	d	D	H	S	標稱號碼	dw	d	D	H	S
522 02	10	17	32	22	5	--	--	--	--	--	--
522 04	15	22	40	26	6	--	--	--	--	--	--
522 05	20	27	47	28	7	523 05	20	27	52	34	8
522 06X	25	32	52	29	7	523 06	25	32	60	38	9
522 07	30	37	62	34	8	523 07	30	37	68	44	10
522 08	30	42	68	36	9	523 08	30	42	78	49	12
522 09	35	47	73	37	9	523 09	35	47	85	52	12
522 10	40	52	78	39	9	523 10	40	52	95	58	14
522 11	45	57	90	45	10	523 11	45	57	105	64	15
522 12	50	62	95	46	10	523 12	50	62	110	64	15
522 13	55	67	100	47	10	523 13	55	67	115	65	15
522 14	55	72	105	47	10	523 14	55	72	125	72	16
522 15	60	77	110	47	10	523 15	60	77	135	79	18
522 16	65	82	115	48	10	523 16	65	82	140	79	18
522 17	70	88	125	55	12	523 17	70	88	150	87	19
522 18	75	93	135	62	14	523 18	75	93	155	88	19
522 20	85	103	150	67	15	523 20	85	103	170	97	21
522 22	95	113	160	67	15	523 22	95	113	190	110	24
522 24	100	123	170	68	15	523 24	100	123	210	123	27
522 26	110	133	190	80	18	523 26	110	134	225	130	30
522 28	120	143	200	81	18	523 28	120	144	240	140	31
522 30	130	153	215	89	20	523 30	130	154	250	140	31
522 32	140	163	225	90	20	523 32	140	164	270	153	33
522 34	150	173	240	97	21	523 34	150	174	280	153	33
522 36	150	183	250	98	21	523 36	150	184	300	165	37
522 38	160	194	270	109	24	523 38	160	195	320	183	40
522 40	170	204	280	109	24	523 40	170	205	340	192	42
522 44	190	224	300	110	24						

附錄二十四　止推滾鼓軸承

E＝D-d
K＝1mm

畫法

軸承系號 292 尺度系號 92								
標稱號碼	dw	D	H	Dw	d	hw	h	A
292 40	200	280	48	271	236	15	24	108
292 44	220	300	48	292	254	15	24	117
292 48	240	340	50	330	283	19	30	130
292 52	260	360	50	350	302	19	30	138
292 56	280	380	60	370	323	19	30	160
292 60	300	420	73	405	353	21	38	162
292 64	320	440	73	430	372	21	38	172
292 68	340	460	73	445	395	21	37	183
292 72	360	500	85	485	423	25	44	194
292 76	380	520	85	505	441	27	42	202
292 80	400	540	85	526	460	27	42	212
292 84	420	580	85	564	489	30	46	225
292 88	440	600	95	585	508	30	49	235
292 92	460	620	95	605	530	30	46	245
292 96	480	650	103	635	556	33	55	268
292/500	500	670	103	654	574	33	55	268
292/530	530	710	109	692	612	35	57	288
292/560	560	750	115	732	644	37	60	302
292/600	600	800	122	780	688	39	65	321
292/630	630	850	132	830	728	42	67	338
292/670	670	900	140	880	773	45	74	364
292/710	710	950	145	930	815	48	75	380
292/750	750	1000	150	978	861	48	81	406
292/800	800	1060	155	1035	915	50	81	426
292/850	850	1120	160	1095	963	51	82	453
292/900	900	1180	170	1150	1023	54	84	477
292/950	950	1250	180	1220	1081	58	90	507
292/1000	1000	1320	190	1290	1139	61	98	540
292/1060	1060	1400	206	1370	1208	66	108	566

軸承系號 293　尺度系號 93							
標稱號碼	dw	D	H	Dw	d	hw	h	A
293 17	86	150	39	143.5	114	13	19	50
293 18	90	155	39	148.5	117	13	19	52
293 20	100	170	42	163	129	14	20.8	58
293 22	110	190	48	182	143	16	25	64
293 24	120	210	54	200	159	18	26	70
293 26	130	225	58	215	171	19	28	76
293 28	140	240	60	230	183	20	29	82
293 30	150	250	60	240	194	20	29	87
293 32	160	270	67	260	208	23	32	92
293 34	170	280	67	270	216	23	32	96
293 36	180	300	73	290	232	25	35	103
293 38	190	320	78	308	246	27	38	110
293 40	200	340	85	325	261	29	41	116
293 44	220	360	85	345	280	29	41	125
293 48	240	380	85	365	300	29	41	135
293 52	260	420	95	405	329	32	45	148
293 56	280	440	95	423	348	32	46	158
293 60	300	480	109	460	379	37	50	168
293 64	320	500	109	482	399	37	53	180
293 68	340	540	122	520	428	41	59	192
293 72	360	560	122	540	448	41	59	202
293 76	380	600	132	580	477	44	63	218
293 80	400	620	132	598	494	44	64	225
293 84	420	650	140	626	520	48	68	235
293 88	440	680	145	655	548	49	70	245
293 92	460	710	150	685	567	51	72	257
293 96	480	730	150	705	590	51	72	270
293/500	500	750	150	725	611	51	74	280
293/530	530	800	160	772	648	54	76	295
293/560	560	850	175	822	690	60	85	310
293/600	600	900	180	870	731	61	87	336
293/630	630	950	190	920	767	65	92	346
293/670	670	1000	200	968	813	68	96	372
293/710	710	1060	212	1028	864	72	102	394
293/750	750	1120	224	1086	910	76	108	415
293/800	800	1180	230	1148	965	78	112	440
293/850	850	1250	243	1205	1024	86	118	488
293/900	900	1320	250	1280	1088	88	120	492
293/950	950	1400	272	1360	1150	93	132	525

附錄二十五　低壓有縫鋼管

| 標稱管徑 | | 輕　　級 | | | 中　　級 | | | 重　　級 | | |
mm	in	最大外徑 mm	最小外徑 mm	管厚 mm	最大外徑 mm	最小外徑 mm	管厚 mm	最大外徑 mm	最小外徑 mm	管厚 mm
6	1/8	10.1	9.7	1.8	10.6	9.8	2.0	10.6	9.8	2.65
8	1/4	13.6	13.2	1.8	14.0	13.2	2.35	14.0	13.2	2.9
10	3/8	17.1	16.7	1.8	17.5	16.7	2.35	17.5	16.7	2.9
15	1/2	21.4	21.0	2.0	21.8	21.0	2.65	21.8	21.0	3.25
20	3/4	26.9	26.4	2.35	27.3	26.5	2.65	27.3	26.5	3.25
25	1	33.8	33.2	2.65	34.2	33.3	3.25	34.2	33.3	4.05
32	1 1/4	42.5	41.9	2.65	42.9	42.0	3.25	42.9	42.0	4.05
40	1 1/2	48.4	47.8	2.9	48.8	47.9	3.25	48.8	47.9	4.05
50	2	60.2	59.6	2.9	60.8	59.7	3.65	60.8	59.7	4.5
65	2 1/2	76.0	75.2	3.25	76.6	75.3	3.65	76.6	75.3	4.5
80	3	88.7	87.9	3.25	89.5	88.0	4.05	89.5	88.0	4.85
90	3 1/2	101.2	100.3	3.65	102.1	100.4	4.05	102.1	100.4	4.85
100	4	113.9	113.0	3.65	115.0	113.1	4.5	115.0	113.1	5.4
125	5				140.8	138.5	4.85	140.8	138.5	5.4
150	6				166.5	163.9	4.85	166.5	163.9	5.4
200	8				218.5	214.1	6	218.5	214.1	6.4
225	9				244.2	239.4	6			
250	10				270.1	264.7	6	270.1	264.7	6.4
300	12				321.7	315.3	6	321.7	315.3	6.4
350	14				359.2	352.0	6	359.2	352.0	7.9
400	16				410.5	402.3	6	410.5	402.3	7.9

摘自 CNS2056

附錄二十六　壓力配管用碳鋼鋼管

標稱管徑		外徑	管　　　厚　mm					
mm	in	mm	Sch0	Sch20	Sch30	Sch40	Sch60	Sch80
6	1/8	10.5				1.7	2.2	2.4
8	1/4	13.8				2.2	2.4	3.0
10	3/8	17.3				2.3	2.8	3.2
15	1/2	21.7				2.8	3.2	3.7
20	3/4	27.2				2.9	3.4	3.9
25	1	34.0				3.4	3.9	4.5
32	1 1/4	42.7				3.6	4.5	4.9
40	1 1/2	48.6				3.7	4.5	5.1
50	2	60.5		3.2		3.9	4.9	5.5
65	2 1/2	76.3		4.5		5.2	6.0	7.0
80	3	89.1		4.5		5.5	6.6	7.6
90	3 1/2	101.6		4.5		5.7	7.0	8.1
100	4	114.3		4.9		6.0	7.1	8.6
125	5	139.8		5.1		6.6	8.1	9.5
150	6	165.2		5.5		7.1	9.3	11.0
200	8	216.3		6.4	7.0	8.2	10.3	12.7
250	10	267.4		6.4	7.8	9.3	12.7	15.1
300	12	318.5		6.4	8.4	10.3	14.3	17.4
350	14	355.6	6.4	7.9	9.5	11.1	15.1	19.0
400	16	406.4	6.4	7.9	9.5	12.7	16.7	21.4
450	18	457.2	6.4	7.9	11.1	14.3	19.0	23.8
500	20	508.0	6.4	9.5	12.7	15.1	20.6	26.2
550	22	558.8	6.4	9.5	12.7	15.9		
600	24	609.6	6.4	9.5	14.3			
650	26	660.4	7.9	12.7				

摘自 CNS4626

附錄二十七　管接頭螺紋(錐度管螺紋)

標稱直徑 in	基準距離 mm	大　徑 mm	節　徑 mm	小　徑 mm	每吋牙數	有效螺紋長度 mm
1/8	4.0	9.728	9.147	8.566	28	6.5
1/4	6.0	13.157	12.301	11.445	19	9.7
3/8	6.4	16.662	15.806	14.950	19	10.1
1/2	8.2	20.955	19.793	18.631	14	13.2
3/4	9.5	26.441	25.279	24.117	14	14.5
1	10.4	33.249	31.770	30.291	11	16.8
1 1/4	12.7	41.910	40.431	38.952	11	19.1
1 1/2	12.7	47.803	46.324	44.845	11	19.1
2	15.9	59.614	58.135	56.656	11	23.4
2 1/2	17.5	75.184	73.705	72.226	11	26.7
3	20.6	87.884	86.405	84.926	11	29.8
3 1/2	22.2	100.330	98.851	97.372	11	31.4
4	25.4	113.030	111.551	110.072	11	35.8
5	28.6	138.430	136.951	135.472	11	40.1
6	28.6	163.830	162.351	160.872	11	40.1

摘自 CNS4104

附錄二十八　國際公差

一、常用軸偏差

單位：0.001 mm

公差位置		d			e			f			g		
公差等級		8	9	10	7	8	9	7	8	9	5	6	7
偏　　差	上	下			上	下		上	下		上	下	
mm <3	−20	−34	−45	−60	−14	−24	−28	−39	−6	−16	−20	−31	−2
>3 - 6	−30	−48	−60	−78	−20	−32	−38	−50	−10	−22	−28	−40	−4
>6 - 10	−40	−62	−76	−98	−25	−40	−47	−61	−13	−28	−35	−49	−5
>10- 18	−50	−77	−93	−120	−32	−50	−59	−75	−16	−34	−43	−59	−6
>18- 30	−65	−98	−117	−149	−40	−61	−73	−92	−20	−41	−53	−72	−7
> 30 - 50	−80	−119	−142	−180	−50	−75	−89	−112	−25	−50	−64	−87	−9
> 50 - 80	−100	−146	−174	−220	−60	−90	−106	−134	−30	−60	−76	−104	−10
> 80 - 120	−120	−174	−207	−260	−72	−107	−126	−159	−36	−71	−90	−123	−12
>120-180	−145	−208	−245	−305	−85	−125	−148	−185	−43	−83	−106	−143	−14
>180-250	−170	−242	−285	−355	−100	−146	−172	−215	−50	−96	−122	−165	−15
>250-315	−190	−271	−320	−400	−110	−162	−191	−240	−56	−108	−137	−186	−17
>315-400	−210	−299	−350	−440	−125	−182	−214	−265	−62	−119	−151	−202	−18
>400-500	−230	−327	−385	−480	−135	−198	−232	−290	−68	−131	−165	−223	−20

Note on g columns: the lower (下) values for g follow the −2/−4/−5/−6/−7/−9/−10/−12/−14/−15/−17/−18/−20 (上) entries: −6 −8 −12; −9 −12 −16; −11 −14 −20; −14 −17 −24; −16 −20 −28; −20 −25 −34; −23 −29 −40; −27 −34 −47; −32 −39 −54; −35 −44 −61; −40 −49 −69; −43 −54 −75; −47 −60 −83

公差位置	h		js		k		k		m	
公差等級	6 7 8 9 10		8		6 7		8 9		5 6 7	
偏差	上	下	上	下	上	下	上	下	上	下
mm <3	0	−6 −10 −14 −25 −40	+7	−7	+6 +10	0	+14 +25	0	+6 +8 +12	+2
>3‑6	0	−8 −12 −18 −30 −48	+9	−9	+9 +13	+1	+18 +30	0	+9 +12 +16	+4
>6‑10	0	−9 −15 −22 −36 −58	+11	−11	+10 +16	+1	+22 +36	0	+12 +15 +21	+6
>10‑18	0	−11 −18 −27 −43 −70	+13.5	−13.5	+12 +19	+1	+27 +43	0	+15 +18 +25	+7
>18‑30	0	−13 −21 −33 −52 −84	+16.5	−16.6	+15 +23	+2	+33 +52	0	+17 +21 +29	+8
>30‑50	0	−16 −25 −39 −62 −100	+19.5	−19.5	+18 +27	+2	+39 +62	0	+20 +25 +34	+9
>50‑80	0	−19 −30 −46 −74 −120	+23	−23	+21 +32	+2	+46 +74	0	+24 +30 +41	+11
>80‑120	0	−22 −35 −54 −87 −140	+27	−27	+25 +38	+3	+54 +87	0	+28 +35 +48	+13
>120‑180	0	−25 −40 −63 −100 −160	+31.5	−31.5	+28 +43	+3	+63 +100	0	+33 +40 +55	+15
>180‑250	0	−29 −46 −72 −115 −185	+36	−36	+33 +50	+4	+72 +115	0	+37 +46 +63	+17
>250‑315	0	−32 −52 −81 −130 −210	+40.5	−40.5	+36 +56	+4	+81 +130	0	+43 +52 +72	+20
>315‑400	0	−36 −57 −89 −140 −230	44.5+	44.5−	+40 +61	+4	+89 +140	0	+46 +57 +78	+21
>400‑500	0	−40 −63 −97 −155 −250	48.5	48.5	+45 +68	+5	+97 +155	0	+50 +63 +86	+23

公差位置	n		p		r		s		u	
公差等級	6 7		6 7 8		6		6 7		8	
偏差	上	下	上	下	上	下	上	下	上	下
mm <3	+10 +14	+4	+12 +16 +20	+6	+16	+10	+20 +24	+14	+32	+18
>3‑6	+16 +20	+8	+20 +24 +30	+12	+23	+15	+27 +31	+19	+41	+23
>6‑10	+19 +25	+10	+24 +30 +37	+15	+28	+19	+32 +38	+23	+50	+28
>10‑18	+23 +30	+12	+29 +36 +45	+18	+34	+23	+39 +46	+28	+60	+33
>18‑24	+28 +36	+15	+35 +43 +55	+22	+41	+28	+48 +56	+35	+74	+41
>24‑30	+28 +36	+15	+35 +43 +55	+22	+41	+28	+48 +56	+35	+81	+48
>30‑40	+33 +42	+17	+42 +51 +65	+26	+50	+34	+59 +68	+43	+99	+60
>40‑50	+33 +42	+17	+42 +51 +65	+26	+50	+34	+59 +68	+43	+109	+70
>50‑65	+39 +50	+20	+51 +62 +78	+32	+60	+41	+72 +83	+53	+133	+87
>65‑80	+39 +50	+20	+51 +62 +78	+32	+62	+43	+78 +89	+59	+148	+102
>80‑100	+45 +58	+23	+59 +72 +91	+37	+73	+51	+93 +106	+71	+178	+124
>100‑120	+45 +58	+23	+59 +72 +91	+37	+76	+54	+101 +114	+79	+198	+144
>120‑140	+52 +67	+27	+68 +83 +106	+43	+88	+63	+117 +132	+92	+233	+170
>140‑160	+52 +67	+27	+68 +83 +106	+43	+90	+65	+125 +140	+100	+253	+190
>160‑180	+52 +67	+27	+68 +83 +106	+43	+93	+68	+133 +148	+108	+273	+210
>180‑200	+60 +77	+31	+79 +96 +122	+50	+106	+77	+151 +168	+122	+308	+236
>200‑225	+60 +77	+31	+79 +96 +122	+50	+109	+80	+159 +176	+130	+330	+258
>225‑250	+60 +77	+31	+79 +96 +122	+50	+113	+84	+169 +186	+140	+356	+284
>250‑280	+66 +86	+34	+88 +108 +137	+56	+126	+94	+190 +210	+158	+396	+315
>280‑315	+66 +86	+34	+88 +108 +137	+56	+130	+98	+202 +222	+170	+431	+350
>315‑355	+73 +94	+37	+98 +119 +151	+62	+144	+108	+226 +247	+190	+479	+390
>355‑400	+73 +94	+37	+98 +119 +151	+62	+150	+114	+244 +265	+208	+524	+435
>400‑450	+80 +103	+40	+108 +131 +165	+68	+166	+125	+272 +295	+232	+587	+490
>450‑500	+80 +103	+40	+108 +131 +165	+68	+172	+132	+292 +315	+252	+637	+540

二、常用孔偏差

單位：0.001 mm

公差位置	D				E				F					G		
公差等級	8	9	10		7	8	9		6	7	8	9		6	7	
偏差	上			下	上			下	上				下	上		下
mm <3	+34	+45	+60	+20	+24	+28	+39	+14	+12	+16	+20	+31	+6	+8	+12	+2
>3 - 6	+48	+60	+78	+30	+32	+38	+50	+20	+18	+22	+28	+40	+10	+12	+16	+4
>6 - 10	+62	+76	+98	+40	+40	+47	+61	+25	+22	+28	+35	+49	+13	+14	+20	+5
>10- 18 >18-	+77	+93	+120	+50	+50	+59	+75	+32	+27	+34	+43	+59	+16	+17	+24	+6
30	+98	+117	+149	+65	+61	+73	+92	+40	+33	+41	+53	+72	+20	+20	+28	+7
>30- 50 >50-	+119	+142	+180	+80	+75	+89	+112	+50	+41	+50	+64	+87	+25	+25	+34	+9
80 >80-120	+146	+174	+220	+100	+90	+106	+134	+60	+49	+60	+76	+104	+30	+29	+40	+10
>120-180	+174	+207	+260	+120	+107	+126	+159	+72	+58	+71	+90	+123	+36	+34	+47	+12
>180-250	+208	+245	+305	+145	+125	+148	+185	+85	+68	+83	+106	+143	+43	+39	+54	+14
	+242	+285	+355	+170	+146	+172	+215	+100	+79	+96	+122	+165	+50	+44	+61	+15
>250-315	+271	+320	+400	+190	+162	+191	+240	+110	+88	+108	+137	+186	+56	+49	+69	+17
>315-400	+299	+350	+440	+210	+182	+214	+265	+125	+98	+119	+151	+202	+62	+54	+75	+18
>400-500	+327	+385	+480	+230	+198	+232	+290	+135	+108	+131	+165	+223	+68	+60	+83	+20

公差位置	H						Js		K						M			
公差等級	6	7	8	9	10		8		6		7		8		6		7	
偏差	上					下	上	下	上	下	上	下	上	下	上	下	上	下
mm <3	+6	+10	+14	+25	+40	0	+7	-7	0	-6	0	-10	0	-14	-2	-8	-2	-12
>3 - 6	+8	+12	+18	+30	+48	0	+9	-9	+2	-6	+3	-9	+5	-15	-1	-9	0	-12
>6 - 10	+9	+15	+22	+36	+58	0	+11	-11	+2	-7	+5	-10	+6	-16	-3	-12	0	-15
>10- 18	+11	+18	+27	+43	+70	0	+13.5	-13.5	+2	-9	+6	-12	+8	-19	-4	-15	0	-18
>18- 30	+13	+21	+33	+52	+84	0	+16.5	-16.6	+2	-11	+6	-15	+10	-23	-4	-17	0	-21
>30 - 50	+16	+25	+39	+62	+100	0	+19.5	-19.5	+3	-13	+7	-18	+12	-27	-4	-20	0	-25
>50 - 80	+19	+30	+46	+74	+120	0	+23	-23	+4	-15	+9	-21	+14	-32	-5	-24	0	-30
>80 - 120	+22	+35	+54	+87	+140	0	+27	-27	+4	-18	+10	-25	+16	-38	-6	-28	0	-35
>120-180	+25	+40	+63	+100	+160	0	+31.5	-31.5	+4	-21	+12	-28	+20	-43	-8	-33	0	-40
>180-250	+29	+46	+72	+115	+185	0	+36	-36	+5	-24	+13	-33	+22	-50	-8	-37	0	-46
>250-315	+32	+52	+81	+130	+210	0	+40.5	-40.5	+5	-27	+16	-36	+25	-56	-9	-41	0	-52
>315-400	+36	+57	+89	+140	+230	0	+44.5	-44.5	+7	-29	+17	-40	+28	-61	-10	-46	0	-57
>400-500	+40	+63	+97	+155	+250	0	+48.5	-48.5	+8	-32	+18	-45	+29	-68	-10	-50	0	-63

公差位置	N						P							R		S	
公差等級	6		7		8		6		7		8	9		7		7	
偏差	上	下	上	下	上	下	上	下	上	下	上	下		上	下	上	下
mm <3	−4	−10	−4	−14	−4	−18	−6	−12	−6	−16	−6	−20	−31	−10	−20	−14	−24
>3-6	−5	−13	−4	−16	−2	−20	−9	−17	−8	−20	−12	−30	−42	−11	−23	−15	−27
>6-10	−7	−16	−4	−19	−3	−25	−12	−21	−9	−24	−15	−37	−51	−13	−28	−17	−32
>10-18	−9	−20	−5	−23	−3	−30	−15	−26	−11	−29	−18	−45	−61	−16	−34	−21	−39
>18-30	−11	−24	−7	−28	−3	−36	−18	−31	−14	−35	−22	−55	−74	−20	−41	−27	−48
>30-50	−12	−28	−8	−33	−3	−42	−21	−37	−17	−42	−26	−65	−88	−25	−50	−34	−59
>50-65	−14	−33	−9	−39	−4	−50	−26	−45	−21	−51	−32	−78	−106	−30	−60	−42	−72
>65-80														−32	−62	−48	−78
>80-100	−16	−38	−10	−45	−4	−58	−30	−52	−24	−59	−37	−91	−124	−38	−73	−58	−93
>100-120														−41	−76	−66	−101
>120-140														−48	−88	−77	−117
>140-160	−20	−45	−12	−52	−4	−67	−36	−61	−28	−68	−43	−106	−143	−50	−90	−85	−125
>160-180														−53	−93	−93	−133
>180-200														−60	−106	−105	−151
>200-225	−22	−51	−14	−60	−5	−77	−41	−70	−33	−79	−50	−122	−165	−63	−109	−113	−159
>225-250														−67	−113	−123	−169
>250-280	−25	−57	−14	−66	−5	−86	−47	−79	−36	−88	−56	−137	−186	−74	−126	−138	−190
>280-315														−78	−130	−150	−202
>315-355	−26	−62	−16	−73	−5	−94	−51	−87	−41	−98	−62	−151	−202	−87	−144	−169	−226
>355-400														−93	−150	−187	−244
>400-450	−27	−67	−17	−80	−6	−103	−55	−95	−45	−108	−68	−165	−223	−103	−166	−209	−272
>450-500														−109	−172	−229	−292

附錄二十九　表面輪廓線之相關名詞與常用參數

一、相關名詞

(1) 基本輪廓線之平均線：由基本輪廓線經最小平方法擬合所得之直線。

(2) 粗糙度輪廓線之平均線：對應基本輪廓線之長波成分經 λc 輪廓線濾波器壓縮成的直線。

(3) 波狀輪廓線之平均線：對應基本輪廓線之長波成分經 λf 輪廓線濾波器壓縮成的直線。

二、常用參數

有關基本輪廓線之參數均以「P」開始；粗糙度輪廓線之參數均以「R」開始；波狀輪廓線之參數均以「W」開始。

(一) 與參數有關之幾何用語

1. 縱座標值 $Z(x)$：輪廓線在 X 軸位置 X＝x 之高度。

2. 波峰與波谷：輪廓線與 X 軸相交，在二相鄰交點間，若為 X 軸以上部分，稱為波峰，若為 X 軸以下部分，稱為波谷。

3. 輪廓線波谷深度 Zv：輪廓線波谷之最低點與 X 軸的距離(圖 A-1)。

4. 輪廓線波峰高度 Zp：輪廓線波峰之最高點與 X 軸的距離(圖 A-1)。

5. 輪廓線元素：輪廓線之波峰與右鄰波谷合稱一元素(圖 A-1)。

6. 輪廓線元素高度 Zt：輪廓線元素之波峰高度與波谷深度的和(圖 A-1)。

7. 輪廓線元素寬度 Xs：輪廓線元素之波峰、波谷所在兩區間之長度(圖 A-1)。

圖 A-1　輪廓線元素及相關值

8. 點斜率 $\dfrac{dZ(x)}{dx}$：輪廓線 $Z(x)$ 在 $X = x$ 之斜率(圖 A-2)。

圖 A-2　輪廓線上的斜率

因所有輪廓線資料均為離散式數值，故在幾何處理上，多利用數值方法取得公式。ISO 建議輪廓線在 x_i 點之斜率取為

$$\frac{dZ_i}{dx} = \frac{1}{60\Delta x}(Z_{i+3} - 9Z_{i+2} + 45Z_{i+1} - 45Z_{i-1} + 9Z_{i-2} - Z_{i-3})$$

其中 Δx 為在 X 軸上任意相鄰兩點之距離，處理上需要等距。Z_k 為 Z 在 $X = x_k$ 之值，$k = i-3, i-2, ..., i+2, i+3$。

9. 在 c 水平高度之輪廓線材料長度 $Ml(c)$：一條線 C 與 X 軸平行，在一輪廓線元素內，一條水平高度為 c 之直線與輪廓線相交，所形成材料斷面之總和。$Ml(c) = Ml_1 + Ml_2$(圖 A-3)。

圖 A-3　材料長度

(二) 輪廓線之參數

1. 最大輪廓線波峰高度 Pp、Rp、Wp：取樣長度範圍內，輪廓線之最大波峰高度(圖 A-4)。

2. 最大輪廓線波谷深度 Pv、Rv、Wv：取樣長度範圍內，輪廓線之最大波谷深度(圖 A-4)。

3. 最大輪廓線高度 Pz、Rz、Wz：取樣長度範圍內，輪廓線之最大波峰高度和最大波谷深度相加之高度(圖 A-4)。

處理時，輪廓線之最小波峰及最小波谷應達最大高度的百分之十，而 X 間隔應達取樣長度之百分之一。

圖 A-4　以粗糙度輪廓線為例的最大輪廓線波峰高度 Rp、波谷深度 Rv 及最大輪廓線高度 Rz

4. 輪廓線元素之平均高度 Pc、Rc、Wc：在取樣長度內，各輪廓線元素高度 Zt 之平均值。

5. 輪廓線總高度 Pt、Rt、Wt：在評估長度範圍內，輪廓線之最大波峰高度和最大波谷深度相加之高度。故均有 Rt ≥ Rz、Wt ≥ Wz，因基本輪廓線之取樣長度與評估長度相同，故 Pt=Pz，ISO 建議使用 Pt。

(三) 振幅參數(縱座標相關平均值)

1. 輪廓線振幅之算術平均值 Pa、Ra、Wa：在取樣長度範圍內，縱座標 Z(x)絕對值之算數平均數。

$$Pa = \frac{1}{\ell p} \int_0^{\ell p} |z(x)| \, dx$$

$$Ra = \frac{1}{\ell r} \int_0^{\ell r} |z(x)| \, dx$$

$$Wa = \frac{1}{\ell w} \int_0^{\ell w} |z(x)| \, dx$$

2. 輪廓線振幅之均方根 Pq、Rq、Wq：取樣長度範圍內，縱座標 $Z(x)$ 值的均方根值。

$$Pq = \sqrt{\frac{1}{\ell p} \int_0^{\ell p} z(x)^2 dx}$$

$$Rq = \sqrt{\frac{1}{\ell r} \int_0^{\ell r} z(x)^2 dx}$$

$$Wq = \sqrt{\frac{1}{\ell w} \int_0^{\ell w} z(x)^2 dx}$$

3. 輪廓線振幅之不對稱性 Psk、Rsk、Wsk：取樣長度範圍內，縱座標 $Z(x)$ 三次方之平均值除以 Pq、Rq 或 Wq 的三次方所得的商。

$$Psk = \frac{1}{Pq^3} \left[\frac{1}{\ell p} \int_0^{\ell p} z^3(x) dx \right]$$

$$Rsk = \frac{1}{Rq^3} \left[\frac{1}{\ell r} \int_0^{\ell r} z^3(x) dx \right]$$

$$Wsk = \frac{1}{Wq^3} \left[\frac{1}{\ell w} \int_0^{\ell w} z^3(x) dx \right]$$

4. 輪廓線振幅之陡峭度 Pku、Rku、Wku：取樣長度範圍內，縱座標 $Z(x)$ 四次方之平均值除以 Pq、Rq 或 Wq 的四次方所得的商。

$$Pku = \frac{1}{Pq^4} \left[\frac{1}{\ell p} \int_0^{\ell p} z^4(x) dx \right]$$

$$Rku = \frac{1}{Rq^4} \left[\frac{1}{\ell r} \int_0^{\ell r} z^4(x) dx \right]$$

$$Wku = \frac{1}{Wq^4} \left[\frac{1}{\ell w} \int_0^{\ell w} z^4(x) dx \right]$$

(四) 間隔參數

1. 輪廓線元素之平均寬度 PSm、RSm、WSm：在取樣長度範圍內，全部輪廓線元素寬度 Xs 的平均值(圖 A-5)。

$$PSm = \frac{1}{m}\sum_{i=1}^{m} Xs_i$$

$$RSm = \frac{1}{m}\sum_{i=1}^{m} Xs_i$$

$$WSm = \frac{1}{m}\sum_{i=1}^{m} Xs_i$$

此處，Xs_i 為在取樣長度內，第 i 個輪廓線元素之寬度，i = 1, 2, ..., m，m 為輪廓線元素之個數。

圖 A-5 　輪廓線元素之平均寬度

2. 波峰計數 PPc、RPc、WPc：在一參考長度 L 內，所含輪廓線元素平均寬度之個數。此參考長度若未註明，ISO 建議為 10mm。

PPc = L/PSm
RPc = L/RSm
WPc = L/WSm

(五) 混合參數

輪廓線之斜率均方根 $P\Delta q$、$R\Delta q$、$W\Delta q$：在取樣長度範圍內之縱座標斜率的均方根值。

$$P\Delta q = \sqrt{\frac{1}{\ell p} \int_0^{\ell p} (\frac{dz}{dx})^2 dx}$$

$$R\Delta q = \sqrt{\frac{1}{\ell r} \int_0^{\ell r} (\frac{dz}{dx})^2 dx}$$

$$W\Delta q = \sqrt{\frac{1}{\ell w} \int_0^{\ell w} (\frac{dz}{dx})^2 dx}$$

(六) 曲線參數

1. 輪廓線材料比 Pmr(c)、Rmr(c)、Wmr(c)：為水平高度 c 之輪廓線材料長度 $Ml(c)$ 與評估長度 ln 的比。

   Pmr(c)＝Ml(c)/ln
   Rmr(c)＝Ml(c)/ln
   Wmr(c)＝Ml(c)/ln

2. 輪廓線之材料比曲線
   將材料比視為水平高度之函數，其所呈現之函數圖形稱材料比曲線(圖 A-6)。此曲線可視為在評估長度內，輪廓線水平高度 Z(x) 之取樣累積機率函數。

圖 A-6　輪廓線之材料比曲線

3. 輪廓線水平高度差 Pδc, Rδc, Wδc：兩輪廓線材料比對應水平高度之差

$$P\delta c = c1 - c2；(其中，c1 = C(Pmr1)，c2 = C(Pmr2)，Pmr1 < Pmr2)$$
$$R\delta c = c1 - c2；(其中，c1 = C(Rmr1)，c2 = C(Rmr2)，Rmr1 < Rmr2)$$
$$W\delta c = c1 - c2；(其中，c1 = C(Wmr1)，c2 = C(Wmr2)，Wmr1 < Wmr2)$$

此處，C 為由材料比反求水平高度之函數(圖 A-7)。

圖 A-7　輪廓線材料比對應水平高度之差(以粗糙度輪廓線為例)

4. 相對材料比 Pmr, Rmr, Wmr：對應一材料比之水平高度 c0，降一水平高度差(Pδc，Rδc，或 Wδc)之材料比。

$$Pmr = Pmr(c1)；c1 = c0 - P\delta c，$$
$$Rmr = Rmr(c1)；c1 = c0 - R\delta c，$$
$$Wmr = Wmr(c1)；c1 = c0 - W\delta c。$$

此處，c0 為某一材料比 Pmr0，Rmr0 或 Wmr0 之對應水平高度(圖 A-8)。

圖 A-8　相對材料比(以粗糙度輪廓線為例)

5. 高度振幅機率密度曲線
   輪廓線高度在評估長度範圍內之分佈機率密度曲線。
   在處理上，可於評估長度範圍內，在輪廓線之最大波峰高度和最大波谷深度處，畫平行於 X 軸之直線，再將兩平行線之間，以適當間距畫等距之平行線，統計各相鄰平行線間，含輪廓線之峰、谷個數，再依佔峰、谷總數之百分比畫於右方(圖 A-9)。

圖 A-9　振幅機率密度

國家圖書館出版品預行編目資料

工程圖學：與電腦製圖之關聯 / 王輔春, 楊永然,
 朱鳳傳, 康鳳梅, 詹世良著. -- 八版. --
 新北市：全華圖書股份有限公司, 2024.05
   面； 公分
 ISBN 978-626-328-929-1(平裝)
 1.CST: 工程圖學   2.CST: 電腦輔助設計
440.8   113005422

工程圖學

與電腦製圖之關聯

作者 / 王輔春、楊永然、朱鳳傳、康鳳梅、詹世良

發行人 / 陳本源

執行編輯 / 楊智博

出版者 / 全華圖書股份有限公司

郵政帳號 / 0100836-1 號

圖書編號 / 0590307

八版一刷 / 2024 年 5 月

定價 / 新台幣 780 元

ISBN / 978-626-328-929-1(平裝)

ISBN / 978-626-328-928-4(PDF)

全華圖書 / www.chwa.com.tw

全華網路書店 Open Tech / www.opentech.com.tw

若您對書籍內容、排版印刷有任何問題，歡迎來信指導 book@chwa.com.tw

臺北總公司(北區營業處)
地址：23671 新北市土城區忠義路 21 號
電話：(02) 2262-5666
傳真：(02) 6637-3695、6637-3696

南區營業處
地址：80769 高雄市三民區應安街 12 號
電話：(07) 381-1377
傳真：(07) 862-5562

中區營業處
地址：40256 臺中市南區樹義一巷 26 號
電話：(04) 2261-8485
傳真：(04) 3600-9806(高中職)
　　　(04) 3601-8600(大專)

教學動畫連結方式：

本書教學動畫可依下列方式取得。

方法 1：掃描 QR Code

 教學動畫

方法 2：連結網址　教學動畫
https://www.chwa.com.tw/CHWAhlink.asp?hlId=47085

歡迎加入 全華會員

● 會員享享

會員享購書折扣・紅利積點・生日禮金・不定期優惠活動…等。

● 如何加入會員

掃 QRcode 或填妥讀者回函卡直接傳真 (02) 2262-0900 或寄回，將由專人協助登入會員資料，待收到 E-MAIL 通知後即可成為會員。

如何購買 全華書籍

1. 網路購書

全華網路書店「http://www.opentech.com.tw」，加入會員購書更便利，並享有紅利積點回饋等各式優惠。

2. 實體門市

歡迎至全華門市（新北市土城區忠義路 21 號）或全省各大書局選購。

3. 來電訂購

(1) 訂購專線：(02) 2262-5666 轉 321-324
(2) 傳真專線：(02) 6637-3696
(3) 郵局劃撥（帳號：0100836-1　戶名：全華圖書股份有限公司）
※ 購書未滿 990 元者，酌收運費 80 元。

OpenTech.com.tw 全華網路書店

全華網路書店 www.opentech.com.tw
E-mail: service@chwa.com.tw

※ 本會員制如有變更則以最新修訂制度為準，造成不便請見諒。

讀者回函卡

掃 QRcode 線上填寫 ▶▶

姓名：_____ 生日：西元_____年____月____日 性別：□男 □女

電話：(　　)_____ 手機：_____

e-mail： (必填)_____

註：數字零，請用 Φ 表示，數字 1 與英文 L 請另註明，謝謝。

通訊處：□□□□□

學歷：□高中‧職 □專科 □大學 □碩士 □博士

職業：□工程師 □教師 □學生 □軍‧公 □其他

學校/公司：_____ 科系/部門：_____

‧需求書類：

□A. 電子 □B. 電機 □C. 資訊 □D. 機械 □E. 汽車 □F. 工管 □G. 土木 □H. 化工 □I. 設計

□J. 商管 □K. 日文 □L. 美容 □M. 休閒 □N. 餐飲 □O. 其他

‧本次購買圖書為：_____ 書號：_____

‧您對本書的評價：

封面設計：□非常滿意 □滿意 □尚可 □需改善，請說明_____

內容表達：□非常滿意 □滿意 □尚可 □需改善，請說明_____

版面編排：□非常滿意 □滿意 □尚可 □需改善，請說明_____

印刷品質：□非常滿意 □滿意 □尚可 □需改善，請說明_____

書籍定價：□非常滿意 □滿意 □尚可 □需改善，請說明_____

整體評價：請說明_____

‧您在何處購買本書？

□書局 □網路書店 □書展 □團購 □其他

‧您購買本書的原因？(可複選)

□個人需要 □公司採購 □親友推薦 □老師指定用書 □其他

‧您希望全華以何種方式提供出版訊息及特惠活動？

□電子報 □DM □廣告 (媒體名稱_____)

‧您是否上過全華網路書店？(www.opentech.com.tw)

□是 □否 您的建議_____

‧您希望全華出版哪方面書籍？_____

‧您希望全華加強哪些服務？_____

感謝您提供寶貴意見，全華將秉持服務的熱忱，出版更多好書，以饗讀者。

填寫日期：　　/　　/

親愛的讀者：

感謝您對全華圖書的支持與愛護，雖然我們很慎重的處理每一本書，但恐仍有疏漏之處，若您發現本書有任何錯誤，請填寫於勘誤表內寄回，我們將於再版時修正，您的批評與指教是我們進步的原動力，謝謝！

全華圖書 敬上

勘 誤 表

書　號	頁　數	行　數	書　名	錯誤或不當之詞句	作　者	建議修改之詞句

我有話要說： (其它之批評與建議，如封面、編排、內容、印刷品質等‧‧‧)